光尘
LUXOPUS

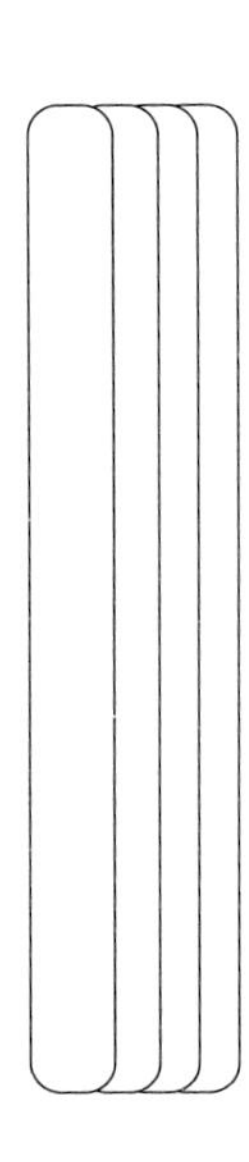

PETIT OU GRAND ANXIEUX?

Alain Braconnier

你好，焦虑分子！

[法] 阿兰·布拉克尼耶 著　欧瑜 译

生活·讀書·新知 三联书店 生活書店出版有限公司

图书在版编目（CIP）数据

你好，焦虑分子！ /（法）阿兰·布拉克尼耶著 ；欧瑜译．— 2版．— 北京 ：生活书店出版有限公司，2022.3

ISBN 978-7-80768-318-6

Ⅰ．①你… Ⅱ．①阿… ②欧… Ⅲ．①焦虑－自我控制－通俗读物 Ⅳ．① B842.6-49

中国版本图书馆 CIP 数据核字（2022）第 045505 号

策划编辑 李 娟
执行策划 邓佩佩
责任编辑 程丽仙
特约编辑 李 艺
出版统筹 慕云五 马海宽
封面设计 潘振宇
封面插画 罗可一
责任印制 孙 明
出版发行 生活書店出版有限公司
（北京市东城区美术馆东街22号）
图 字 01-2021-3612
邮 编 100010
印 刷 北京中科印刷有限公司
版 次 2022年3月北京第2版
2022年3月北京第1次印刷
开 本 880毫米×1230毫米 1/32 印张14
字 数 280千字
印 数 00,001-20,000册
定 价 68.00元
（印装查询：010-69590320；邮购查询：15718872634）

令人心神不宁的并非种种事件，

而是人们对这些事件形成的想法。

《手稿》（*Manuel*），爱比克泰德（ÉPICTÈTE）

快活的天使啊，你可知道忧虑、

耻辱、悔恨、啜泣和烦闷，

还有那些像搓揉纸团般紧迫人心的

在可怖长夜中阵阵袭来的恐慌？

快活的天使啊，你可知道忧虑？

《恶之花》（*Les Fleurs du mal*），
夏尔·波德莱尔（CHARLES BAUDELAIRE）

镜子在投射出影像之前，最好三思而行。

《误人的美术》（*Des beaux-arts considérés comme un assassinat*），
让·考克多（JEAN COCTEAU）

前言

30岁的西尔维跟我描述了她的丈夫。她毫不犹豫地对我说出了自己对丈夫的诊断："他是个非常焦虑的人……时时刻刻都处于戒备状态。他会问我番茄是不是煮得太久了，就跟要告诉我家里着火了似的。任何事情在他眼里都是红色警报的级别，他的神经，还有我的神经，都得随时绷得紧紧的。他一直都是这个样子。无论是好事还是坏事，他的精神状态就像一只沸腾不止的坩埚。任何事情都会引起他的注意，也会让他烦心不已。他是个非常敏感的人。他尤其需要听到别人说爱他。"

看得不错，西尔维，你的分析精准到位：焦虑者，"货真价实的"焦虑者，从很小的时候就对自己的性格有所察觉，并且深受其苦。他们在幼年时就装上了我所说的“不确定将来时[1]的齿轮”。焦虑者被这种对未来不确定的感觉所侵蚀，在这种感觉的背后，藏着对安全感满腹焦虑的寻找，也就是对爱的渴求。但在最显而易见的表象之下，这只齿轮正在转动。它转啊，转啊，违背焦虑者自身的意愿而转个不停：“我还会遭遇什么事情？”这是焦虑者挂在嘴边的金句。“不确定将来时”是他们在生活变位[2]中最喜欢使用的时态，抑郁者则相反，他们最喜欢使用的生活变位是“重组过去时”[3]（“要是我当时……就好了”）。

1　法语中有一种动词时态叫作“将来时”，用来表示将来肯定会发生或极有可能发生的动作。——译者注

2　法语中有“动词变位”，通过动词词尾的变化来表示不同的时态和语态。——译者注

3　法语中有“复合过去时”，用来表示过去发生的动作。——译者注

焦虑体现了一种与陌生感的特殊关系。这种陌生感不是我们在街上偶遇陌生人的那种感觉——因为爱情是世上缓解焦虑最有效的灵药，而是安德烈·布勒东（André Breton）所说的“黑暗牢不可破的内核”；一种似乎无法确知的陌生感，因此，为了平复焦虑，这种陌生感就需要被尽快地转化为看得见的对象，甚至是可以掌控的对象。

但是，在人类的开初，焦虑是一种正常的情绪，它让我们的种族在数千年的岁月中，通过战斗或逃跑的方式，躲过了猛兽的追击而得以存活下来。从另一个积极的方面来看，焦虑还是一种妙不可言的能量源泉，它就像是促使人做出反应和采取行动的酵素。我们常常可以在极度焦虑的人身上看到一种难以得到满足的好奇心，包括对他们自身的好奇。世界上有很多大名鼎鼎的焦虑者，我们在后文中会提到：米开朗琪罗、维瓦尔第、歌德，离我们较近的有弗朗茨·卡夫卡、安德烈·马尔罗（André Malraux）、玛利亚·卡拉斯（Maria Callas），还有跟我们同时代的伍迪·艾伦（Woody Allen）、伊夫·圣罗兰（Yves Saint Laurent），等等。

但我们在什么时候可以将自己定义为“焦虑者”呢？12把钥匙可以打开焦虑者的深宅大门，另有8个参照标准可以帮助你确定自己是“有点儿”焦虑还是“极度”焦虑。但对焦虑者的划分不总是那么清晰准确。实际上，所有的焦虑者都生活在一种持续的悬心状态中，就像观看恐怖电影，只不过对于极度焦虑的人而言，电影院的大屏幕上永远不会出现“剧终”的字样。

实际上，焦虑性格有着一副百变的面孔。有外倾型焦虑者、亢奋型焦虑者和冲动型焦虑者，还有内倾型焦虑者、羞怯型焦虑者和易感型焦虑者，以及奉献型焦虑者、悲观型焦虑者和嫉妒型焦虑者，最后还有疑病型焦虑者和恐病型焦虑者。在社交生活中，焦虑者可能表现得争强好胜或善于自省，又或者具有创造力。

本书旨在帮助每个人认识自己和了解自己，如有必要，还可以改变自己。因为焦虑就像一枚迟迟不爆的小炸弹，它形成于童年时期甚至更早，可能对生活造成永久性的干扰。今天，多亏神经科学的进步，尤其是在人类性格心理发展的认知上取得的显著进展，让我们可以更加确切地了解焦虑性格的成因：性情的角色、早年情感依赖的角色、自我防御机制的角色。从今以后，我们就有可能找出风险因素并及早介入，避免焦虑性格落地生根。

然而，令人脆弱的焦虑既无法勾勒出生活的全貌——因为生活是由人类的种种遭遇和可能经历的体验构成的，也无法决定每个主体看待世界的方式或是赋予这个世界的意义，无论是可见的还是不可见的，因为这主要取决于主体的个人经历、本源文化和信仰等因素。

说来说去，焦虑究竟在什么时候才可以被定义为“病理性焦虑性格”呢？通常是当主体在生活的方方面面都表现出一种持续的焦虑时。但是，我不会随便给人贴上“病理”的标签。本书的初衷不是讨论焦虑“病”、恐惧症、恐慌发作和其他众所周知的焦虑症。

我所感兴趣的是焦虑性格，它并非疾病，但会给人带来痛苦。要知道，这种痛苦毫无用处，而且我们可以对性格有所作为。焦虑，但是可以活得好，活得更好？你大概会这样问我……为什么不可以呢？个体的命运并不是在摇篮里就注定了的。

目　录

第三部分　焦虑的好处？

第四部分　追根溯源

第五部分　活得更好，活得适意

第一部分

你真的焦虑吗？

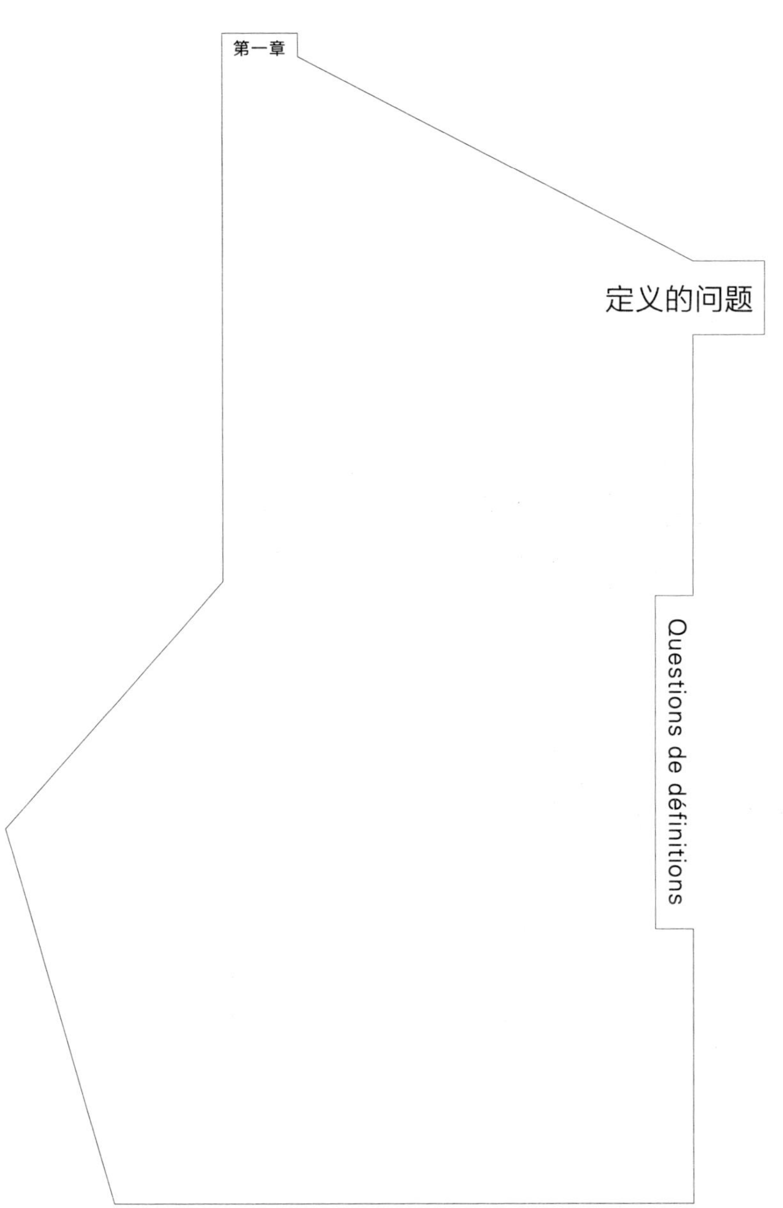

第一章

定义的问题

Questions de définitions

恐惧还是焦虑？

恐惧和焦虑有什么区别？

“如果你走在大城市里某个以危险出名的街区，你或许会随时保持警惕：一丁点儿的动静都会惊得你一跳，你会不时地回头张望，不敢跟路过的人对视，等等。确切地说，你的这些反应是‘焦虑反应’，因为你对危险有所预料。但如果几个手拿棒球棍的陌生人朝着你跑过来，一边还把你指给他们的同伙，这种焦虑反应就会转变为‘恐惧反应’，因为在这种情况下，危险就在眼前。同样，小孩子在看到父母争吵时会感到害怕，接着他会担心父母离婚（现代儿童最害怕的事情之一，他们往往有不少父母离异的同学）。”我在这里举的是我两位同事提到过的一个例子。[1]

然而，这种区分也是有局限性的。例如，现在我们已经知道，从大脑的层面来看，对事件的非真实感知（比如害怕遭到侵凌）所引起的心理活动和对同一事件的真实感知（有人侵凌你）所引起的心理活动，激活的大脑区域是相同的。[2]

精神分析学的奠基人弗洛伊德认为[3]，焦虑就像是一种内部的未知危险发出的信号，我们的意识感觉到了这种危险；而恐惧则相反，令我们感到恐惧的是一种外部的确知危险。焦虑体现的是一种来自内部的求救信号，这类求救信号并非像不停哭闹的婴儿一般是发送给别人的，而是发送给我们的“自我”，目的是让这个“自我”调动所有的内部资源来重建摇摇欲坠的秩序。如果意识没能完成这个重建的任务，混乱就会继续，这样就会形成一种持续的过度兴奋，也就是“不确定将来时的齿轮”。焦虑由此而形成，直到这个危险得到确认和控制。

哲学家让·布伦（Jean Brun）是这样定义焦虑的：“焦虑产生于不相协调的体验，个体对这个世界提出的关于自己来源和去向的各种疑问与这个世界所给出的答案之间的不相协调：透

1　F. 勒洛尔（LELORD F.）、C.安德烈（ANDRÉ C.），《我们与生俱来的七情》（*La Force des émotions*），巴黎，Odile Jacob出版社，2001年。

2　P. 布泽（BUSER P.）、R. 莱斯蒂埃（LESTIENNE R.），《大脑、信息与认知》（*Cerveau, information et connaissance*），巴黎，法国国家科学研究中心（CNRS）出版社，2002年。

3　弗洛伊德（FREUD S.），《作品全集》（*OEuvres complètes*），法文版，让·拉普朗什（J. LAPLANCHE）主编，A.布尔吉农（A. BOURGUIGNON）、P. 柯戴（P. COTET），巴黎，PUF出版社。

过这种不相协调，所有已知确定的参照无不成为维度和习以为常残留下来的可笑观念。因此，在焦虑的情绪中，我们所质疑的，更多地是自己而非这个世界。”[1]

显然，焦虑者比其他人更容易受到焦虑的困扰，也更容易感到害怕。

焦虑性格还是焦虑症？

研究性格[2]，一来是为了表明我们或好或坏，或令人舒服或令人讨厌的各种态度，是可以辨别并具有一致性的，而且在我们的一生中往往是稳定的；二来是为了尝试对这种一致性、稳定性和协调性加以解释。性格是对符合其思维方式和习惯性行为的主体所做出的一种总体描述。性格会让我们这样来描述自己，“我就知道自己会这么说”，或者这样来描述某个亲朋好友或同事，“他是个特别焦虑的人”或者“他是个忧郁的人”。当一种性格具有了某些特殊的、固化的和单形性的走向时，它就具有了“病理”特征，相较于正常人格而言，这些走向有的出

1　J. 布伦（BRUN J.），《焦虑》（“Angoisse”），收录于《大百科全书：哲学词典》（*Encyclopedia Universalis, Dictionnaire de la philosophie*，J. Greish出版社），巴黎，Albin Michel出版社，2000年，第97—101页。

2　我们将在本书的第四章中谈到气质、性格和人格概念对应的不同参照。但总体而言，我们在本书中对性格和人格的概念不会加以区分，因为这两个概念在今天往往可以互换使用，二者的定义区分也模糊不清。

现发展异常（比如焦虑者会对一切事物进行负面的预期），有的则发展不足（比如焦虑者往往表现得缺乏自信）。

与性格相反，即便是具有“病理”特征的性格，“病症”有一个明确的开始和结束，而且这种结束仅仅是暂时性的，因为病症会在一生中反复出现。

显然，某种性格和某种病症之间是有联系的。例如，专家们所说的“逃避型人格”主要牵涉那些害羞、异常敏感和极度缺乏自信的对象，这些人往往比其他类型人格的人要更容易患上“社交恐惧症”。[1]

当代一位专家哈格普·阿吉斯卡尔（Hagop Akiskal）继承弗洛伊德一派的“悬浮性焦虑”和皮埃尔·让内（Pierre Janet）的“特质焦虑”概念，在1985年提出了“广泛性焦虑气质”[2]的说法，指的是所有人类情绪的夸张状态。具有广泛性焦虑气质的主体，其焦虑情绪以一种潜伏状态出现并持续终生，但其间会断断续续，且具有以下三个方面的病症表现：

- 忧惧，表现为在方方面面无法控制的忧虑状态，无来由

1　A. 佩里索罗（PELISSOLO A.）及合著作者，《伴随或未伴随抑郁的社交恐惧症中的人格维度》（“Personality dimensions in social phobics with or without depression”），《斯堪的纳维亚精神病学学报》（*Acta Psychiatr. Scand.*），2002年，第105期，第94—103页。

2　H. S. 阿吉斯卡尔（AKISKAL H. S.），《焦虑：定义、与抑郁的关系，以及整合模型的建议》（“Anxiety: definition, relationship to depression, and proposal for an integrative model”），收录于A. H. 图玛（TUMA A. H.）和J.-D. 马瑟（MASER J.-D.）编撰的《焦虑与焦虑症》（*Anxiety and the Anxiety Disorders*），Hillsdale出版社，（新泽西，Lawrence Erlbaum出版社），1985年，第787—797页。

的不安全感、对坏消息或不幸的预感、过度警觉和无法放松。

- 自主神经系统的过度觉醒，表现为紧张和肠道问题。
- 震颤、应激和烦躁不安。

这些主体会这样描述自己："我一直都是这样。"在阿吉斯卡尔看来，具有这种气质的主体尤其容易患上"广泛性焦虑症"[1]，又称TAG（见附录一）。精神分析学家认为，广泛性焦虑症是一种典型的病理性焦虑性格，给主体造成了实实在在的痛苦，应当被视为"名副其实的焦虑"。

就像所有的性格和气质，焦虑性格的强烈程度和造成后果的轻重也是因人而异的。而成千上万的主体因这种性格而遭受了不幸的后果已是不争的事实。缓解痛苦的关键就在于承认焦虑的存在，以便对其采取相应的措施，就好像它是一个我们可以处理的问题，而不是一种只能忍受和令人绝望的悲惨境况。每一个承受着焦虑性格之苦的人都对这一点有所意识。问题就是，他们不知道该怎么去做。

焦虑=危险?

- 过度焦虑的性格就像过高的血压，可能成为生理疾病的诱因，

1 广泛性焦虑症是焦虑抑郁症的一种，被很多人认为可以等同于我们所说的"病理性焦虑性格"，我们在后文中会再次述及。

甚至致命：过度的焦虑会影响消化系统、分泌系统、血液循环，尤其是心脏功能。

▸ 焦虑性格可能成为诱发某种疾患的关键因素，尤其会对人的行为产生巨大的影响。

▸ 羞怯、易怒、嫉妒或过度悲观，是这种性格尤为明显的表现。

▸ 法国总人口中25%的人，也就是至少1 500万人，在一生中至少经历过一次医学上所说的焦虑症。对于具有焦虑性格特征的主体而言，焦虑症往往会不请自来。

▸ 在全科医生接待的患者中，有三分之一是出于这样或那样的焦虑前来就诊。

近年来，很多专家学者都开始关注不同程度的“焦虑症”：广泛性焦虑症、社交恐惧症、广场恐惧症、恐慌症、强迫症（TOC）、焦虑抑郁症。简而言之，越来越多的人将目光投向了各种焦虑“病症”。但相反的是，鲜少有人指出：如果主体具有易感型人格或性格，那么他出现焦虑病症的概率就要高于其他人，这种人格或性格会令主体更倾向于以一种不堪重负或创伤性的方式去感受生活事件，会令他们在面对这些“焦虑病症”，甚至是目前已经明确可知的抑郁情绪时更加脆弱。对人格或性格的问题避而不谈，只能引为憾事。

不要忘记，在美国，各类过度焦虑所造成的直接费用（药物、辅助检查、住院等）和间接费用（停工、丧失生产力等）

每年约680亿美元，其中一半以上用于身体症状的病原学研究中非精神病的各类检查。尤其不该忘记的是，过度焦虑问题的严重性已经表现为生活质量的滑落：对儿童及青少年时期学业的影响（极度焦虑的主体顺利升入大学的概率会降低40%，顺利毕业的概率则会降低25%），对社交生活的影响，成年后在工作中遇到的问题，等等。

一个崩塌的世界

我的一个朋友，全科医生，他曾经告诉我，在纽约世贸双塔倒塌后的数日之内，有不少他熟知的患者前来就诊，都是“焦虑者”，虽然他们远离事发地点，但都给吓坏了。当然了，每个人都因为“9·11”事件而承受了精神上的创伤，但真正的焦虑者在面对这一事件时，会感到一种源自自身的不安，因此需要通过医学治疗来平复情感。

焦虑，一种现代病？

焦虑或不安与感觉的关系就好像疑虑与心智的关系，它是通过情感表现出来的不确定。在这个时刻处于变化之中且变化飞快的现代社会中，新兴一代的价值观已与前人迥然不同，而常常被我们简单描述为压力的焦虑，已经成为每个现代人日常生活中的一部分。

我的一位同行，精神病学教授米歇尔·勒汝瓦耶（Michel Lejoyeux）认为，越来越多的人对自己的健康状况“着了魔”，甚至自认为到了病入膏肓的程度。为什么呢？我们每天都会发现新的风险、危险和威胁。用手机打电话、食用肉类、吃下转基因食物，这些都有可能令人生病。另外，政府的健康部门大力倡导民众尽一切可能维护并保持自己的健康、体形和活力，以便活得更久。结果，患者们到处都可以听到或看到诸如此类的说法：“要保持心态的平和，不要给自己太大压力，因为压力对身体不好。”2002年，一家著名的国际科学杂志揭露了一批在工业国家盛行的“真正的伪疾病”，首当其冲的就是压力。

在米歇尔·勒汝瓦耶看来，所有这些自相矛盾的断言，最终导致人们丧失了“幸福感”，并催生出疑病型焦虑者或恐病型焦虑者，我们在后文中会谈到。这些人动不动就去看医生，大把大把地吞服药片：他们生怕染上什么疾病。近些年来，虽然没有任何可以查证的数据，但根据医生的观察，这个问题确实已经出现在相当一部分人的身上，他们中既有男性也有女性。

的确，焦虑是我们所称的“现代病”的温床，但或许“现代病”这种提法本身就不够确切，因为我们的祖先就已经遭遇过溃疡、偏头痛或背痛了，就连抑郁症他们也不陌生！但似乎现代人的生活更容易引发焦虑。然而，工作紧张而繁忙的机场调度员却是最少罹患病理性焦虑的一群人。难道这是一种职业的“厚爱”？与选择从事机场调度对应的是一种对焦虑免疫的性格？或者说，焦虑是“习得的”？

不要忘记，历史上所有的人类社会和所有组成社会的个体，都曾为防范荒谬、意外和异常而有所举动。人类为了破除对未知和死亡的忧虑魔咒，形成了特有的文化仪式和象征体系，比如追悼会。他们甚至特意请来能人异士去寻找某些有违常理之征象背后的隐秘含义：萨满祭司、占卜术士、驱患者、医生等，而今天则是精神分析师和心理治疗师。毋庸置疑，不说是过去，就说现今，当代社会对人类的未来和人类存在之荒谬的重大迹象确实满腹焦虑，但这并不能解释引发焦虑的一切。

让我们回忆一下本书开篇时提到的那个例子，西尔维的丈夫。“他一直都是个超级敏感的人……就像他的母亲，”西尔维补充道，“他们两个人‘运转起来’，就像是按下了触发最高警报级别的开关。他好像一直都是这个样子。”看得真准，再次对西尔维表示祝贺。对于真正的焦虑者而言，先验性的焦虑不过是抽出时间露个脸罢了。早在19世纪，就已经有了“情绪体质”的说法。或许吧，我回答西尔维说，但我们应该尝试去了解其中的动机和成因。诚然，气质会对某种人格具有诱发的作用，但人格是在各种不同因素的相互作用中渐渐形成的，现在我们对这一点是可以确信的，而且从古至今都是如此，这其中自然有基因的作用（气质），当然还有不言而喻的教育和生存环境的因素。我们在后文中会对这一点进行更为详尽的说明。

后来我得知，西尔维的丈夫在5岁时双亲离异，他对此印象模糊，是否就是这种持续的恐惧令现在已经35岁的他仍然会在碰到任何一种冲突情形时感到害怕？他的脑海中依然回荡着父母的争吵，两人因为物质原因，特别是经济问题而分居，他则被父母当成了要挟对方的砝码。他还记得当时一个令自己感到极为震惊的场面，时至今日依然挥之不去：快7岁时，他跟母亲走出一家商店，他看见橱窗前有一辆童车，里面躺着一个好像被人抛弃的婴儿。母亲当时似乎说了一句："我们没法去管这个孩子，太麻烦了……再说我们也没那能力去管！"他尤其记得"能力"这个字眼儿。将近三十年后，在他的心里，这意味着如果母亲再也没有"能力"照顾他，也会把他给抛弃了。

那么，我能为西尔维和她的丈夫提供怎样的帮助呢？我建议采取以下的步骤，本书重现了这一过程，这也是我所深信不疑的：为了改善"真正的焦虑者"（概括说来，就是那些焦虑性格特征过于明显的主体）的状况，首先要知道他们运作方式不变的普世法则，也就是要"尊重自然"（*Natura nisi parendo vincitur*），然后要进一步挖掘每个对象的深层原因。就像莫泊桑所说的："真正令人害怕的只有无法理解之物。"

第二章

我们中的焦虑者

Un anxieux est parmi nous

不是所有的焦虑者都能接受真正的自己，但他们对自己的状况都有自知之明。如果说焦虑者有时会忘记自己的状况，那么他们身边的人也迟早会令他们再次想起。因为焦虑者会把自己的不安传递给他人，再没有什么比不安更具有感染力的了。那么就有人会问，为什么要改变这种状况呢？

焦虑就像其他类型的情感，不会一眼可辨，而是通过某些肢体语言、认知和行为效应被人猜测出来，在主体的言语中表现得尤为明显。但就像对所有的情绪一样，描述焦虑的词语会因为语言的不同而变化。比如在法语中就有一对这样的词语，而在德语中则无法找到完全对应的词语。第一对是两相对应的“不安”（angoisse）和“焦虑”（anxiété）。本书中的这两个词，在概念上没有本质上的区别。

《星际迷航》（*Star Trek*）中那位长着尖耳朵的大副史波克

（M. Spock），是个没有任何情感的人物，人类则相反，他们会表现出快乐、恐惧等不同的情绪，这也形成了他们的人格特点。但我们是否真的了解自己？

关于焦虑性格的12个关键性问题

下面的这些问题将帮助你对自己（或身边的人）做出诊断。肯定的回答越多，针对焦虑性格的诊断就越确定。

你是个“有安全感”还是个“没有安全感”的人？

我们可以把生活中的种种事件比作一部在脑海中不停播放的电影。“有安全感”的主体，也就是说那些平静安详的人（后文中会再次述及），他们会饶有兴致地注视这些事件，就像遵守游戏规则的电影观众，在看到悲惨的情节时会泪水涟涟，而在随后出现喜剧场景时，会若无其事地开怀大笑。他们会因痛苦的事件而独自黯然神伤，但随后会因可笑的遭遇而乐在其中。快乐驱散了忧愁。他们从未想过要生活停止前进的脚步。他们在意的只有当下，而未来只有在实现的那一刻，也就是变成了当下，他们才会着手应对。我们从中可以看到一种令人惊异的能力：对待生活随遇而安，情绪畅达流动，表面看来，就是不会在得知坏消息时忧虑不安，不会阻滞形势的进展而纠结于其中的某个事件。就像玛格丽特·米切尔（Margaret Mitchell）的小说《飘》（*Gone with the Wind*）中的女主角斯嘉丽·奥哈拉（Scarlett O' Hara），在遭受命运反手一击时说的那样："毕竟，明天又是新的一天。"

这也解释了现今一些年轻人在职场上的成功。他们不会坐等别人的召唤，他们善于表现自我、主动出击，不动声色地表达出自己想要参与其中的渴望。一旦站稳脚跟，他们就会有理有据地提出自己的要求和愿望。

相反，具有焦虑性格或"没有安全感"的主体，则会陷入日常生活接连不断的变化之中，并加以选择。他们停止了自己脑海中的电影，将生活悬置起来，以便抓住某个痛苦的事件并反复咀嚼。但是，他们这样做就等于中断了当下的流动，因而无法去理解当下，从而失去了适应当下的能力。我们会在后文说到这种行为带来的危险后果。那些常常因为注意力不集中而在学校里被老师批评的孩子，他们的这种表现，实际上是由被否认的极度焦虑造成的后果。

主体越焦虑，这种停滞就越可能持久。焦虑者深受焦虑想法持续束缚之苦。在与焦虑者的对话中，某个可能冒犯到对方的字眼儿可能引发他无休无止的反刍。亲朋想要让恐病型焦虑症者忘记他对癌症的恐惧和打消反复思虑的念头，只会是徒劳之举。

“有安全感”的主体	“没有安全感”的主体
不会对坏消息纠缠不放	纠结于坏消息和反刍
活在当下	与当下自我隔绝并失去适应当下的能力
拥有畅达流动和丰富多变的情绪	在对未来的焦虑情绪中停滞不动

你的想象力是否过于丰富？

焦虑者往往具有异常丰富的想象力。大脑拥有数十亿个神经元，因此，每个人天生就具有无穷无尽的想象潜能。人类的伟大创造不就是永不枯竭的吗？这些创造不正体现了某些主体凭借创造力在艺术、科学、文学或实用等特定领域中极尽发挥的无尽想象吗？想象力堪称是最强大的创造工具。

头脑的想象力总是令人惊异，它让每个人得以幻想美妙的爱情、优异的学业或成功的事业，但它也是造成个体所有忧虑的无声之因。无论从哪种意义上来说，想象的可能都是无穷无尽的。但需要补充的一点是，虽然人类的想象是无尽的，但每个人都是由个人经历和个人特有的幻想世界塑造而成的。这也是为什么一些人会因想象而感到焦虑，另一些人则会感到意趣盎然。

孩童通过想象发现世界，他们在想象中玩耍，并构建自己的内心世界。童话故事从不同的角度描绘出想象中的世界：

有的好似美梦（英俊的王子和美丽的仙女），有的则犹如噩梦（凶残的恶狼和丑陋的巫婆）。一代又一代的孩子都听着这些童话故事长大成人，他们会对故事深深着迷，并因此而感到快乐或害怕。为什么？因为这些故事代表和象征着幼年时的渴望和恐惧。一方面，这些童话故事在民间传统中诞生，并以口述形式流传下来（众所周知的《鹅妈妈的故事》[1]就是如此），折射出人类的焦虑；另一方面，它们也是作者对人类精神世界中的焦虑最具有想象力和最为动情的描述。比如，著名的童话作家佩罗（Perrault）和安徒生，他们都是既富有热情又满腹焦虑的人。

内心的敌人？

因此，在童年时期和成人之后，人类的这种想象能力就有可能引发过度的焦虑。焦虑者在自己的想象中生出忧惧之心。正常情况下，主体只有在面对真正令人担忧的情况或压力时，才会出现恐惧的情绪。但焦虑者相反，即便生活事件可能成为恐惧的触发点，他们的忧惧依然源自内心和想象，而非外部。

---

1 *Contes de ma mère l'Oye*，法国著名儿童文学童话集。——译者注

幽灵和魔鬼萦绕不散?

小时候独自待在床上，走廊的灯光透过半掩的房门照进来，有谁不曾害怕过幽灵？一个人待在空荡荡的大宅里，有谁不曾感到过孤独无助？又有谁不曾为了安然入睡而央求妈妈留下床头的一盏灯？

人类的想象力在我们中的很多人身上都施展过它的威力。幽灵在人类的生活中渐渐显露出各种各样的形态，这些形态都或多或少跟某些人或事有着直接的关联，从而引发或唤醒被深埋的童年恐惧。每个人都有自己内心的魔鬼。每个人都会制造出新的魔鬼，因为对“幽灵”的恐惧会终生相伴。

在这一点上，焦虑者堪称使出了浑身解数。他们对自己手中那台用来制造魔鬼的机器早已驾轻就熟。再者，跟其他人相比，焦虑者会将某个真实的事件当成磨炼自己想象力的挑战，从而酝酿出种种的问题、疑惑、意料之外或担忧。有个朋友离婚了，这是否意味着现在所有的夫妻关系都有破裂的危险？我们家那位是否也在想着同样的事情？最焦虑的人会拼凑出一幅灾难性的画面：他们的伴侣深感不幸，但他（或她）对自己隐瞒了一切。电视上播出了意外火灾的新闻，焦虑者马上就会联想到自己居住的大楼存在消防隐患；要是大火烧到家里，他是否来得及拯救自己的心爱之物？火灾会不会在夜里发生？他能否意识到发生了火灾？消防站还是在三条街以外的地方吗？幽灵还可能幻化为邻居那个“面目不清”的儿子。他是不是在吸毒？他会不会吸着吸着就睡着了，结果烟头儿点着了整栋大楼？

你焦虑的齿轮是否轻易就会启动？

焦虑者因为性格的原因，会对自己的焦虑情绪“倍加呵护”。焦虑者出于好奇，会本能地去想那些已经令他担心不已的事情。不确定、不满意和忧惧是他的领路人。焦虑者会因为自己担心、忧虑的事情而恐惧不已，一股内心的力量将他推向这些担心和忧虑的源头。这条路是早就铺好了的。焦虑者启动了焦虑的滚滚之轮。或许，我们每个人都被自己恐惧的东西所吸引。我们从孩提时代就痴迷于史前的传奇、野性的生灵，或是邪恶的魔鬼。但想象力在焦虑的刺激下变得摇摆不定，于是把那些令人恐惧的画面不断地夸张和放大。我们充满了情感和想象恐惧的内心世界，就这样压倒了客观和世俗的世界。

焦虑者不断地向自己提出各种各样的疑问，即便是恰当的答案也无法令他平静下来。由此产生的疑惑犹如酷刑般折磨着他。焦虑者往往都很聪明，对辩论的喜好堪称绝无仅有。他们能言善道，尤其擅长讲述自己的痛苦，跟人说起话来滔滔不绝。这也是为什么他们中有不少人都成了诗人和哲学家。但他们所缺少的，是对现实的觉察。焦虑者个个都是梦想家，焦虑滋养了他们的想象，而想象又无限地放大了他们的情绪。

你是好奇之人吗?

焦虑者是有好奇心的人。就像焦虑之于想象，焦虑与好奇之间也有着密不可分的关系。在人类所拥有的能力之中，好奇心是人类智慧最强大的推动力之一。好奇心往往会促成学业和事业上的成功，没什么好奇心的孩子更容易成为差生。焦虑者具有比一般人更为强烈的好奇心。为什么？因为焦虑者的过度醒觉状态会令他们对发生的一切、身边的一切产生兴趣：风景的细节、织物的图案、乐曲的主题。焦虑者对任何主题的资料文献都有兴趣，他们不会放过任何新奇事物。

但是，就像想象对他们的作用，焦虑者会执拗地在自己内心深处的角落搜寻可能发生之事最为阴暗的地带，这就有可能令他们自己和别人感到不快。在分析一项工作时，那些可能犯下的错误可逃不过焦虑者的双眼。挂虑型和自省型焦虑者，最爱发挥这种预先分析的能力，也最爱设想各种可能，尤其是不好的可能。他们心中只剩下疑虑，左思右想，没完没了。

你是否常常搜寻着地平线?

每个时代的航海家都会为了应对不确定状况和危险，而去寻找方位坐标、海岬、已知的代码、灯塔和航标。这些信息一代一代流传下来，却没有为后人留下如同这些信息一样丰富的航海选择。没有这些信息，也就不会有发现新大陆的壮举。

有一次，我应邀前往南太平洋参加研讨会，一位女性朋友问我，航海家们是怎么在茫茫大海中发现了马克萨斯群岛的。那些很可能从智利沿海地带出发的航海家，或许正是凭借某种确信无疑的果敢，才在天际线处的地平线上看到了那片新大陆。在每个时代的每个领域，都曾有过像哥伦布那样的人物，他们都曾发现过“未知的大陆”（terra incognita）。这些旧日的冒险家，有多少人曾经迷失了方向，或是丢掉了性命，或是在看不到可以停靠大陆的茫茫大海中忧心忡忡。

焦虑者，充满想象和好奇的焦虑者，把目光投向了这个大千世界。他想以最透彻的方式去认识这个世界，或许是为了更好地领悟它，也或许是为了更好地掌控它。如果错过了太多的航标，他就有可能原地打转，并陷入焦虑的痛苦之中，失去方向。

你是否总是难以完成已经开始的事情？

在焦虑者的生活中，常常会发生开始做一件事却总是难以完成的情况。焦虑儿童的父母会说：“他做事情总是虎头蛇尾。”这种对所做之事的弃之不顾，可能跟抑郁、嗜药或酗酒，尤其是缺乏自信有关。引发这种情况的罪魁祸首是害怕，要么是害怕考虑不够周全，比如喜欢想象的焦虑者；要么是害怕没能很好地对事情进行权衡，比如自省型焦虑者；要么是因为太想速战速决，结果害怕无法完成手头的事情，比如在无意识中对抗着恐惧的好胜型焦虑者，他们异常敏感，害怕把事情搞砸。

你是否有难以释怀的倾向？

焦虑者有着强烈的自言自语的倾向。他们很早就会发展出自己的内心独白，有时甚至会转变为固有的想法。因此，焦虑者总会有一种讨厌的“难以释怀”之感。难以释怀，也就是反反复复地纠缠同一个问题。虽然这种情况在自省型焦虑者身上最为典型，但它可能出现在所有类型的焦虑者身上，更为传统的说法就是强迫症。借助丰富的想象力和习惯性的好奇心，焦虑者成了摆弄这种游戏的老手。这种名副其实的思想中毒会将焦虑者吞噬。真的可能变成假的。焦虑者始终觉得自己的计划会功亏一篑。生命的休憩、内心的宁静，可不是焦虑者的强项。

你是否很容易产生负面的想法？

焦虑者不由自主的悲观，他人或亲朋好友是不大看得出来的，然而这种悲观迟早都会表现出来，并对焦虑者的世界观和行为产生深远的影响。这种根深蒂固的悲观，与焦虑者对周围一切的强烈警觉和对近在眼前或远在天边的未来的忧惧直接相关。具体的表现是，总是操心怎样通过有效的预防措施，对要说的话、要做的事和要建立的关系未雨绸缪。

这些预防措施给主体自己和他的身边之人造成一种感觉：缺乏冲劲和自信。这种程度的焦虑者，对自己的情况了然于胸，也能察觉到这种悲观、这种超级警觉、这种过度解读和这种缺乏自信可能带来的后果。

你想到的大多是些令人痛苦的事情吗？

为什么焦虑者总是对令自己痛苦的事情一想再想呢？一个根本的原因在于人类只有对痛苦之事想了又想才能摆脱焦虑的思维特性。即便是在无意识的层面，我们的焦虑依然会不断地出现。

这就是为什么弗洛伊德会在初期治疗时让患者不停地说话，为的是让他们把这些根深蒂固的观念从无意识中连根拔起。这就是心理学上所说的宣泄。焦虑者会有意识地在自己身上使用弗洛伊德的这种方法，因为他知道，只有不断地去想那些令自己焦虑的事情，才能从中脱身。这种对焦虑者必不可少的方式，正是他们区别于非焦虑者的地方，后者很容易通过转念思考别的事情，让思绪从巨大的压力当中解放出来。

尤其是，你对爱的渴望是否总也无法得到满足？

焦虑者需要获得被爱的感觉。被爱就像中彩票，但焦虑者会焦虑，却并非偶然。我们碰到过的所有的焦虑者，都毫无例外地在个人历史中抱有某种遗憾：未曾像他们所希望的那样被人所爱。我们在本书中给出的每一个案例都可为佐证。

那么，焦虑是一种爱之病吗？是的，确实如此。但是，是哪一种爱呢？首先，那是一种能够带来安全感的爱。焦虑者的心中始终住着童年时那个渴望在险境丛生的生活中被人保护的小男孩或小女孩。焦虑者会在自己身上和旁人身上，找寻那些可能象征着这种安全感的迹象。这种忧虑说不清，道不明，但也并非从始至终都是难以诉说的。这种程度的焦虑者，他的不满足就是不言自明的迹象。

焦虑者的内心电影

让我们来听听两位精神分析师，雅克·安德雷（Jacques André）和卡特琳娜·沙贝尔（Catherine Chabert）的描述："焦虑……就其本身而言，是打开内心隐秘之锁的钥匙，甚至是通往内心渊底的道路，因为从根本上来说，焦虑是构成内在性的重要组成部分。”[1]

一部三个人的电影

不过呢，这部剧本可以根据我们所称的演员三角戏，以不同的方式来演绎，三位主角是：挂虑者、焦心者、忧惧者。

- 挂虑者是较为自在的一位。他心里想的都是未来的事件，但这些事件都足够具体、轮廓清晰，都经过了分析，有时则分析得过了头，但至少在主体的心里，它们被清晰明确地列为问题的原因。首先，挂虑者须得事事操心。这并非老生常谈。在烦闷不堪的时候，谁不曾说过或听到过这样的话：“至少，去工作能让我感觉好点儿。”这种出于理智而说出的话，意味着在遭受外来“病毒”的侵袭时，思维必须依靠抗体来进行反击，也就是将想法转化为实际行动。
- 焦心者则要紧张得多。他之所以紧张，是因为对自己提出的问题缺乏清醒的认识。焦心者感到某种危险的迫近，但他无法清楚地辨认出这种危险，也不清楚危险来自哪里，以及危险抽象或具体的表现。他会说：“我感到担心，但我从来都不知道究竟在担心些什么。”焦心者必须把他的担心具体化。想象令

1　J. 安德雷（ANDRÉ J.）、C. 沙贝尔（CHABERT C.），《悲痛的不同阶段》（*États de détresse*），巴黎，PUF出版社，1999年。

他陷入漫无边际的迷宫之中，迷宫里到处游荡着看不见的幽灵，他只有在看到自己恐惧的具体形象时，才能放下心来。焦心者只有做到更好地去控制自己的恐惧，才能战胜它们。

▸ 忧惧者时时刻刻都在提心吊胆。忧惧者在生活中碰到的事件与他内心的恐惧存在一种联系紧密的相互影响。妻子迟到了，忧惧者马上会担心她发生了意外。在造访一座陌生的城市时，忧惧者因为害怕迷路，所以手里不攥着一本地图是绝对不会走出旅馆半步的。忧惧者的汽车，只能让他来开；要是让别人来开，就有可能发生意外，等等。忧惧者必须熟悉自己的恐惧。他必须通过勾勒出恐惧的轮廓和找出恐惧的弱点，才能正视恐惧、熟悉恐惧，从而去除恐惧的夸张成分。

焦虑者往往是这三个人物的奇妙组合，只是程度各有不同。根据焦虑类型的不同，其中一个人物往往会成为主导。

一部四幕剧本

▸ 第一幕一开场，悬念就会出现：会发生什么事情？暗示发挥作用了。从清晨醒来的那一刻开始，这一天中会发生的事件就会在焦虑者的脑海中鱼贯登场：时间够用吗？会发生意料之外的事情吗？跟人见面会顺利吗？是否忘了记下什么要做的事情？还会倒什么霉？每时每刻，所有未知的情形，或者更甚，所有的意料之外，都会自动生成这样的剧本。

▶ 在第二幕中，焦虑者就像热锅上的蚂蚁。他的脑中一片沸腾。所有的事情一起涌上心头。微小的细节和重要的节点相互交叠，混在一起。想象力开足了马力。思绪如同在燃烧，火舌在每一个角落里跳动着。想要凝神定气实在太难。但是，人却是醒着的，这一切并非梦境。

▶ 第三幕，焦虑者想要整理好自己纷乱的思绪。努力厘清一切势在必行，恢复秩序成了当务之急。必须把注意力放在眼前的事情上，而非那些多少会让人感到害怕和悲观的未来之事。主角必须冷静下来，为此他得做出巨大的努力，因为这并非他的“本性”。定下神来，思考几秒钟或几分钟，让自己的思绪（或身体）不再任意妄为是需要花费气力的。让自己停下来却又不强加抑制，是一条布满荆棘的道路。

▶ 最后一幕需要借助行动。剧情必须符合所要采取之行动的需求，而不是追随焦虑者为不同对象事先铺好的道路：继续不停地幻想后果，难以释怀却没有行动，无谓的烦躁不安，转移问题，等待一切过去，等待别人提供解决办法，等等。

陷入焦虑，就是无助地看着这部剧本在自己的意愿之外一幕幕上演，尤其是那些最为焦虑的人，他们永远看不到落幕的那一刻。

如何感到放心：
心爱之物、护身符、魔法和其他方法

焦虑者需要感到放心。他用来让自己感到放心的方法数不胜数：护身符、吉祥物、珍藏的童年纪念物、纪念章或首饰。为了入睡，焦虑者往往需要一件可以令他安心的慰藉物，也就是童年时的心爱之物。他躺在床上，就像小的时候，温暖的绒毛玩具守护在身旁。通常来说，焦虑者会保留那些能够唤起美好或痛苦回忆的物品。

化名癖

葡萄牙作家费尔南多·佩索阿（Fernando Pessoa）在他的一生和整个写作生涯中，一直在不停地改换名字：他每出版一部手稿，就换一个名字。这种不停更换化名的习惯，可以解释为是他的焦虑、他的“惶然”（就像他在随笔作品《惶然录》中所描述的那样）的一种投射，也是对正视自己身份的一种拒绝。

焦虑者选择的上班路线永远都是同一条，这是出于迷信而非效率。他会以某种固定的方式上楼梯，或沉湎于其他令自己深信不疑的癖好之中。在海滩上，焦虑者会捡起一枚贝壳，日后当成吉祥物。他会查看星座运程，会特别注意日常生活中出现的数字：他的生日是23号，而他住的酒店房间也是23号，这或许是某种征兆……我有个朋友，每次骑摩托车的时候，一定会戴上一双旧手套，而且永远都是那一双。只有一次没戴，结果他就出了意外。所有这些行为，还有很多其他的行为，都属于精神分析中所称的“奇幻思维”，这种思维可以用来抵御焦虑。

玛利亚·卡拉斯的迷信

著名女高音歌唱家玛利亚·卡拉斯，她的虔诚与迷信不相上下。每次巡演，为了防止出现不正常的怯场，她总会跑到演出城市教堂里的圣母像前祈祷。在登台献唱之前，她总会在胸前画无数次十字。尤其是，她会把自己的信仰都注入某个特定的物品之中。卡拉斯的丈夫巴蒂斯塔·梅内吉尼（Battisto Meneghini），送给妻子一张文艺复兴风格的“圣家族”绘画作品。从此，卡拉斯每次出行都会把这幅画带在身边。她把这幅画放在化妆间里，自己的跟前。有一次演出时，卡拉斯发现忘带了那幅画，她简直不知所措，乱作一团！没有这件可以让人安心的吉祥物在身边，她是绝不会开金嗓的。演出因此被暂停了，主办方特意租了一架飞机，前往卡拉斯在米兰附近的住宅去把那幅画拿了来。终于，幕布升起，女歌唱家可以登台献艺了。

从本质上来说，焦虑者都是迷信之人，因此会一头扎进自己炮制的咒语或仪式中，以缓解焦虑：奇幻的用语，或是在物品上轻轻敲击，等等。焦虑者钟爱成功、挑战：“如果交通灯不变红，我就会走运。”他们只系某一种颜色的领带，只穿某一种颜色的衣服。所有的一切都变成了征兆，所有的一切都具有了含义。

夫妻或家庭中的焦虑者

夫妻中的焦虑者

对于焦虑者而言，焦虑是一种苛刻而专治的情绪，而焦虑者身边的人也会有这种感觉。在夫妻关系中，可能出现几种不同的情况。

首先，夫妻两人都是焦虑者，而且具有同样的担忧和恐惧。健康可能是令某些焦虑者担心的主要原因，比如我们在前文中描述过的疑病型焦虑者。一对夫妻，如果丈夫和妻子都是“奇想病夫”这一类型的焦虑者，那么他们就会令彼此的恐惧更加强烈，而且往往伴随一种爆炸式的传染效应：健康类杂志和医药类书籍，会是家中备受青睐的读物；夫妻二人从不会错过任何一期医疗节目，无论是什么主题；有人给妻子新推荐了一位专科医生，丈夫也会希望跟着去瞧瞧。但是，这对焦虑的夫妻却总会坚定地一致认为：所有的医生都医术不精。没有什么可以真正缓解这对焦虑者的担忧。

此外，金钱也常常成为焦虑者夫妻的焦虑之源，而且因金钱而产生的焦虑会因两人的共鸣而被放大。他们能不能过到月底啊？这笔借贷会不会让他们破产啊？关于金钱的争吵时有发生。一方对另一方的指责，要么是花钱太过大手大脚，要么是对钱的问题太过紧张。于是，在双方的交谈中会听到这类令冲突加剧的话："你也不看看自己什么德行！"待到风平浪静之后，两人都会意识到他们拥有同样的焦虑，但说出口的话有时候实在是不中听。

夫妻两人都是焦虑者，焦虑的类型却可能很不一样：一个是强迫型焦虑者，行事缓慢而小心翼翼，一丁点儿的混乱都会让他惊慌失措；而另一个则是亢奋型焦虑者，总因为事情进展得不够迅速而苦恼不堪。一个争强好胜，在任何的挑战和比赛中都不懂得如何放松、享受乐趣；另一个则时时都在自省，对任何可能造成焦虑的事情都会习惯性地予以拒绝。一个是根深蒂固的火暴性子，丝毫的不快都会惹得他大发雷霆；另一个因为害怕把手里的事情搞砸，在面对冲突情形时则会束手无策。此类焦虑者夫妻最根本的分歧在于，无法理解对方对焦虑的表达方式。生活中最困难的事情，莫过于接受这样的事实：另一个跟你焦虑程度相当的人，会以不同的方式将这种焦虑表现出来。

最后，夫妻中有可能一个是焦虑者，一个是非焦虑者。

让－帕斯卡尔的例子就是最好的证明。

45岁的让－帕斯卡尔，表现出了所有独立自主的显著特征。在面对家事不睦或是可能出现的纷争，尤其是自己兄弟之间的不和时，他给人的印象是能够退开一步，甚至漠不关心。有一天，让－帕斯卡尔一脸严肃地表示，自己一直都很有幽默感，随时都可以被逗笑，而晚上只要是一个人的时候就会睡不着。他的很多朋友闻此都大吃一惊。看到这个积极热情、事业有成、不惧面对争执和事业难题的男人如此勇敢地袒露心迹，所有人都大感意外。熟悉他的朋友都知道，让－帕斯卡尔会习惯性地有意夸大那些会令他担心自己健康状况的细枝末节。这是到目前为止，大家所知道的并且会拿来调侃他的唯一一个小缺点：胳膊的阵痛、胸部的轻微压迫感、醒来时的胃部抽搐，他会因为这些迹象而怕得要命，并就此发表长篇大论。然而谁也想不到，让－帕斯卡尔不能被妻子撇下不管，也不能独自一人留在舒适宽敞、安全如庇护所的公寓里。让－帕斯卡尔已经对那些最亲近的朋友吐露过，自己其实一直因内心的焦虑而备受煎熬。

在袒露心声之后，让－帕斯卡尔觉得轻松了一大截，于是和盘托出。他不喜欢不被人爱的感觉。他知道自己的问题所在，但是却无法控制。他总是希望身边的人，尤其是妻子，能够肯定自己的价值；为什么他们意识不到自己的慷慨呢？因为在他看来，这些人很少给予回报，甚至是太少给予回报。他始终都无法得到满足，总在想方设法地要对发生在自己身边的一切、对自己的未来获得一种安心的感觉，而这个未来既无关物质，也无关情感。

让-帕斯卡尔爱着自己的妻子和孩子，但对他们挺苛刻。妻子不得不耐心地应对丈夫那些不切实际的恐惧：在国外时碰上航空公司罢工，列车可能晚点，可能赶不上晚宴。即便是在假期，让-帕斯卡尔的神经也是紧绷的：他办公室里的一切都还好吗？他的手机从来不关。实际上，他在休息的时候从来没有放松过。他总想着什么时候该回去了，想着还有成堆的文件要处理。在跟团旅行的时候，他总是第一个到达酒店大厅。他的行李箱总是在出发前三个小时就准备停当了。他会开着车寻找最短的路线。这些都体现出他惯常的行为机制：对效率的过分操心，预防性行为和对可能发生之事的预先掌控。必须承认，他的这种行为方式让他自己疲惫不堪，更让他身边的人感到精疲力尽。他似乎觉得自己的精力怎么都用不完，但对他人来说，这种旺盛的精力是令人身心俱疲的，尤其是他的妻子，他自己也承认这一点。

让-帕斯卡尔在幼年时就是这样。小时候的他就很擅长交际，所有人都喜欢他，或许这让他有点儿太过骄傲了。一旦在体育游戏中感到竞争的威胁，他就会想办法压倒对方。这也让处于青春期的他在结束了一段伤心的爱情之后，很快就调整好情绪，在期末时拿了全班第一。

让-帕斯卡尔在家中的三个孩子里排行老二，他难以接受这个夹在中间的位置。他回忆说，自己既嫉妒压人一头的哥哥，又想对弟弟发号施令。他还说，他“继承了”自己打心眼儿里佩服的父亲的性格，父亲也很为他感到自豪。但这并没有改变两人之间冲突不断的紧张关系，这一点倒是很常见。让-帕斯卡尔学业有成，但在经历那次轰轰烈烈的青春期爱情之前，他度过了一段艰难的日子，那时的他咄咄逼人，跟别人在一起时总觉得不自在，尤其是女孩子。后来，他通过全身心投入体育活动才挨了过去，没有感到痛苦，也没有遭遇重大的创伤。他吐露说，自己的青春期是既快乐又痛苦的。快乐，是因为他在学业和体育上都取得了很不错的成绩；痛苦，是因为他跟同龄的女孩子相处总感到浑身不对劲儿。他承认自己总想在人前逞能，总想表现得比真实的自己更加强大，这就遭到了那些他想要征服的同龄人的排斥。他最期望的，就是能够跟一个非常漂亮的女孩一起出去，因为这样，他就能在朋友们面前获得自信。在表面上的学业有成和健康阳光之下，他隐藏着对失败和被抛弃的巨大恐惧。

让-帕斯卡尔从来没有摆脱过这种充满焦虑和恐惧，却又格外好胜的性格的束缚，在他生活中的各个时期，这种性格都让他痛苦万分，但同时也让他克服了不少困难，换作是别人，恐怕会陷在困境中止步不前了。

现在，让－帕斯卡尔45岁了，他的生活表面看来没什么问题。除了无法独自待在家里，还有他的恐病倾向和对生活中细枝末节的种种担忧，这些仅限于私生活的行为，是真正体现出他焦虑性格的特征。这种性格最大的受害者，除了他自己，还有他的妻子。她有时也会因此而恼火，甚至觉得忍无可忍，但她的性格正好与让－帕斯卡尔相反，她安静宁和的性情令丈夫能够克服夫妻生活中不时出现的难题。

家庭中的焦虑者

让－帕斯卡尔不仅让妻子感觉到了自己的焦虑，也让所有的家庭成员感受到了这种焦虑。

让－帕斯卡尔的女儿，16岁，跟父亲很像。两人对这一点也都心知肚明：她跟父亲简直是“一模一样”。他们不停地争吵，都是因为各自的焦虑。他们会因此而惧怕对方，害怕自己会受到伤害，也害怕相互之间的伤害，但各自心里又都不承认。不过，让－帕斯卡尔倒是竭尽所能地不让自己性格中不好的一面影响到女儿。他很了解自己的女儿，并且试着帮助女儿表达出自己的焦虑。女儿的幸运就在于，父亲对这种性格的缺陷有着清醒的认识，而且足够聪明地想到要试着去进行补救，尤其是为了这个爱她胜过一切的女儿。可惜女儿并不领情，16岁的年纪更是让人无可奈何。

夫妻间的焦虑者情形，同样会出现在父母和子女之间：焦虑者往往会有一个跟他同样焦虑的孩子，而跟这个孩子之间的冲突通常是最为激烈的。但家庭关系并不仅限于妻子跟孩子，兄弟姐妹之间的关系，对焦虑者而言，常常会更加棘手。

造成让-帕斯卡尔跟自己兄弟发生冲突的原因，可以追溯至他的童年，但这种冲突延续至今，在很大程度上也是因为他自己的焦虑。虽然已过不惑之年，而且生活过得也还算是如意，但让-帕斯卡尔觉得（他自己也清楚这一点）自己比以前更容易受到伤害了。平时的他还是挺能屈能伸的，但在面对自己的兄弟时就会变得异常敏感。要是哪天哥哥或是弟弟跟父母聊了一通电话，他就会觉得那意味着自己的生活方式没有得到家人的认可。确实，他选择的职业、生活方式和配偶，都是家人难以想象的。他童年时的那种农人生活，父母亲的那种生活，如今依然是兄弟们的生活。他很高兴自己从中摆脱了。但不再是其中一分子这一事实却让他焦虑不堪，因为他感到自己遭到了排斥。

在家庭中，焦虑者会不由自主地以一种过度的敏感或嫉妒表达自己的焦虑。

家庭中的焦虑者还有另一种表达焦虑的方式：过分操心家中每个成员的健康和幸福。我们可以称之为一种对家人“通过关注和意图而施加的迫害”。为了避免某些似是而非的危险，焦虑者会将某些预防措施强加给亲人。有的亲人会深受感动，有的则会火冒三丈。

再后来的生活，就是孩子结婚后离开，自己则日渐老去、不得不放弃自己的某些抱负。接着，是朋友们一个个地离世。因看到身体和思维的渐渐老化而感到的忧伤，因头发变白和皱纹增多而产生的焦虑，都会成为压在焦虑者心头的重担，而这种“青春至上”，也就是说不惜一切想要留住青春的渴望，几乎已经变成了压倒一切的信条。

对身边之人而言：辨别出焦虑的信号

就家庭而言，家庭成员在日常生活中的很多反应，都可以作为辨别其焦虑情绪的迹象：

- 突然的响动（重重的关门声、突然响起的门铃或电话铃声、街上的吵嚷声）会惊得他一哆嗦，甚至让他慌了神。
- 习惯性地不看信件。焦虑者会不情不愿地去拆看重要的信函。
- 非本意的行为或不合时宜的言行举止变得司空见惯。

- 一旦涉及制订计划，就会变得犹豫不决和担心害怕。
- 一旦有意料之外的事情出现，正常的行为就会变成无用的烦躁不安。
- 总会不由自主地从负面角度去看待生活。
- 任何等待都会让他焦躁上火。
- 稍有些令人感到焦虑的事情都会招致他的过分苛责。
- 最后，渴望掌控一切，即便是鸡毛蒜皮的琐碎小事。

不同的面孔，不同的原因

实际上，每个人表达焦虑的方式都不尽相同，理解其中缘由的方式也各有不同。我的两个朋友，是研究压力和焦虑的专家，[1]以颇为幽默的方式描述了焦虑的不同面孔："四个男人在一艘船上。没有人落水，但暴风雨来了。第一个，悲观者，躲进了船舱，心想最糟糕的事情就要发生了；第二个，羞怯者，很想做些什么，但感到束手无策，什么也做不了；第三个，强迫者，把所有的时间都用来确认自己是否安全，不停地查看防雨布是不是盖好了；第四个，激动者，不停地走来走去，从船头到船尾，想要同时把所有的事情都做了。同样的焦虑情景，

1　E. 阿尔贝（ALBERT E.）、L. 施奈维斯（CHNEIWEISS L.），《焦虑》（*L' Anxiété*），巴黎，Odile Jacob出版社，收录于《日常健康》（"Santé au quotidien"），1990年，1999年。

四种不同的行为。”

对于这两位同行的结论，我要再加上一句：这或许是为了抵达人生彼岸的四个不同个体的故事。继续我们的隐喻：排除暴风雨的存在，认真审视第一个人的消极举动、第二个人的整体压抑、第三个人的强迫性仪式行为和第四个人的焦虑不安，都是不够的。应该做的不仅是观察暴风雨的发展势头，还要了解每个人应对暴风雨的方式，要知道，四个人各自应对焦虑情形的方式，是他们在之前就形成了的。对于其中的一个人来说，这或许就像他童年时经历的一次可怕的乘船出游，之所以可怕，原因可能有很多：父母不在身边，或是成年人对坏天气的担忧，等等。这段难忘的经历深埋在他的记忆之中，如果之后又发生了令人痛苦的事情，让这个人在面对焦虑情绪时脆弱不堪，甚至变成了焦虑者，那么，他应对暴风雨的方式就会与众不同，而且这种方式跟他以前的经历有着密不可分的关系。所以，我们就不能以看待另一个或许初遇这种情况的乘客的方式，去看待这个人对焦虑的表达。情绪，尤其是焦虑情绪，不会没来由地打乱理性的思维，它是跟个人的逻辑相互呼应的，这些逻辑植根在我们的灵魂深处，就好像追随我们的记忆之线一涨一落的潮汐，而每个人的逻辑都有自己的存在理由。

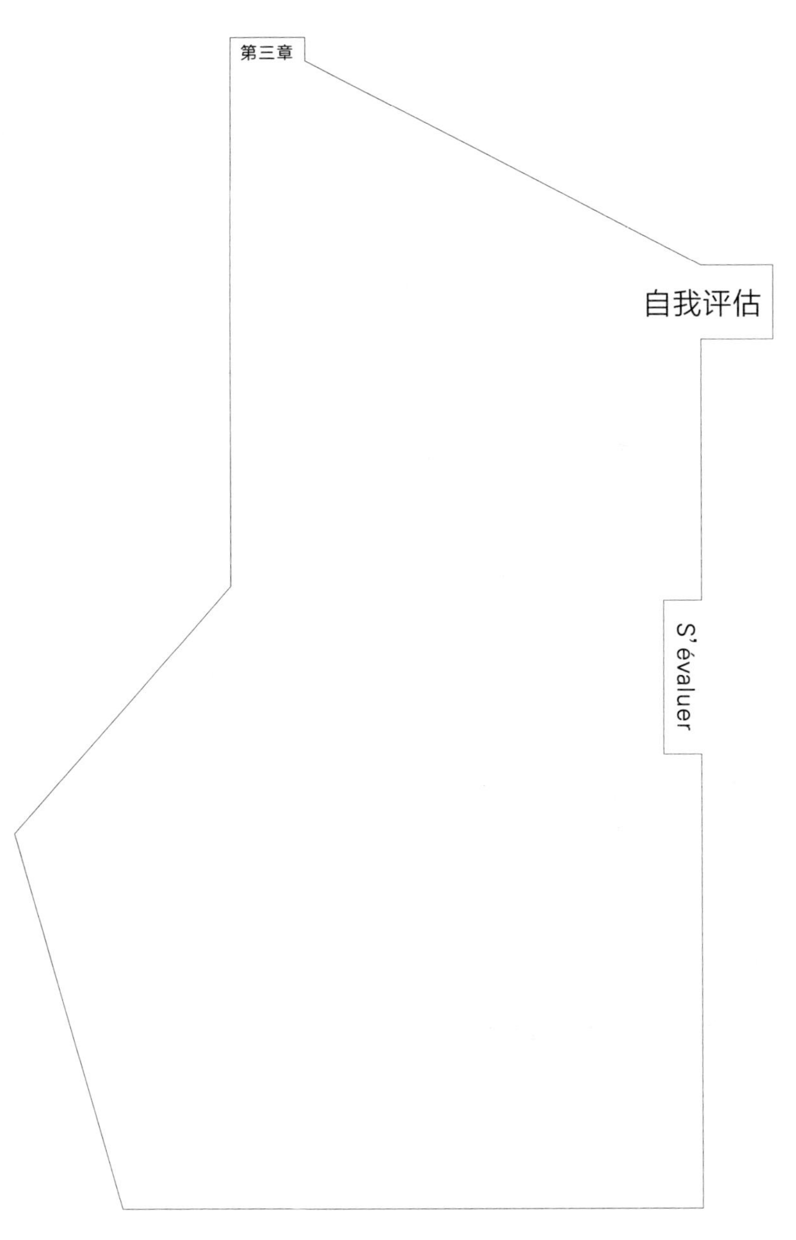
第三章
自我评估
S'évaluer

我们可以借助一些评估标准来判断主体是否具有焦虑性格。无论是在实践研究还是理论研究中，人格特质都扮演着重要的角色；研究者尽其所能地去辨别和评估最主要的特征，以便研究它们对行为产生的影响。从本质上来说，人格特质是人格中持久的一面，它对特定领域的行为方式产生影响。有关人格特质的争论，令这个概念的定义更加细化，也令用来描述这些人格特质的心理学语汇变得越来越精准。

对焦虑特征的自我评估

心理学从业者使用最广泛的评估问卷，当属《状态—特质焦虑量表（第二版）》（*STAI-II*），也就是斯皮伯格（Spielberger）

的《状态—特质焦虑问卷》(*Trait Anxiety Inventory*)[1]，这个问卷至今仍被视为用来评估我们所称的焦虑特质的标准参照工具。也就是说，评估主体的焦虑程度并不以他的状态为参照，而是以他的常态为参照。换句话说，就是主体平时的感觉。简而言之，就是他的性格。

这份自我评估问卷与诸如《泰勒显性焦虑量表》(*Taylor Scale of Manifest Anxiety*)、祖克曼（Zuckerman）的《多种情感形容词量表》(*Multiple Affective Adjective Checklist*）等用以评估焦虑特质的专业工具有着紧密的联系。

下面是一份我们依据不同评估工具简化得来的自我评估问卷，你只需对每个问题回答“是”或“否”。“是”越多，主体具有焦虑性格的倾向就越大。

自我评估问卷[2]

“是”或“否”：你是否觉得自己被以下状况困扰了多年？

1. 动辄为鸡毛蒜皮的小事担忧	是	否
2. 面对新情况时总会习惯性地感到恐惧	是	否
3. 在陌生的情境下或陌生人面前，会有一种难以克服的不自在	是	否

1 C. D. 斯皮伯格（SPIELBERGER C. D.），《焦虑特质和状态的测定：概念及方法问题》(“The measurement of trait and state anxiety: conceptual and methodological issues”)，收录于《情绪；情绪的参数及测定》(*Emotions; Their Parameters and Measurements*)，Raven Press出版社，纽约，1975年。

2 布拉克尼耶（BRACONNIER），2001年。

（续表）

4. 在一天中相当长的一段时间内，会感到内心的压力，烦躁或难以放松	是	否
5. 内心深处对自己的能力有所怀疑，或严重缺乏自信	是	否
6. 在需要做决定或发挥主动性时，会表现出明显的行动困难	是	否
7. 总感觉到无明显原因的束手无策	是	否
8. 瞬间感到惊慌失措	是	否
9. 看待事物的方式过于悲观	是	否
10. 大部分时间里都会易累、易怒、睡眠不好或肌肉紧张	是	否

卡特尔问卷

在当代人格特质研究领域，有一个名字不得不提，那就是雷蒙·卡特尔（Raymond Cattell），此人堪称人格世界的测量大师和先驱，他编制了一份用以评估基本人格特质的问卷。在这份《卡特尔16种人格因素问卷》中，对各项人格特质从1到10进行了标记，以此进行评估。[1]在这些人格因素中，有五个最主要的因素可以用来区别极度焦虑者和有点儿焦虑者：

1 R. B. 卡特尔（CATTELL R. B.），《16种人格因素结构与艾森克博士》（“The 16 PF personality structure and Dr Eysenk”），《社会行为与人格杂志》（*Journal of social Behavior and Personality*），1986年，第153—160页。

▶ 因素C：一端选项是“情绪激动”，对应“情绪不太稳定，易激动”的感觉；另一端的选项是“情绪稳定”，对应“成熟，直面现实，冷静”的感觉。

▶ 因素H：一端选项是“畏怯”，对应“对威胁敏感，内向，犹豫不决，慌乱”的感觉；另一端的选项是“敢为”，对应“喜爱冒险，未受抑制，能够承受压力”的感觉。

▶ 因素L：一端选项是“猜疑”，对应“不易上当，多疑，抱有怀疑态度”的感觉；另一端的选项是“信任”，对应“接受条件，容易与他人相处”的感觉。

▶ 因素O：一端选项是“惶恐”，对应“自责，负罪感，不确定，忧虑”的感觉；另一端的选项是“自信”，对应“确定，没有负罪感，泰然自若，对自己感到满意”的感觉。

▶ 因素Q4：一端选项是“紧张”，对应“感到受挫，过度劳累，坐立不安”的感觉；另一端的选项是“放松”，对应“安静，平和，气定神闲，很少觉得受挫”的感觉。

焦虑型人格鉴别标准

在距离我们较近的20世纪90年代，法国精神病专家艾里·安杜什（E. Hantouche）根据一份英国的评估问卷，编制出了《焦虑型人格诊断标准》（*Critères opérationnels de personnalité anxieuse,*

COPA）。这份问卷似乎可以对焦虑者做出确切的鉴别。在这份问卷中“是”的答案越多，焦虑程度就越高。标准A尤为简单，且具有较强的鉴别性。标准B中的选项与标准A紧密相关。

焦虑型人格诊断标准[1]

以下问题经过调整，作为鉴别焦虑型人格的标准。请按顺序回答问题，在每个问题后勾选“是”或“否”。勾选“是”：仅在问题中的行为特征出现在21岁之前，并且呈恒定状态时，也就是说持续时间至少等于或超过两年。

标准A——你是否认为自己比大部分人都焦虑？		
换句话说，在你看来，焦虑是否构成了你人格的一部分（构成了你惯常行为方式或日常生活待物观的一部分）	是	否
标准B——现在，我要对你提出一些关于你人格的更为详尽的问题：		
1. 你是否会习惯性地自寻烦恼，一些关于未来、意外之事和/或新情况的极端和/或持续的烦恼（比如：灾难性的念头）	是	否
2. 你是否具有反复思索过去之事的倾向	是	否
3. 你抱怨自己健康状况的倾向是否比大部分人都更为明显	是	否
4. 你是否会习惯性地过度紧张和/或在休闲时刻难以放松	是	否

1 E. 安杜什（HANTOUCHE E.）及合著作者，收录于法国精神病学杂志*Nervure*，1996年11月，特刊《今日之焦虑》（“L'anxiété aujourd'hui”），第39—47页。

（续表）

5. 你是否会习惯性地过度担心自己在日常事务（工作中、家里、休闲时刻……）中的表现和能力	是	否
6. 你是否认为自己对别人的批评或指责过分敏感	是	否
7. 你是否在跟别人打交道的时候过分羞怯、拘谨和/或担心	是	否
8. 你是否会夸大日常活动中的困难、有形的危险或风险	是	否
9. 你是否有逃避社交或娱乐活动的倾向，因为你会感到不自在或尴尬	是	否
10. 你是否会在想到要跟别人建立长久关系的时候过分担心	是	否
11. 你是否会因为害怕遭到抛弃或一人独处而经常担忧	是	否
标准C——你是否觉得自己的人格导致了以下后果：		
不舒服	是	否
妨害了你的社交生活和职业生活	是	否
令你对日常生活中的各种束缚和/或压力反应过激	是	否

评估焦虑并非易事

说到底，没有人会质疑情绪的存在，这是一个常识性问题。再者，可以这么说，我们对自己的所感（或他人讲述的所感）产生的疑虑，要少于对自己的所做或所思（或他人宣称的所做或所思）产生的疑虑。他人可能会搞错自己的意图，他可能并不知道自己究竟在做什么，但当他宣称自己害怕（或高兴）时，我们无法说他搞错了。他确实可以设法哄骗我们。

但同时，主体与情绪的关系有别于主体与行为的关系。我们可以这样来解释：表面看来，主体从定义上来说是自己行为的施动者。我们可以借用"主动态"来描述这种关系：我走路，他说话，我们吃东西。[1]相反，人类"忍受着"情绪，被情绪影响、侵袭或吞没。焦虑、快乐附着在人的身上，在法语中，我们只能通过语法中的"被动态"才能对其加以描述：使我焦虑，这个或那个让你害怕，这件或那件事令我们高兴。[2]日常用语中充满了各式各样的词语，令多姿多彩的法语语法变得更加丰富。

心理学丝毫没有被这种语法的优势所拖累，心理学家也需要描述和解释什么是恐惧、愤怒、忧伤和快乐。情绪心理学是精神分析的当代产物。情绪的语言甚至最终对行为的语言产生了影响，情绪的状态可以被用来解释病态的行为。不要忘记，我们所说的"焦虑"，只不过是对一系列行为举止做出的描述。而这种解释，也不过是对某些特质的总结。

---

1 此三句法语原文分别为：je marche，il parle，nous mangeons，均为法语中的主动态句式。——译者注

2 此三句法语原文分别为：je suis angoissé，tu es effrayé par ceci ou cela，nous sommes heureux de telle ou telle chose，均为法语中的被动态句式。——译者注

因此，情绪的语言是用来描述事件的整体、总和的，而并非一定是某个存在于事件之外的现实，即便如此，我们还是得将某个现实和现象进行匹配。那么，将行为的语言加诸情绪是否就合情合理而不会引起争议呢？所以，应该说“一想到去见朋友，我就会带着焦虑去思考”，而不应该说“我一想到去见朋友就会感到焦虑”。依照情绪的通用语语法来看，没有什么可以让我们断言：想法是造成某种愉快状态的原因；反之亦然，也没有什么可以禁止我们用主观价值去定性被描述的行为。在听到“他快乐”或“他焦虑”这类司空见惯的话时，较为妥当的做法或许是，用对某个具体行为的描述来代替那类情感状态赖以为生的描述（比如“我太容易退缩了”或“我对一切都抱有怀疑”）。然后，再用这种状态所对应的修饰语来描述行为（比如“他畏怯”“他具有强迫性”）。

第二部分

焦虑性格：

一间肖像画廊

区分焦虑性格的不同表现形式，是至关重要的一点，本书将为你提供区分每种表现形式的方法。首先，我们会描述有点焦虑的人和极度焦虑的人，前者会调整自己的焦虑状态，懂得应对生活中真实的危险；后者的焦虑就好像无法根除的病毒，在日常生活中啃噬着他的内心。放在社交语境中的话，还有我们所说的好胜型焦虑者、创造型焦虑者和自省型焦虑者。此外，还可以根据最显而易见的行为，区分出外倾型焦虑者和内倾型焦虑者。不要忘记，两者的焦虑状态会随情景的不同而互换位置。

在本书中，我将根据三个标准来进行描述：

▸ 焦虑的强度，可以用来区分“有点焦虑”和“极度焦虑”的人。简单说来，这就是想要把事情做好和想要一切都完美无缺的区别所在。

▸ 对主体日常生活的影响，由此区分出好胜型焦虑者、创造型焦虑者和自省型焦虑者。

▸ 最显而易见的社交行为，由此区分出三类焦虑者：外倾型焦虑者，内倾型焦虑者，以及时而外倾、时而内倾的外倾—内倾型焦虑者。

我们还将专门用一个章节来描述那些毫无来由地担心自己健康的焦虑者，当然还有焦虑的儿童和焦虑的青少年。

显然，这些不同类型的焦虑状态可能以各种方式混合在一起，人类的各类性格之间从来都没有泾渭分明的界限。

第四章

有点焦虑的人和极度焦虑的人

Petits et grands anxieux

从理论上来说，我们大家都是“有点焦虑的人”。幸好啊！因为多亏了焦虑，我们的祖先才能够生存下来，这一点我们在前文中就已经说到过。感觉的强度构成了重要的特质，而且因人而异。一些人对情绪有着较为缓和的体验，而另一些人则有着较为沉重的体验，可谓各具特色。研究者认为，那些对快乐等正面情绪有着强烈感受的人，对恐惧或抑郁等负面情绪也有着同样强烈的感受。

依据一份情感强度自我评估表《情感强度量表》（*Affect Intensity Measure*）的测定结果，拉尔森（Larsen）和迪耶内（Diener）[1]等一些当代研究者证实，同一个主体用来描述负面情绪的话语

1 J. 拉尔森（LARSEN J.）、E. 迪耶内（DIENER E.），《情感强度作为个体差异的特征：回顾》（“Affect intensity as an individual difference characteristics: a review”），《人格研究杂志》（*Journal of Research in Personality*），1987年，第21期，第1—39页。

和用来描述正面情绪的话语具有关联性。也就是说，那些会说“悲伤的电影让我深深感动”的个体，也会说“我快乐的时候觉得精力无穷”。当主体在转述自己在日常生活中体验到的情绪时，正面情绪和负面情绪之间就会出现这种类似的相互协调。主体对情感跌宕起伏的影片所做出的不同反应，也同样具有关联性。因此，情感的强度体现了性格中本质性的一面，也形成了有点焦虑之人和极度焦虑之人的区别。

有点焦虑的人

有点焦虑的人并不会因为焦虑而痛苦。他们承认焦虑的存在，但能够在日常生活中对焦虑加以管理。焦虑从来不会令他们陷入束手无策之境。只有在遇到客观上令人焦虑的情形时，他们才会做出相比性格平静泰然之人更为强烈的反应。比起不由自主地担忧或恐惧，他们更多地只是挂虑而已。“有点焦虑的人”的性格，并不会妨碍主体的社交、友情、工作或私人生活。

弗洛朗斯

弗洛朗斯自认“比较焦虑”，但并不感到痛苦。作为一名年轻的儿科医生，她热爱自己的职业。她总想着如何能够做得更好，在她所工作医院的儿科里，弗洛朗斯随时都准备为家长和孩子们提供帮助。她每次跟儿科主任见面之前都会担心，尽管主任曾多次称赞她对工作尽心尽力，就好像她总有理由无法全然相信自己的能力一样。不过，只要她全神贯注于工作，就能体会到巨大的满足感，也会感到自己在职业领域中是有所作为的。她具有无私的一面，她认为这是自己的优点之一，并为此感到高兴。她总是乐于助人，这一点让别人觉得她既有效率又讨人喜欢。虽然弗洛朗斯是个容易担心的人，但应该把她归为“有点焦虑的人”的类别。

于连

于连是个在校大学生，即将完成商科的学业。他所在的大学并非“精英学校”，但也不至令人蒙羞。他很早就知道自己不擅长跟人交流。这让他感到焦虑，他知道这是因为父亲。于连通过对体育活动的大量投入来弥补这个缺点。他喜欢比赛，在他大量练习的体育项目中“光彩夺目”。他总想讨别人的欢心，特别害怕跟人起冲突——这让他感到焦虑。所以，他会竭尽所能去避免冲突，而且他也做到了。他懂得如何博得别人的喜爱，但他也意识到，过度渴求他人的喜爱和尊重，可能会对自己不利。但只要感觉被排斥或遭到拒绝，他还是会感到焦虑，因为他马上会觉得那是自己的错。的确，于连因为受困于怀疑和负罪感而无法坦然地面对一切。显然，他是个焦虑的人，但这是一种没有表现出来的焦虑，而且他通过让自己忙得不可开交，尤其是置身于大量的体育活动，控制住了这种焦虑。他并没有因为自己的焦虑而感到多么痛苦。这种焦虑也没有影响到他的私人生活或社交生活。

通过这两个不同的故事，这两种不同的存在方式，我们可以看出，我们每个人都会焦虑，焦虑的存在要么是潜在的，要么是一目了然的，但它并不会让我们完全成为情绪的附庸。像弗洛朗斯或于连那样的焦虑者，他们的焦虑并不会妨害到主体的私人生活或社交生活。我们所有的人对此都或多或少有所体验。这就是我们所说的"有点焦虑的人"，正像大多数人那样。

极度焦虑的人

对于某些人而言，焦虑令人痛苦，它并非一种只会持续几天、几个星期或几个月的暂时性状态；它会持续几年甚至终生。而那种关乎一切、恒久而过度的焦虑，则具有了日常中真正神经症的特点。"我一直都是个焦虑的人。"很多人都会将自己定义为"极度焦虑的人"，并表现出医学上所说的"病理性焦虑性格"的特征，这种性格跟现代精神病学诊断所称的广泛性焦虑症有很多相似之处。

广泛性焦虑症只有在症状持续至少6个月（实际上要长得

多），而且主体两天中就有一天都处于焦虑状态时，才能被确诊（专家达成的共识）。而在符合这一医学诊断的患者中，有80%的人都表示不记得症状是在什么时候出现的：他们觉得自己一直都是既焦虑又不安的。

这也说明，有很大一部分极度焦虑者都回避了心理救助，他们把这种病症看成是自己性格中一个不变的特质。因为不同的身体病症（窒息感、胸腔压迫感、心悸、出汗、胃痛等）而前去向全科医生求助的患者，通常并不会在之后去接受特别针对焦虑的治疗。

通过症状的持续时间和出现频率，可以区分出极度焦虑者和有点焦虑者，后者的焦虑属于反应性情绪，而且是暂时的，强度也要低得多。而极度焦虑者则时时刻刻都处于一种毫无来由的过度焦虑之中。他们具有习惯性的悲观思维，想要在这种情况下去了解他们的世界观，就不该关注生活事件，而应该探究这种焦虑性格的构成本身。心理学界的先驱们已经提到过“恒定焦虑维度”这个概念，比如弗洛伊德的“悬浮性焦虑”、心理学家皮埃尔·让内的“特质焦虑”。极度焦虑者的焦虑可能带来痛苦，并成为社交障碍，因此需要接受治疗。

经常性的注意力偏移

极度焦虑者的注意力经常会被可能引起焦虑的情况所吸

引，这些情况可能涉及他人的态度：比如，在某次交谈中，有人沉默不语或很少发话，那是因为他不同意说话人的观点；再比如，在看电影的时候，某位朋友没有发表评论，那是因为他不喜欢这部电影。极度焦虑者只能看到或想到那些令他焦虑的情况。

极度焦虑者会习惯性地把注意力集中在那些看似不祥的迹象上。娜塔莉在夜里感到手肘有点儿疼。虽然疼痛在她醒来时已经消失了，但娜塔莉却担心起来：她是不是做了什么用力过猛的动作，肯定要有罪受了。让娜在享受了一顿大餐之后感到消化不良，她觉得自己不再那么年轻了，不该再像从前那么个吃法，否则可能要胃痛的，但愿这不是罹患癌症的先兆。极度焦虑者的注意力是偏移的，它总是习惯性地专注于可能出现的问题。

亚历珊德拉最近因为一个困扰她很久的症状前来就医：她会毫无缘由地突然间开始颤抖和脸红，就好像感觉到一种无以名状的身体不适和危险。她一直都是个骄傲的姑娘，而且经常会觉得受到威胁：那种无法达到自己期望高度的威胁。她并不是一个傲慢的人，因为她对自己缺乏自信。她会拿自己跟朋友、姐妹姑嫂做比较，总想着如何在她们面前胜人一筹。她知道，这就像一件保护自己的“盔甲”，并不是真正的她。

在心理治疗的过程中，亚历珊德拉与父亲之间令人焦虑的关系渐渐浮出水面。她非常钦佩对自己的学业、事业寄予厚望的父亲。她发现自己把父亲的抱负“内化”成了自己的抱负，但她之前对此毫无意识。于是她回想起自己最早出现颤抖和脸红是在8岁的时候，当时她听从老师的建议重读了小学一年级，因为老师发觉，小亚历珊德拉虽然聪明，但情感上不成熟，而且很内向（她跳过了小学预备班，是班上年纪最小的学生）。所以，亚历珊德拉觉得自己辜负了父亲的期望；她尤其记得父亲称赞妹妹的一句话：“这孩子可真聪明啊！”在回忆往事的过程中，亚历珊德拉觉得这句话对她来说无异于当头一棒，从那以后，她竭尽所能，就为了不要再听到那样的话，不再让父亲失望。

在揪出这段回忆之后，亚历珊德拉意识到，这些往事跟自己看似无法解释的焦虑之间不无关系。她感到如释重负，但还不够。埋藏在她心灵中的内部威胁露出了原形，但以不受控制的方式植根得太久。亚历珊德拉的颤抖和对脸红的恐惧消失了，但她在私人生活和工作中依然不那么自信。焦虑，她从前确实是，但这种焦虑强烈到可以不受控制，一旦亚历珊德拉明白了其中的缘由，这些关联就变得与她的成人生活格格不入了。

极度焦虑者生活在一种持续的不安全状态中，这种状态无须面对外部事件的威胁就会表现出来。从某种意义上来说，这

种状态是在“真空中”以一种原初的不安形式作用于不知所谓的一切，并不断蔓延。

持续的自动聚焦

极度焦虑者具有一种类似持续自动聚焦的功能。他的生活，就像周围每个人的生活，会带着他遭遇各种各样的情形。他本该退开一步，轻松应对，甚至完全地跳脱出来，虽然他有时不得不迎头而上。但不幸的是，极度焦虑者的心理镜头促使他不停地调整只有他自己才能控制的焦距。发生的一切都与他息息相关，特别是出现问题的时候，他必须了解发生了什么，并掌控未知、不确定或意料之外的事情。他这么做不是为了要跟与自己无关或不属于自己的事情强扯上关系，也不是因为过度的渴望，而是因为他身不由己，尽管他自己也每每懊悔不已，而且确实也因此而疲惫不堪。

萨拉由一位体贴的父亲和一位令她感觉很爱自己的继母抚养长大。

但萨拉却不那么快乐，她总是对未来心怀忧惧。日常生活中的意外会让她怒火中烧，她有时会变得狂躁不安，之后又会为此后悔不迭，但当同样的情形再次出现时，她还是无法控制自己。幸运的是，深爱着她的父亲总会在她动不动就自寻难题的时候安慰她。她对父亲心怀感激，但有时会觉得自己深陷在痛苦负罪感的牢笼里。

在父亲患病时，萨拉出现了一些身体症状，就像弗洛伊德那位著名的患者安娜·O：腹部疼痛、对呕吐的恐惧、视线模糊、原因不明的头痛，这些都只跟她的焦虑有关。结果就是，这些痛苦令她越发地以自我为中心。她谈到的全都是自己的身体问题或其他问题，这让她在社交生活和家庭生活中变得令人难以忍受。她意识到了自己的这种自我主义，也因此而产生负罪感，但无能为力。

萨拉这些看似夸张的特质，很好地体现了很多极度焦虑者灵魂深处的矛盾、苛求和焦虑。

嗜好黑暗

极度焦虑者的另一个特征是往往对悲苦的事情有独钟，他们偏爱黑色、感人的故事、悲剧、惨事、忧伤的电影。记者肯定都明白这一点。我常常惊异于某些极度焦虑者对恐怖电影的喜爱。这是否为了驱散那些日复一日折磨着他们的情绪？他们是否觉得自己在电影里可以控制在真实生活中通常无法控制的焦虑？或许两者都有。通常说来，极度焦虑者对自己遇到的一切都抱有悲观的态度。他最感兴趣的，似乎都是不大好的事情：疾病、灾难、意外死亡、工作问题等。假期时的坏天气，非他莫属；重要约见时航空公司罢工，也非他莫属。在亲朋好友看来，极度焦虑者就是个“噩运预言家”。对他而言，可能、未来、新奇，全都意味着灾难将至。焦虑者常常会听到一个来自内心的声音在对所有的快乐和希望说“不”。

一些极度焦虑者会毫不犹豫地一头扎进酒精和毒品里，因为酒精和毒品会让他们得到解脱，并获得一种不真实的欣快感。所以，人是有可能因为极度焦虑而陷入酗酒和毒瘾的囹圄的。

不由自主的思维

我们在上文中总结了极度焦虑者思维特点的总体特征，最明显也最令人烦恼的一点就是：自发性。就像安装了某种零故障的软件，焦虑程序完美地运转起来，尤其是在碰到能够触发它的情形时。主体有时会意识到这一点，并竭力对抗这个令自己感到痛苦、疲惫和变得消极的专横程序，但他通常是意识不到的，因而对这种思维方式也就习以为常了。

严重的自信不足

最能体现焦虑性格令人痛苦之处，令焦虑性格者最难以忍受的，就是严重的自信不足。一些焦虑者会用表面的风度或胸有成竹的姿态完美地掩饰自信不足，但焦虑性格者的自尊一直都是个问题。[1]

让－路易，我们在本书开篇时说到的西尔维的丈夫，完全符合这种焦虑的特征。让－路易说，自己从童年时就觉得矮人一截。他还说渐渐对自己的能力失去了所有的信心，但并没有听之任之，他会去寻找补偿。他在学业上取得了傲人的成绩。

让－路易是个自愿的利他主义者。他对自己的孩子们表现出真实的爱意，对关系较为疏远的人也有关怀之心，但前提是自己高出他们一头。一旦他觉得“不如人”，就会变得非常焦虑。因此，他有时会陷入粗暴的极度愤怒之中，令妻子和孩子们都大感意外。除他那种时不时会令熟人感到吃惊的极端的自我肯定态度之外，让－路易从本质上说是个羞怯的人。这让他感到痛苦，而且大大妨碍了他保险业务员的工作。（他可真会选职业啊！）自我怀疑和内心深处的悲观，深深地影响了这位极度焦虑者的行为。这让他事事都要未雨绸缪，具体表现为旅行前事无巨细的准备工作，还有就是在日常生活中无论针对什么事总要左改右改（办理手续、出门旅游、邀请他人等）。这

1　克里斯托弗·安德烈（ANDRÉ C.）、弗朗索瓦·勒洛尔（LELORD F.），《恰如其分的自尊》（*L' Estime de soi, Mieux s' aimer pour mieux vivre avec les autres*），巴黎，Odile Jacob出版社，1999年。

些往往引得旁人发笑的预防措施，不过是自我怀疑的表现罢了。他对此心中明了，并为这种性格带来的后果而痛苦不堪。

缺乏自信令极度焦虑者背负着三个沉重的心理负担：

- 他人的目光令自己不堪重负。
- 总觉得自己受到指责。
- 觉得自己境况不佳，而且常常觉得自己是个没有效率的人。

另外，我们发现，极度焦虑者坚信自己的行为会遭到他人的指责，这就令他们不得不时刻保持警觉。他们向内寻找自己言行举止的目的，自问意图的所向和行为的合理性。他们的脑中总会跳出反对的声音，令他们陷入无休无止的焦虑。这就解释了，尽管焦虑者会表现出一副骗不过任何人，包括他自己的夸耀姿态，但总体上说来是个无法服众的人。

无能为力的感觉

极度焦虑者通常会有一种无能为力的感觉。他们所遭遇的只有不幸，但那是“他们的错”。我们每个人都会因为负罪感而垂头丧气，但极度焦虑者却会为此而深受折磨。他们念念不忘的都是自己的失败和挫折，在做蠢事或犯错误的时候总是会说“都怨我”。精神分析法描述了一种神经症：自我挫败，指的是那些不自觉地将自己置于挫败情境之中的主体。更甚的是，这些主体从来都不知道如何抓住生活赋予每个人的机会。

对他人的恐惧

在与他人的关系中，即便是朋友关系，极度焦虑者也会表现得内向羞怯。较之他们认为的那个自己，自卑感就好像镜中的倒影：认为的那个自己要比表现出的那个自己好得多。他们无法忍受有人在观察和评价自己的想法。他们对别人的评价具有一种恒久不变的恐惧。

逃避：一种次要的举动

最后，极度焦虑者会想方设法地将注意力转移到可以让自己安心或逃避焦虑的事情上。他知道自己会被一切能够让他感到焦虑的事情所吸引，因为他的原初注意力是偏移的，他会通过逃避一切可能触发焦虑的因素来预防这种情况的发生。他会避免看到流血，避免从没尝试过的行程，避开像自己一样的焦虑者。他会对身边的人说这样的玩笑话：“我不想见到X或Y，他实在是太焦虑了，这让我感到焦虑。”

颓废的焦虑

在法国作家于斯曼（Huysmans）的小说《逆天》（*À rebours*）中，主人公德泽森特公爵（Des Esseintes）对自己拥有的一切，头衔、财富、教养，生出了厌倦之心，于是决定离开巴黎，去过一种离群索居的生活。为了庆祝自己的退休生活，他举办了一场“悼念晚宴”：花园的小径上“铺满了炭渣”，一支乐队演奏着葬礼进行曲。桌上摆着黑色的菜肴（鱼子酱、橄榄、野味）和深色的葡萄酒。公爵以一种隐藏的挑衅趣味，将自己焦虑的世界观展现在众人面前。

通过德泽森特公爵这个人物，浪漫派作家的苦痛，也就是夏多布里昂（Chateaubriand）笔下著名的“世纪病”（mal du siècle）和波德莱尔作品中的“忧郁”（spleen），与我们所描述的焦虑越发地相似了。

第五章

创造型、自省型，还是好胜型?

Créatif, réflexif ou combatif?

每个人都有生存焦虑，在个体与生存焦虑的关系中，我们借助大量关于儿童、青少年或成人的心理学研究成果，可以区分出四类性格：第一类“安全型”人格，指的是那些通常较为平静安详的主体，另外三类我们可以定义为焦虑或“非安全型”人格。[1]

拥有“安全型”人格的主体，自幼就性情平静、有自信，对他人、身边的世界和自己，都会本能地做出一种正面的描绘。他们在很小的时候，就会在某些能力的发展中表现出一种早熟，主要是阐释性和象征性的能力，比如游戏、语言天赋、自控能力、对挫折的承受能力、自我认可、好奇心。

---

1 K. 巴索罗米（BARTHOLOMEW K.）、P. 夏威尔（SHAVER P.），《成人依恋的评估方法》（“Methods of assessing adult attachment”），收录于J. 辛普森（J. SIMPSON）和W. 罗尔斯（W. RHOLES）的《依恋理论与亲密关系》（*Attachment Theory and Close Relationships*），纽约，The Guilford Press出版社，1998年。

在我们所说的三类焦虑性格或“非安全型”人格中，可以区分出：

- 忧惧者，我们可以将其视为颇具创造力的焦虑者。在这类焦虑者的生活和焦虑中，最为引人注目的是他们强大的想象力和绚烂的奇思妙想。忧惧者眼中的现实往往苍白无趣，他们总想为它涂上色彩，但结果却不遂人意，所以他们总是忧心忡忡地期待一个更好的世界。
- 挂虑者，指的是那些往往优柔寡断、矛盾重重的主体，但有创造力，所以在知识分子中很常见，但不仅限于知识分子。在这些人的心灵中占据统治地位的不是想象力，而是理性思维。表面看来，他们没有忧惧者那么紧绷，但也时刻处于警醒状态。在他们的眼中，生活是一种令人紧张的情境，必须谨慎选择自己做的事、说的话、许的愿和交往的人。
- 焦心者，他们通过自给自足的独立姿态与自己的焦虑性格抗衡。争强好胜的他们以一种战斗的精神和超级活跃的生活，来逃避内心的焦虑。或许他们的内心深处从未感到过满足。他们通过事前的逃离，通过对抗压制自己的事件，通过操控他人的欲望，来摆脱焦虑，他们很容易与人相争，或做出狗占马槽的事情，这么做实际上为了获得对自我的控制。

我们将在本书的第三部分，对这三类借助依恋研究成果划分出的焦虑性格做出更为详尽的说明，而现在，我们可以为这三者匹配三类显然各有差异的社会表现。

创造型焦虑者

这种类型的焦虑者往往性格内向、胆怯，缺乏自信，他们就像其他所有类型的焦虑者一样，也渴望获得他人的支持与爱。在自己那令人不安、受到无形怪兽胁迫的内部世界和令人安心或至少是可控的外部世界之间，他们试图搭建一座桥梁、一个界面、一块过渡性的空间。绘画、音乐、游戏，不就相当于焦虑者内心世界与他人之间的过渡空间吗？

但因为出于本能的负面期待，这些创造型焦虑者有时会过于敏感，有些人则会说他们是“妄想狂”。他们对人采取回避的态度，是为了预防批评、弃绝或接触之人掉链子的风险。而事实上，这种做法导致他们对他人产生了依赖，但又时时刻刻害怕收获失望。无论是对自己还是他人，创造型焦虑者都有着一种较为负面的看法。他们对自己的所作所为并不那么确定，渴望得到他人的认可和欣赏，但在真的得到这些认可和欣赏时，又无法完全放心。他们引诱别人是为了让自己安心，但如果那人靠得太近，他们马上就会退缩。

在这些“胆怯的”焦虑者眼中，幸福不过是相对的、残破的、消极的。在他们的想象中，只有爱、欣赏、绝对和完美。一丝一毫的缺陷都会被夸大，并让一切化为乌有。一点点的不满意都会让他们将别人和自己的所作所为全盘否定。他们不断地追求更好，如果不说是最好的话。他们的头脑极具创意，因为焦虑促使他们躲藏在理想的虚构世界之中。创造型焦虑者，从这个字眼儿惯常的社会性含义来看，不正体现了这种类型的性格吗？

达芙内是个年轻的画家，她嫁给了一位医生，有四个孩子。她总是不停地画画，对自己的作品从来都不满意，这甚至影响到了她跟丈夫和孩子的关系。她觉得丈夫并不尊重自己的工作，虽然他嘴上这么说，要知道，这位医生可是个既体贴又温柔的模范丈夫。虽然她清楚地意识到自己的苛刻，及其在日常生活中对自己个人生活造成的影响，但她还是会不由自主地感到不满意。她为此而饱受折磨。

一天，她向我袒露道："想到某个亲近之人不尊重自己，或是不再尊重自己，可能那只是暂时的，真是让人痛苦。而失去别人的尊重就更让人痛苦了。怎么做才能不这么神经过敏呢？"人们不是常说，伟大的艺术家都是极度敏感的吗？

达芙内会有这些担忧和这种时时刻刻想着如何摆脱痛苦的需要，是有原因的。在童年的回忆中，她印象最深刻的就是特别靠不住的父母。达芙内出身贫寒，小时候的生活条件颇为艰苦，她可以说是独自长大的。父母亲总是争吵不断。她母亲想必也是个特别焦虑的人，总在无休止地抱怨。她父亲则是个异常严厉之人。达芙内有着一颗强烈的好奇心，而且智力超过常人，所以在学校里成绩很好——这成了她的避难所，或许也成了她在同学面前提高身价的资本。她对一切都感到好奇，一直都受到老师们的青睐。但她在学业上的成功并没有得到父母的赞赏。

达芙内还记得，每次她在厨房里的餐桌上做功课的时候，只要母亲开始准备晚餐了，她就得马上把自己的东西收拾起来。父亲说过的一句话更是深深地印在了她的脑海中："女孩子不用这么好学，会做家务的女佣从来都不缺。"对这句冷酷的话，她以自己的方式做出了下意识或无意识的反应：她会成为一个样样都好的人。8岁时，一位对达芙内颇为上心的小学老师注意到了她的家庭状况，并跟她的父母据理力争，最终让达芙内依靠奖学金进入了一所私立中学。另一个在达芙内最艰难的时候施以援手的人，是她母亲的一个表姐妹，她也曾经历过家庭的困境，并设法走了出来。

贝多芬，创造型焦虑者

"你不再为你自己而存在，只能为其他人而存在，对你来说，只有在艺术里才能找到幸福。"贝多芬是标志性的完美主义创造者，他从未感到满意过。尽管他命运多舛（孤独、贫穷、病痛），尽管他独活一世，从未操心过俗世的浮华名利，但他性情胆怯，跟种种传说极力赋予他的阴郁形象相去甚远。但同时，贝多芬还具有一种被歌德描述为“十足桀骜不驯的人格”。耳聋对他无疑是沉重的一击，因此把他与别人隔绝开来。但他在音乐事业上从未有过抱怨：他不需要用双耳去聆听自己谱写的乐曲。

慷慨的理想主义者贝多芬，把第三交响曲献给了自己眼中的法国大革命英雄和共和国的缔造者——波拿巴。但在得知波拿巴登上了帝位时，贝多芬陷入了无妄的狂怒之中，他撕毁了刚刚谱好的乐章题目页，将其改名为《英雄交响曲》。[1]

创造型焦虑者身陷持续性失望的囹圄。艺术家，包括那些最伟大的艺术家，常常会害怕他人的评价，而且对自己的作品总也不满意。很多的诗人、画家、学者、理想主义者，还有很多世人眼中的空想主义者，都是不折不扣的焦虑者。福楼拜在信函里表明了自己在日常写作中体会到的痛苦，还有持续不断的不满意。

这类人格者，内心大多悲观，他们始终都在跟自己消极的生活观抗争，有时会因此而精疲力竭。这也是为什么，他们中的一些人会求助于兴奋剂和酒精。创造型焦虑者（你会看到对

1　参照简·马森（JEAN MASSIN）和布里吉特·马森（BRIGITTE MASSIN）的《贝多芬传》（*Ludwig van Beethoven*）一书内容，巴黎，Fayard出版社，1967年。

“悲观者”的一部分描述也适用于他们）往往具有内倾型人格，他们会观察自己和别人的行为，并对这些行为予以无情的抨击。心怀负罪感的他们，对不可能的完美有着深深的渴望。他们会让人产生一种既钦佩又怜悯，还很恼火的感觉。一旦他们的苛求与现实的差距过大，在那些无法企及和“令人不快”的时刻，他们自己就会变得万分焦躁。

贝克特，焦虑的世界

爱尔兰作家萨缪尔·贝克特（Samuel Beckett），在他辛辣幽默的面具背后，隐藏着一个虚妄滑稽的世界，在这个世界里，我们每个人都背负着一种荒诞可笑的生活：他小说中的人物都是些形容怪异、四肢不全的异人[《剧终》(*Fin de partie*)，《啊，美好的日子》(*Oh les beaux jours*)]，他们是颓废不堪的钟楼怪人，所有的寻寻觅觅都是枉然[《等待戈多》(*En attendant Godot*)]，他们那“残破的生活”根本毫无意义。

在性格的驱使下，创造型焦虑者无时无刻不在寻找一个更好的世界，那个存在于他们想象和自己创造之中的世界。他们总是态度坚决地提出反对意见，并从中获得某种自得。实际上，这种严厉的姿态被打上了浮华幻想的印记，成了他们难于相处的性格的注脚和借口。不论是毕加索还是后来的“波普艺术家”安迪·沃霍尔，都是这样的人。

但是，这种性格促使创造型焦虑者总是走在人前，至少在他们的想象中是这样。他们觉得，用来完美实现自己所有期望之物的时间总也不够。因此，可以想象得出，最活跃的创造型焦虑者，可能要比下面这些稍显负面的表现要多产得多。至于前文中列举的著名人物，我们不能说毕加索或安迪·沃霍尔是没有成果的人。

创造型焦虑者

- 对自己的境遇从不感到满意。
- 很少对自己的作品感到满意。
- 沉浸在幻想之中。
- 在反对的立场中感到自得。
- 往往具有消极的世界观。
- 为了逃避现实，可能会尝试酒精或其他的依赖物。
- 从不会失去实现完美的希望。

自省型焦虑者

自省型焦虑者对自己和他人有着一种矛盾的看法，也就是说，这种看法既正面又负面。他们是喜欢事事操心的人，很容易陷入怀疑，这就让他们在别人的眼中、在他们自己的眼中，成了优柔寡断甚至消极被动之人。对稳定性的渴求，促使他们不断地想要获得对事件和对他人的掌控，说到底，也就是一切有可能从他们手中溜走的事物。自省型焦虑者与他人的关系，同样也是充满了矛盾：这种矛盾表现为一种既能偶尔得到满足，又会马上被拿去跟其他的灾难性关系加以比较的强烈期待。这种矛盾会体现在同一个人的身上。

这就证实了精神分析的观点。这种观点认为，当幼儿学会了自我护理，能够独立行走，同时不再需要大人给自己干这个干那个时，另一种焦虑也会因此产生，使他陷入痛苦。在这种焦虑中重现的，是那个想要获得自主和自我身份的孩童。

这种类型的焦虑者特别擅长辨别他人的缺点，还有优点。也正因为如此，他们从来不会感到满意。他们的内心深处是缺乏自信的，就像创造型焦虑者，尤其要比后文中将会说到的好胜型焦虑者更加缺乏自信。在他们的眼中，周围的世界变化无常，而且危险重重，充满了诱惑，也遍布他们必须及早提防的虚幻陷阱。罗马尼亚旅法作家萧沆（Emil Cioran）说“每个词都是多余的一个词”，他玩世不恭与幽默诙谐相结合的性格促成他写出了《出生之不便》这本书。这是一种自我安慰，还是自我擦除？

自省型焦虑者会关注一切能够让自己安心的迹象。他的

严苛不仅仅是针对自己，也针对所有那些接近他的人；表面看来善于自省、性情平和，但其实对他的孩子、伴侣、朋友或同事，简直是莫大的压力啊！

瓦莱丽是个“文化人”。她在生活中喜欢阅读、跟朋友畅谈、“探讨哲理”，她的这些爱好让丈夫满腹牢骚。表面看来，丈夫更喜欢金钱带来的物质享受——他挣的确实也不少。起初，瓦莱丽希望成为一名儿童法官，后来她决定去当律师，再后来是为学生谋福利的法学教师。律师瓦莱丽的辩护词精准明确、一针见血，没有任何的漏洞。教师瓦莱丽，她对专业问题做出的思考尤其受到学生的赞许。她教授的课程极有声望，每一届的学生都会互相推荐她做导师。应该说，她在备课的时候总是带着极大的焦虑，也因此而尽心尽力、一丝不苟。对于入门级的法律课题，她总想着怎么能辅以一段极具说明性的历史学、社会学或心理学旁证。这个念头促使瓦莱丽做了很多令她颇感兴趣的研究。她对自己的一切都事必躬亲。她感到自信，同时又不太自信。

她对别人的感觉也是如此。这种内心深处的矛盾令她感到痛苦。实际的后果就是，她不停地怀疑自己做的事情，难以做出决定。这就令她时不时地会被一种痛苦的悲观情绪所吞噬。

少女时期的瓦莱丽性格腼腆，总渴望通过自己在学业上的成功来获得男孩子的青睐。她特别缺乏自信。她爱上了一个给了自己希望，让自己能够继续生活和努力下去的男孩。这个男孩从不曾知道自己扮演过的角色。瓦莱丽不敢跟男孩表白。对被爱的强烈渴望让她害怕遭到拒绝。她以优异的成绩从高中毕业，这种自省型焦虑、她的聪慧和内心的能量，又促使她在大学里选择了法学专业。

她结了婚，还有了两个孩子，但她跟丈夫的关系总是冲突不断。她丈夫看似是个喜欢享受的人，有时甚至有些过于沉湎其中，这让瓦莱丽觉得无法自由自在地去做自己喜欢的事情：思考、学习和反省，这是她的需要，也是能让她从频繁出现的慌乱中脱身的救星。如果嫁给另一个男人，她的生活又会是怎样的一番景象呢？她对丈夫既爱又不爱。她碰到了另一个男人，大她好多岁，但她不在乎这个。这个男人对她一往情深，她也是，两人浓情蜜意了至少一年。接着，她对男人的不信任、对安全感的病态需求（通过丈夫的物质给予得到了满足），尤其是害怕伤到孩子，这些念头像追债鬼一样找上门来，让她无法跨出最后一步：离婚，尤其是追寻属于自己的快乐。人是无法彻头彻尾改变自己的。瓦莱丽焦虑的性格特征占了上风。对生活的失望和悲哀，甚至令她在两年之后产生了自杀的念头。她为此背负上了沉重的负罪感，于是接受了精神分析。有些人会说，她早该如此。

自省型焦虑者往往会说自己“过虑”，而非忧惧或怯懦。

有时候你跟他们搭话，但他们不予理睬，这不过是因为他们正在思索刚才说过的话，或是那些让他们想到的事情，并不是因为他们对你不感兴趣，或是对你不屑一顾。他们已经魂飞九霄云外，迷失在自己的思绪中了。

自省型焦虑者始终摆脱不了怀疑的纠缠。结果，他们行事缓慢，因为他们需要时间。而他们最缺乏的，就是对待生活的轻盈姿态。

自省型焦虑者

- 谨慎。
- 认真，有时甚至是“严苛”。
- 较有“文人”气质。
- 常常过虑。
- 始终抱有怀疑。
- 做事喜欢不紧不慢。
- 有自知之明，对别人的缺点也一清二楚。

事实上，自省型焦虑者一直都在寻找一种能够让自己安心的确定性。但确定的开始，不就是对怀疑的怀疑吗？这会不会就是那些沉浸在自己的思绪和犹豫不决之中的自省型焦虑者所追寻的呢？法国作家爱尔莎·特奥莱（Elsa Triolet）曾这样说道："我怀疑，因为我相信未来会更好。"自省型焦虑者往往也都有些悲观。

对于周围的人来说，自省型焦虑者可能显得过于严肃，有时甚至令人厌烦。他们往往会跟与自己性格相反的人结合（比如瓦莱丽的例子），夫妻间的摩擦很是频繁，但又为日常生活带来了一种不可思议的平衡。一个带来的是几分幻想，另一个则是理智。唯一的问题是，我们每个人都难以接受别人的想法会跟自己不一样，无论是所思所想的事情，还是观点意见，当然尤其是思维方式了。

蒙田，自省型焦虑者的典范

蒙田无论是对自己，还是对自己的著作，都没有太大的信心。比如，他觉得语言的发展趋势会让自己的著作变得难以理解。他的《随笔集》（*Essais*）通篇都是"蒙田—蒙田式"的对话，字里行间透着这位焦虑者的怀疑。孟德斯鸠是这样描述蒙田的："在大多数作品中，我看到了写书的人；而在蒙田的作品中，我却看到了一个思想者。"

好胜型焦虑者

好胜型焦虑者也深受忧虑之苦，但他们懂得通过抑制它、用行动去逃避它，甚至将其“躯体化”，来进行有效的防御。

好胜型焦虑者对自己的看法较为正面。虽然并非出于本意，但好胜型焦虑者往往会把他人当成对手，因此对他人的看法多少会带点儿敌意。精神分析让我了解到，这种类型的人格者具有一种无意识的“阉割焦虑”，也就是担心无法拥有别人所拥有之物的焦虑。任何的缺失感觉都会引起他们的欲望。表面的自我满足之下，往往隐藏着对自己深深的不确定。

矛盾的是，好胜型焦虑者除标志性的不安之外，还有一种对博得所有人认可和喜爱的强烈需求。好胜型焦虑者虽然表面看来充满自信、很有主张，但他们寻寻觅觅难以获得的，就是满足感。这类人格者的所思所想总是朝向未来，朝向明天。他们因此总在未雨绸缪，也因此而成为“活跃的人”，如果不说是“超级活跃”的话。他们把生活视作永不结束的挑战，这就表明，尤其是在我们的现代社会中，焦虑的影响也不都是负面的，至少就社会成功而言是这样。威廉是个典型的好胜型焦虑者。

威廉祖籍英国，是个特别聪明的男孩。他现在是个年轻的工程师，他觉得自己已经准备好接受事业上的挑战了，并且渴望能够很快功成名就。但他时时刻刻都在担心，尤其是在至今为止建立起来的人际关系当中。他只是说，觉得唯一的烦恼就是总会拿自己跟别人做比较。他的目光总是投向未来，但总害怕无法获得自己所期望的成功。他的生活就像一场无休止的竞赛，新的一天就是一场新的比赛。最近，威廉跟一个他觉得滑雪技术不如自己的朋友相约去了冬季运动站度假。等到了度假地，他发现那个朋友比自己早到了八天，结果威廉就觉得自己的滑雪技术不如他了。两人都报名参加了集体滑雪课程，但威廉忍不住参加了高级班。在他看来，这件事就像是他生活的写照。这种行事风格让他深感苦恼，但无法自控。威廉是个运动健将，参加过高水平的田径比赛。在他能够冷静思考的时候，他对自己的看法还是颇为正面的。

但他把自己描述成一个“多愁善感的人”。他的内心深处有一种死亡焦虑，这种焦虑总会出其不意地扰乱他的思维。因此，他会感觉到心脏的轻微刺痛，或是胃部的痉挛，结果这让他越发地焦虑了。他花了不少时间去了解造成这一切的心理原因。母亲是唯一能够让他感到安心的人。威廉今年35岁，单身，他为自己至今仍然需要到母亲那里寻找安慰而感到羞耻。

威廉觉得自己有一种他所称为的“宿命情结”。确实，母亲那边的家族历史中，曾发生过一系列的意外死亡（车祸、心肌梗死导致的猝死，甚至还有一位家族成员死于一次上了报纸头条的雪崩）。正是因为这种重复的悲剧性宿命，家族中一代又一代的成员才会觉得，活着就是幸福。但在每一代人中，家族两个支系的后人从未断过激烈的竞争：一支是一位曾祖父的后人，另一支是一位曾祖叔的后人。曾祖叔那个家族支系的后人都事业有成，另一个家族支系的后人则不是，而威廉家正身处其中。因此，他们家里的人总感觉在另一支系的亲人面前抬不起头来。在一次心理治疗中，威廉详细地讲述了自己做过的一个梦：梦中的他来到自己婶婶的坟前，那坟茔破败不堪。他觉得这不仅是因为没人看管，还因为有人故意破坏。在梦里，威廉那位同葬在这里的叔叔消失不见了。在这里，威廉的死亡焦虑变成了对自己负罪感的焦虑，因为他可能怀有一种渴望，希望看到那支比自己家族要成功的族系成员死去。

威廉曾经提到过一位小时候让自己羡慕不已的表姐，这个表姐是那个成功支系的家族成员。他清楚地记得，表姐来他家里的时候带了一个他很想拥有的玩具：一辆大大的红色玩具车，而他只有一辆小小的黄色玩具车。母亲常常建议他不要总纠结于过去。但威廉一直都无法忘记这件事，而最近，这段回忆又被重新激活了：他很想得到一套公寓，而这套公寓的前任房客，就是那位大名鼎鼎的表姐。他意识到，这位表姐正是自己在梦中看到的死去的叔叔婶婶的大女儿。复仇的渴望在威廉的无意识中原形毕露。

长久以来，威廉都有一种"被焦虑吞噬"的感觉，尤其是因为住房问题而在无意识中被激活的死亡焦虑。他无法忍受一个人待着。"任何事情都能让我焦虑，让我惶恐不安。我从来不曾有过安心的时候。"有一种具体的行为最让他感到难受，就是他无法完成手中的事情：玩游戏、读书、看杂志。"我总是害怕结束，”他说，“实际上，我不喜欢结束，因为那会让我想到死亡。”他想起小的时候，学校的对面住着一个制作棺材的木匠，棺材铺子的招牌上写着：“时间流逝，记忆常驻。”这句话深深地烙在他的脑海之中，始终挥之不去。幸运的是，这个顽固的念头最终消失了。聪明热情的威廉，成功地做了自己真正感兴趣的事情。

这种类型的焦虑者苦于追求完美。他们的焦虑源于对实现完美的无能为力，对通过文字、形式、色彩或行动来描绘心中奇迹的无能为力。

成功会令“有安全感”的人获得满足感，却无法让好胜型焦虑者感到满足，因为他们总在渴望获得新的满足感。焦虑不安的他们总想一鸣惊人。这也是为什么，好胜型焦虑者会拼命地工作。在焦虑能量的推动下，好胜型焦虑者的身体和精神时时处于兴奋状态，因此，他们可能成为高水平的运动员，或是“工作狂”。

马尔罗，好胜型焦虑者

马尔罗（Malraux）在投身西班牙战争时，他身体里流动的究竟是冒险家的血液还是作家的血液？他所期望的一直都只是文学的冒险吗？看来并非如此。他对冒险的急切渴望另有缘由。焦虑是他释放旺盛精力的理想之地："没有笃信，没有对浮华世界的恋恋不舍，就不会有力量，甚至不会有真正的生活。"这实际上是关于经得起不可原谅之挫败的自我证明，也就是说，理解了死亡的意义。对于长久认为世界荒诞可笑的想法，行动是它的良药，甚至是一针兴奋剂。当《征服者》中的加林开口说话时，他吐露的其实是马尔罗的心声："被杀，他并不在意。他不大在乎自己会如何。但接受活在自己生存的虚荣之中，却无异于身染绝症。带着手中那死亡的温热去生活吧！"只有行动？不！行动，还有艺术，是艺术令行动变得意旨鲜明。也就是"怀着一颗赤诚的心，在最大程度上对体验进行转化"。抱着这样一种观点，马尔罗试图成为一个理想中的英雄，"一种令才能与行动、文化和明智合为一体的理想化英雄"，而我们还要加上焦虑。这位典型的多产型焦虑者，书写了20世纪最伟大的小说，并为戴高乐担任了十年的文化部长。

这种类型的焦虑者会热衷于一切的事务活动。政治人物往往都是"好胜型"焦虑者。焦虑是他们的力量之源，也可能成为他们的弱点。如果形势急转直下，他们很快就会丧失这种激励自己不断向前的力量。在困难面前，他们会固执己见，跟亲近的人发生龃龉。他们会不惜一切代价追随自己的逻辑，一路走到底，跟着"感觉"走。大名鼎鼎的硅谷就聚集了很多这种类型的年轻人，他们在碰到夫妻或家庭问题时，往往会不知道如何去处理这种情况下的焦虑，结果就会毫无预兆地崩溃。有人说，硅谷里的精神分析学家跟风投企业一样多！

这些问题最初都“没什么大不了的”，好胜型焦虑者往往不愿去看到它们。或者说，他看到这些问题，是为了去克服它们。好胜型焦虑者不怕投身房地产和金融行业，对花前月下也不惧怕。但生活是残酷的，如果目标明显无法企及，那么无情的幻灭就会引发意想不到的“抑郁”。即便他依旧满腔热情，但行为模式却会追随性格的牵引：害怕失败。

好胜型焦虑者从不会向懒惰和“无所事事”举起白旗。累了，他就吃几粒维生素，多喝几杯咖啡，甚至有时候还会服用具有一定危险性的兴奋类药物。

同样，焦虑催生了好胜型焦虑者的远大抱负，但这些抱负却总也无法得到满足。商界的男男女女总在寻求自我发展，商人们总在想方设法地扩大自己的客户群。因为好胜型性格最本质的特征之一，就是进步的意愿。

但过了头就会适得其反。总想得到更多，甚至在物质上也不例外，这就无异于自投缺失感的罗网，无异于自动舍弃了幸福最根本的组成要素之一：内心的平静。好胜型焦虑者是个欲壑难填的人。

好胜型焦虑者有时候会去做一些不可能完成的事情。他那种想要比别人成功，比他所想的还要成功的迫切渴望，伴随着对失败的强烈恐惧。

维瓦尔第，另一位著名的好胜型焦虑者

维瓦尔第是典型的好胜型焦虑者。这位人称“红发神父”的意大利作曲家，总是情绪紧绷、烦躁、坐立不安，因为自幼的“胸部压迫感”而不得不放弃了神职工作。哮喘？“焦虑发作”？或许两者都有。不管怎么说，维瓦尔第放弃了一项也不是非他莫属的“天职”，得以专注于作曲，并游历欧洲，跟他同行的四五个人都“了解他的苦恼”，在他身边营造出一种安宁的氛围，维瓦尔第需要这种氛围来进行创作。维瓦尔第吝啬又挑剔，但同时也是个懂得享受生活的开心汉。凭借令人惊异的创造力，维瓦尔第谱写了456首协奏曲、75首奏鸣曲、40部歌剧和15部交响曲。只要听过他那些婉转动听、灿若星辰和鼓舞人心的音乐作品，你就会明白，焦虑者拥有的天赋，并不一定也会让人感到焦虑。

	特点	著名人物
创造型焦虑者	对自己具有较为负面的看法 对其他忧惧者具有负面的看法	贝多芬、贝克特、培根
自省型焦虑者	对自己和其他挂虑者具有矛盾的看法	蒙田、卡夫卡、普鲁斯特
好胜型焦虑者	对自己具有正面的看法 对其他焦心者具有较为负面的看法	维瓦尔第、雨果、马尔罗

第六章

外倾型焦虑者?

Anxieux extraverti?

从荣格开始，就已经区分出人类的两种性格：内倾和外倾。后来，对精神分析学抱有怀疑态度的英国心理学家汉斯·艾森克（Hans Eysenck），再次采用了这种区分方法，不过与荣格不同，他将这两种性格的不同归因于遗传因素。今天，借助华盛顿大学的研究者罗伯特·克劳宁格（Robert Cloninger）的成果，我们得以绘制出焦虑性格的心理生物学图表，这张图表对先辈们的区分法进行了重新划定，至少是部分的重新划分（参见附录三）。外倾性格者渴望满足感，对新奇事物有兴趣，但跟人们之前所想的不一样，他们也会焦虑；内倾性格者渴望避免痛苦、问题和忧伤，他们也会逃避强烈的情感。

而对于焦虑性格者，我们可以对他们中的绝大部分人做出区分。但也不该忘记，这些类型说并不具备像电脑程序那样的精确性和稳定性。人类是一种具有主观性的存在物，可幸人类对自己在这个世界上碰到的种种事件具有感知的能力，也因此而具有了某些不确定性。这是人类的幸运，也是造成他们焦虑的原因。

▸ 外倾型焦虑者的类别包含了冲动型、亢奋型和易激型。这几类焦虑者都可以归入前文中所说的“好胜型”。外倾型焦虑者会立即以强烈的方式释放自己的精力，表面上看来热爱生命，因此，我们常常会误以为他们的焦虑程度要低于内倾型焦虑者。

▸ 在内倾型焦虑者的类别中，我们会碰到羞怯型、强迫型、多疑型和易感型。内倾型焦虑者不会直接表达自己的焦虑，他们会习惯性地将这些焦虑情绪内在化，往往只有在远离焦虑源时，才会偶尔向亲近之人吐露自己的焦虑。这类焦虑者比较符合我们划归为“社会”类型的自省型或创造型焦虑者的特征。深受世人敬仰的伟大时装设计师伊夫·圣罗兰，大概可以被视为羞怯型内倾焦虑者的典型代表。

▸ 在可能时而外倾时而内倾的焦虑者中，我们可以找到悲观型、奉献型和嫉妒型。

冲动型

从历史上来说，“人格”这个词源自拉丁语“persona”，指的是古代戏剧中的面具，因此也意指可以用来将人加以区分的显而易见的全部特征。有一种外倾型性格，具有这种性格的冲动型焦虑者，其内心深处的焦虑会根据不同的情况，尤其是主体对他人期待的想象，而促使主体表现出不同的行为举止。冲动型焦虑者会根据不同的情境变换自己的面具。身边的人一开始会认为他们具有很强的适应能力，但渐渐就会发现，其实他们只不过是在担心如何获得别人的认可，渴望能够吸引别人的注意力罢了。冲动型焦虑者性格热情，似乎时时都在寻求他人的关注。他们对别人的恭维或情感偏爱有一种深入骨髓的需要。

生活的重心是情感

冲动型焦虑者的生活首先跟情感息息相关，他们会对情感事件做出身体上和心理上的反应，这就导致他们容易在行为、言语和观点上过于外露。冲动型焦虑者会从一种状态迅速地切换到另一种状态，总的来说，性情不稳定，而且常常走极端，有时还会让身边的人感到困惑不解。他们会给人一种时刻都在表演的感觉。这类人的想象力异常丰富，生活过得就像一部小说。他们会毫无过渡地从悲剧跳转到喜剧，反之亦然。他们的故事里充满了生动的画面、事件和跌宕起伏的情节。显然，文学创作大大借鉴了这类人的性格。包法利夫人就是最为人津津乐道的代表人物。这种性格常常被用来形容女性，但我们每个人都会发现，自己也认识不少这样的男性。

几个世纪过去了，“人格”这个词渐渐被用来指称主体的“内在性”，以及令主体自认为是一个恒定独特之自我的特性。但在这里，在我们所说的冲动型焦虑者的身上，这种内在性极不稳定。焦虑会导致他们凡事“添油加醋”，导致他们在生活中所有的行为举止上表现得极端，尤其是当他们暴露在别人的目光之下时。

对存在、显露和吸引的过分渴求

吸引的渴求对人类来说是必不可少的。如果没有彼此间的吸引，婴儿和母亲之间该如何相处呢？如果没有这种对吸引的渴求，青春期的爱情该如何超越这个年龄阶段的情感抑制呢？如果没有这种对吸引多少有所意识的渴求，我们在一生中又如何能引起他人的注意呢？但冲动型焦虑者太喜欢被人看到、注意到和恭维了。他们对被爱的渴望，这种所有焦虑者都拥有的渴望，表现为一种引诱、吸引他人目光的极端意愿。

简知道她会对自己的感觉过分夸大。她那种过分外露和冲动的行为举止，吓得身边的同事都渐渐地疏远了她。她的一个上司把她置于自己的保护之下。这是一种很微妙的情形：简知道自己很讨这位男上司的欢心，而且也知道自己对这种状况负有一定的责任。总体说来，简意识到自己总在设法引诱别人，但对她来说，这种引诱跟爱情没有多大关系。她说自我感觉不真实，这就说明她不知道自己是谁，也就是说，她不知道自己真实的内心究竟是个什么样子。有时候，她会觉得那不是真正的自己，而是自己所扮演的某个角色。她说："我无法成为真实的自己。"她总是让自己陷于复杂的情况之中，最终给自己带来了伤害。事实上，她在内心深处所恐惧的，是不为人所爱。她时时刻刻想要获得的，是被认可和满足。而她的这种渴望会令他人感到不舒服，而且常常会产生一种相反的效果。

我们中的一些人很会利用自己诱惑人的能力。公共关系是这些人青睐的职业之一，也就是众人皆知的"公关"。在最焦虑的人身上，"诱惑"这个"致命武器"，以一种极端的方式不断发展，并成为某种能力。这些人再也无法控制自己诱惑他人的渴望：焦虑成为这种渴望最大的推动力。他们的行为无论从哪个方面来看都堪称极端。对吸引他人注意的渴望甚至会令他们做出自相矛盾的行为。他们可能因为自己挑衅的态度而招人厌恶。他们很容易受到他人的暗示，甚至对他人形成依赖。别忘了，精神分析借助一种主要基于暗示和催眠的方法进行治疗的首批对象，就是这些在当时被称为"癔症患者"的焦虑者。

流于肤浅的风险

冲动型焦虑者往往在各个方面都表现得极端：他们的言辞，他们的态度，他们的穿着，他们的行为。有时候，他们会因为身边之人坚定的守护而感到安心，因此会变得远没有那么戏剧化；但很快，他们的“本性”就会重占上风。冲动型焦虑者社交生活中最大的风险就是，很快会被认为是肤浅之人。他们与人的关系在一开始的时候往往是强烈而诱人的，但慢慢地，他们对诱惑的渴望，他们缺乏实效的信誓旦旦，他们对某项事业无法长期投入并坚持到底的做法，最终会令人感到失望。他们对此心知肚明，但同样是无法自已。他们被美好的事物吸引，擅长装饰，会投身到各种各样不同的事务中，但不幸的是，他们无法持之以恒，更不用说精心地完成这些事情了。在工作中或是社会关系中，都是如此。

亢奋型

焦虑可能发展为一种对激烈生活的渴望，并导致主体时时刻刻都在寻求激动人心的感觉。这种渴望从何而来，它的成因是什么？

吉尔在一家汽车制造企业工作，是个非常焦虑的人。他时刻都需要得到上司和同事的安慰和鼓励。他得感到所有人的认可和喜欢。不过呢，这是个亢奋型焦虑者，喜欢跟人竞争。他属于我们在前文中描述过的好胜型焦虑者。在这种压人一头的渴望的驱使下，吉尔在中学和大学里都是尖子生。这种亢奋令他不会感到无聊，因为在感到无所事事的时候，无聊的感觉会将他吞噬。无聊的感觉每每让吉尔想到自己的童年。他是个独生子，小的时候常常在窗前一坐就是几个小时，看着其他孩子在街上玩耍，因为母亲不让他出门去玩。赶上幸运的时候，母亲会让一个她信得过的年轻邻居带着吉尔下楼去，可这个时候，吉尔就会感到胃部痉挛和头痛。他不知道该怎么跟别的孩子玩，害怕自己会在游戏中一败涂地，于是就会毫无缘由地烦躁起来，这就越发加重了他的不安。他的童年回忆是苦涩的，他认为那就是造成自己目前这种状态的原因。在他看来，自己的亢奋行为正是童年时期无原因烦躁的衍生物。这种亢奋体现出他对是否能被他人接受的持续性担忧。

奔向顶峰的赛跑

亢奋型焦虑者比普通人更容易受到制定各种目标的渴望的驱使，在他们的眼中，这些目标都是高远的理想，但在他人看来，只不过是些空想。他们的亢奋表现不过是一种渴求达成无法企及之事的方法，或至少是特别难以企及的事。这就是他们与好胜型焦虑者的相似之处。

维若妮可来我这里就诊的时候，是个对自己巴黎高师学生和中学老师身份颇感自得的大学生。但在短暂的踌躇之后，她开始攻读博士学位，打算在一所外省大学里谋个教职。即便获得了这个教职，她也不会感到满足，因为之后还得进入巴黎的大学，然后是法兰西公学院（Collège de France），没准儿再是法兰西学术院（Académie française），谁知道呢……

电站的核心

亢奋型焦虑者被一种对理想、对个人和社会地位的上升，以及对功利的渴望所驱动，尤其是，他们须得在生活中每时每刻地利用这种渴望来不断前进；是的，可朝着什么方向呢？为了让自己的努力更加富有成效，亢奋型焦虑者会不断地提升自己的能力。然而，真实的情形往往会是这样：他们精心准备扮演的角色永远都没有登场的机会，因为他们在面对自己时无法拉开距离，无法保持冷静和容忍的心态，而且在面对别人时也是这样。

在从事体育活动时，亢奋型焦虑者会拼尽全力。有时，他们压抑在内心的紧张如此强烈，以至于这种紧张会时不时地通过行动或令人意外的冲天怒气发泄出来。

成功会不断助长这种野心，这就要求主体持续处于一种消耗精力的压力之下，对于某些人来说，这是一件令人疲惫不堪的事情。

奥雷利安，30岁，在一家律师事务所工作。他承认自己生活中大部分的时间都花在了工作上，而且这确实让他有些不堪重负。于是他决定在三年之内另找一份没那么累人的工作。

这种亢奋跟他的焦虑有着直接的关系。他自小就会感到害怕，尤其是在夜里：害怕黑暗，害怕噩梦。

现在，他承认自己无法接受这一现实，即不是所有的事情都能“尽善尽美”，比如在工作中，他无法每次都交付如想象中那般完美的案件卷宗。他有时会累到没有一丝气力，但这无关紧要，因为只要得到了老板只言片语的赞赏，他就会感到一种极大的满足。

这种对自己的苛求，会被这个活跃的外倾型年轻人施加在所有人的身上。尤其是跟姐姐和弟弟的关系，他称之为糟糕的关系，他对此有一种负罪感；后来，他极度害怕这种关系会变得越发不堪。他是个比姐姐和弟弟优秀得多的好学生，刚刚进入职场就取得了骄人的成绩，但他对此没有一丁点儿的自豪感。

奥雷利安的父母跟他说，他小的时候可能心怀嫉妒，尤其是对弟弟。事实上，奥雷利安不觉得自己有嫉妒心。他自己的描述仅仅是无法忍受姐姐或弟弟的消极和随波逐流。小的时候，奥雷利安害怕他们不愿意跟自己玩（他现在承认了这一点）那些比较“男子气”的游戏。而现在，他则担心姐姐和弟弟不够努力，因此无法取得他们理应得到的成功。在姐姐看来，奥雷利安是个过分苛刻的人，有时还有点儿咄咄逼人，比如以前，如果奥雷利安看到姐姐跟他不喜欢的男孩出去，他就会整天地缠着她，以防她遇人不淑。有一阵子，他姐姐的状况不太好——“接触了毒品”。他以一种强烈的攻击性态度和愤怒表达了自己的焦虑，但在内心深处，他承认自己非常担心，而且感到无能为力，这让他感到万分恼火。同样，他也很难接受自己的弟弟，他形容弟弟是个内向的人，为了当画家而中断了学业。他害怕艺术家的职业无法成就弟弟值得拥有的未来。

奥雷利安对朋友也是这样：他是个非常活跃的人，一手包办无数的事情。负责组织聚会的那个人总是他，但他同时也很苛刻，因此在人际关系中碰到了不少问题。

相反，奥雷利安在一段持续了几年的爱情关系中却感到安心得多。他在这段关系中表现得更为冷静，还有些被动，甚至是依赖。他也自问这是不是因为不想投入到这段关系当中：他的态度就是为了预防自己最担心的关系破裂。实际上，正如在这种类型焦虑者身上所常见的，亢奋，体现的是一种对被动性的无意识对抗。否则的话，这种亢奋，就像我们在其他主体身上看到的，就不会成为焦虑了。在这些亢奋型焦虑者的身上，还存在与自己的对抗。比如，他们往往会说感觉自己是个愤怒的懒人。他们或许说得有道理，可事实上，表面看来，并没有任何可以用来指责他们懒惰的迹象，而是恰恰相反。

我们在这里所说的是一种“防御性焦虑能动性”。激动令担心得到了暂时的缓解，因此给亢奋型焦虑者造成了一种假象。这种采取行动的迫切需要，也就是内心深处爱自己和被别人所爱的迫切需要，令他们处于过度兴奋的状态。

这样我们就明白了，焦虑存在于大部分拼命工作以求改善自己境遇的男男女女的身上，但对于那些始终在追求无法实现的目标的人来说，焦虑成了过度野心的同义词。它可以被定义为是一种过度的、含混的和徒劳的活跃，这种活跃掩盖了一种对极端行为的渴望。然而电站的核心总有发生聚变的风险。

压力的陷阱

在维勒贝克（Houellebecq）的小说《平台》[1]中，35岁的让－伊夫

1 M. 维勒贝克（HOUELLEBECQ M.），《平台》（*Plateforme*），巴黎，Flammarion出版社，2001年。

毕业于巴黎高商，在新界旅游公司担任要职。他每天工作12到14个小时，就连周末也不休息，常常把文件带回家中处理。他婚姻失败，几乎从不去看自己的两个孩子。就像很多一切唯钱是图的野心勃勃的年轻人一样，让-伊夫也深陷在一种效率机制中，一场追逐高薪和经济利益的竞赛，“就像困在琥珀里的昆虫”。渐渐地，他开始喝酒，失去了幽默感，最终失去了控制。身心俱疲，往往会成为让这些高产焦虑者碰得粉身碎骨的暗礁。

永不停息的运动

对于亢奋型焦虑者而言，缓解紧张最好的办法就是让自己忙起来。根据他们所拥有或赋予自己的女性或男性的身份，他们会把自己关在家里，把各种文件收拾起来并进行分类，打扫卫生，做些敲敲打打、缝缝补补或是园艺之类的家务活儿。这些活动会占据他们的全副心思，让他们感到平静。

有用之人的幻觉，存在的需要

在亢奋型焦虑者的身上，任何的活跃性都会变得混乱不堪。他们想获得活着的感觉，因为他们害怕没有存在感。在他们内心的最深处，潜藏着一种毫无意识的对死亡和虚无的焦虑。

为艺术所用的焦虑性亢奋

莎拉·伯恩哈特（Sarah Bernhardt）表现出很多亢奋型焦虑者的特征。有一段时间，她曾躺在一个包裹着白色绸缎的棺材里睡觉，这倒也符合她那种惊世骇俗的趣味，一种用来消除对死亡深入骨髓的恐惧的方式，非常戏剧化的方式。或许正是这样的焦虑促使她在舞台上一次又一次地“死去”，并且因为“死”得太过真切而导致那些多愁善感的观众当场晕厥。这些角色包括：舞台灯光下的茶花女玛格丽特（Marguerite Gautier）、费德尔（Phèdre）、女歌手托斯卡（Tosca），又或者是埃德蒙·罗斯唐（Edmond Rostand）在《年轻的鹰》（*l' Aiglon*）中为她量身设定的角色。伯恩哈特在这部戏剧中大获全胜，她所扮演的角色令死亡臣服在了自己的脚下。

伯恩哈特的恐惧是病态的，她对生的渴望如此强烈，以至于在71岁时，她向为自己治疗膝盖疼痛的医生苦苦哀求道：“我求求您，我的上帝医生，好好看看这封信……我实在是痛苦难当，已经6个月不能动弹了，我之前就遭过这样的罪。所以听我说，我心爱的朋友。我求您切掉我膝盖以下的那部分腿。您不要觉得吃惊；我或许还有10到15年好活。那为什么要让我受15年的罪，为什么要罚我15年不得动弹呢？……装上一只好木腿，我就能读诗了，甚至还能巡回演讲……我不能像个残疾人一样待在椅子上，我这样子已经6个月了……我的天性可是不甘心死气沉沉的，我也不在乎这条腿。它愿意去哪儿就去哪儿吧！要是您拒绝我的要求，我就朝着膝盖射一颗子弹，这样就不得不把它切掉了。朋友，不要觉得我这是一时冲动：不是的，我很冷静，也很快乐；我要过我想要的生活，否则不如一死了之。”

伯恩哈特果真截了肢，拖着一条木腿继续着她丰富多彩的人生。一年后，伯恩哈特前往美国展开了为士兵募资的巡回演出。她一直活跃在戏剧舞台上，直到1923年去世。

极度缺乏耐心

亢奋型焦虑者最明显的行为就是缺乏耐心。实际上，他们跟时间的关系，就是他们对精力的疏散方式，就是能够让他们感到安心和宽慰的行动的表现方式。他们对时间的浪费具有一种名副其实的恐惧：他们会在生活中做出预期，以避免浪费时间的可能。平静、沉缓或被动的人，会让亢奋型焦虑者越发地激动和愤怒。

亢奋型焦虑者喜欢工作上的紧迫感，喜欢面对繁重任务时的掌控感。他们喜欢快速推进，在不同的事情之间不停“换台”，而不喜欢对某项工作精雕细琢。这就是为什么，亢奋型焦虑者往往会令那些希望他们能够更加稳健的身边之人“倍感压力”。

热罗姆的情况就是这样，他不是我的患者，而是我的一个朋友。热罗姆40岁，似乎拥有幸福生活的一切：已婚，有两个孩子，事业有成。但他常常令人难以忍受，尤其是亲近之人。他的朋友都戏称他为“惊慌热罗姆”。

在电影院或剧院里的等待队伍中，或是在各类“等候室”里，最容易发现缺乏耐心的人。热罗姆很形象地描述了自己的烦躁不安、易怒和有时候难以抑制的想要插队的欲望。但就像所有的焦虑者那样，热罗姆不敢违反游戏规则，并会对那些“不守规矩”的人大加指责。一天，我问他：“对你来说，时间是什么？”热罗姆对时间有着清晰的概念：时间总是“太短”。他的办公桌上堆满了各种文件、信函、通知、书籍和小册子。“我不想浪费时间去收拾这些文件。”但矛盾的是，热罗姆有个怪癖：从一个地点到另一地点，他总要选择最短的路线。他妻子有一次曾跟我说：“每次过马路的时候，他总要想办法少开几米，或者少走几步，统共也就节省了几秒钟的时间而已。”

在做笔记、起草备忘录或信函的时候，热罗姆的态度会表现出症状的特点。他在跟我描述自己行为的时候语带幽默，还带着点儿局促不安，如果不说是痛苦的话：“我在处理一份文件的时候，不会花时间去梳理细节。”他的草稿就跟鬼画符似的，只有他自己才知道那上面写了些什么。而现在的那些“整理工具”对他来说，既是福音也是陷阱，因为他无法好好静下心来去好好使用那些工具。

对迟迟不结束的会议、晚会上宾客们耽于交际的宴席，热罗姆都会感到一种无法掩饰的厌恶。朋友间的重逢、正式一点儿的酒会，在热罗姆看来都是浪费时间，而非交换看法或巩固友谊的机会。

到了这个份儿上，我建议热罗姆前去咨询一位我非常信任的同事，这样他就可以弄明白自己焦虑的原因和机制了，也可以学会获得“烦躁不安”之外的乐趣。

手稿的启示

研究信息时代之前的手稿，不仅可以让我们了解那个年代作家的工作方式，还可以让我们窥见那些作家的性格。比如普鲁斯特，他会把自己乱糟糟的手稿扔得到处都是，甚至还会在手稿上粘上不少被他称为“纸卷”的纸片，再往“纸卷”上涂涂写写，但就连这些后加上去的文字都免不了被再次涂改。

而歌德呢，他对自己的写作方式这样形容道:“有时我会冲到书案前，也不管纸页放得横七竖八，就那样一动不动，在歪斜的纸页上面一气呵成我的诗句！为此，我总会抓起一支最宜写字的铅笔，因为我脑中会时不时因笔尖的呼喊或喀喀声涌出梦境般的诗意，如果不马上伏案疾书的话，我就会分心，就会扼杀掉那将要诞生的诗意。”

缺乏专注和记忆困难

亢奋型焦虑者会同时做好几件事情：一边整理文件，一边口述信函，或者跟一群人在一起的时候，同时听好几个人的谈话。相应地，他们就会缺乏对一件事情的专注，这个问题他们自小就有，并带来了学业上的问题。亢奋型焦虑者通常会得到老师这样的评语："注意力不集中！"

另外，亢奋和没有耐心还是造成记忆困难的原因，因为记忆只有在大脑中有序地排列起来，才可能最终定型。然而，这一过程要顺利完成，就必须在学习的时候间或休息。而亢奋型焦虑者在日常生活中所特有的忙乱（我们该给这种特征找个新的说法），会过快地驱散正在形成的记忆。

我们的疯狂世界

亢奋型焦虑者似乎是造就我们现今这个西方世界的推手，至少部分说来是这样。我们的祖先懂得在村镇的广场上自在地漫步，懂得日出而作日落而息，懂得在树荫下悠然地休憩。

现代"经理人"比我们想象中还要焦虑。对于他们来说，争分夺秒的喜悦要胜过对效率和思维的探求，因为这种探求不够实际。这类焦虑者一开腔就是诸如此类的短促话语："您想要什么……我赶时间！"他们会在身边散播一种持续的压力气氛，从而将心中不安的合作者排斥开来。这种行为可能引发过早的疲惫状态，这种疲惫无论是对主体还是主体所领导的团队，都没有好处。亢奋型焦虑者指派的工作量并非基于现实，而是基于他们想象游戏中不能等待的执行：速战速决看起来（有时候也确实是）会赢得周围大部分人的赞赏，并成为这类焦虑者引以为豪的资本。但往往也会带来问题：一旦出现耽搁，就无法在如此紧张的期限内赶上进程。

不安本可以成为寻求效率和速度的动因，但在这里，它反而令一切的努力都变得无效，恶性循环就此落地生根。

这种亢奋型焦虑可能形成于受到父母不断苛求的教育经历。这类焦虑者中有很多人都意识到："那对我父亲来说永远都不够好，这已经烙在我的脑子里了。"

简而言之，亢奋，既是焦虑的投射，也是平复焦虑的药方。亢奋型焦虑者总是满腹焦虑，但鲜少"痛苦不堪"。遭罪的只有他们的心脏和血管，尤其是，这种性格的人还会为了寻求强烈甚至危险的感觉而大量吸烟或饮酒。

易激型

焦虑不总会以具有不安、恐惧或忧心特点的形式表现出来。尤其是孩子，但有些成人也一样，焦虑性格的一种特殊表现模式就是易激的过度倾向。

总是情绪不佳

易激型焦虑者一激动就会莫名其妙地突然发火，莫名其妙，是因为他们不知道火从何来。他们会怒斥没有效率的人、目光短浅的人、行动缓慢的人和懒惰的人。很少有人能够获得他们的青睐。

格扎维埃是个易激型焦虑者，状态紧绷、一触即发。他身上最令人吃惊的，是原因之微不足道和反应之激烈的巨大反差。无论是在他看电视时弄出一丁点儿的动静，还是在他休息时突然推开房门，或者是在平常的闲聊时发表不同的意见，格扎维埃都会因此而突然陷入一种无法控制的状态中。

我们不应该就此断言，说像格扎维埃这样的易激型焦虑者都是具有攻击性的怪物。与妄想狂相反，易激型焦虑者往往会对自己的行为怀有一种负罪感和羞耻感。但是，如果身边之人太过和善，主体的易激性格就很容易爆发。这种易激性可能在感情和社会生活中带来负面后果。这样的易激性格是社交中的重大障碍。

一个喝酒，一个不喝

“该死的成千上万的臭贝壳！”“该死的雷！”“蜂窝饼！”……《丁丁历险记》里阿道克船长千奇百怪的咒骂，跟他那因为一丁点儿小事就会发作的狂怒一样，已是无人不知，无人不晓。阿道克船长是个嗜威士忌如命的酒鬼，特别爱发牢骚，这个莫兰萨尔城堡的主人堪称是易怒焦虑者的漫画代表人物。

意大利画家卡拉瓦乔的一生中充斥着争吵、凌辱和斗殴，警察署的多份记录都可为佐证。一个小旅店的男孩甚至将他告上了法庭：年轻的画家跟男孩点了一份洋蓟，四根用黄油烹饪，四根用油烹饪。当他问男孩哪些是用黄油煎的，哪些是用油煎的时，男孩回答说只要尝尝就知道了。卡拉瓦乔听了火冒三丈，把菜盘子直接扔到了男孩的脸上，还拔出了剑。[1]

反应性

易激型焦虑者具有一种过于敏感的反应性。没停好的汽车、没打信号灯的司机等，都会让易激型焦虑者火冒三丈。大概他们是不会停不好车或不打信号灯的，可也没准儿……但你

1　鲁道夫·维特科尔（RUDOLF WITTKOWER）和玛戈·维特科尔（MARGOT WITTKOWER），《农神的孩子们：艺术家的心理与行为，从古代到法国大革命》（*Les Enfants de Saturne. Psychologie et comportements des artistes, de l'Antiquité à la Révolution française*），巴黎，Macula出版社，1991年。

得当心别让他们瞧见你这么做。

这种行为的主要特征是，原因的微不足道、反应的强烈和转瞬即逝。一旦易激型焦虑者释放出自己的压力，他们就会重新变得安静从容，除非再次出现惹怒他们的诱因。

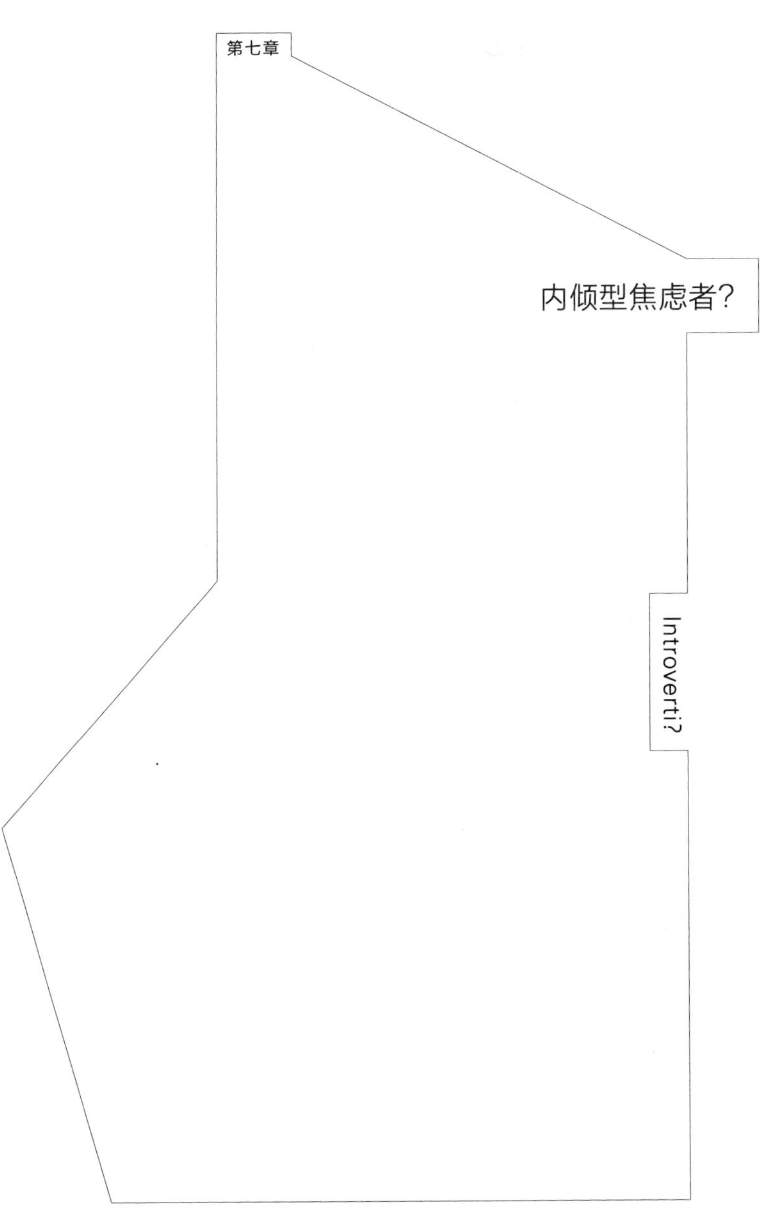

第七章

内倾型焦虑者?

Introverti?

现在，我们来看看焦虑的其他面孔，那些在性格上被定义为内倾型的焦虑者。我们往往会在内倾型焦虑者的身上看到一种有意避免激烈情感和痛苦状况的强烈倾向。在主体身上占据上风的防御机制，不再是内心焦虑的外露，而是抑制。因此，我们自然而然就会首先谈到羞怯型焦虑者。

羞怯型

很多人都会受到羞怯的困扰，只不过程度不同而已。我的两位同事，帕特里克·雷热荣（Patrick Légeron）和克里斯托弗·安德烈，在1995年做了一项调查，结果显示，将近60%的法国人自称羞怯，53%自称有点儿羞怯，7%自称非常羞怯。羞怯让我们每个人都曾有过这种体验：在被提问时，很少有孩子不会因为担心而影响到自己的表达；在异性面前，很少有青少年不会表现得羞怯；还有成年人，在面对具有精神、智力或社会性权威的人时，大多数都会不由自主地表现出羞怯。

但这些暂时性的羞怯，与我要描述的羞怯型焦虑者那种广泛性的畏怯相去甚远，他们的病理表现形成了如今人们所说的“社交恐惧症”。从一开始，羞怯就是“应该”的同义词：应该掌控形势，应该坦然面对别人的目光和评价，应该从容应对意外，尤其是未知的事物，应该控制自己的冲动、欲望和内心的冲突。

掌控形势

对自己（或自己缺陷）的信心，是区分各类不同焦虑性格的关键所在。羞怯型焦虑者表面看来非常缺乏自信，但在内心深处，他们都是骄傲的人，有时甚至是太过骄傲。在这个层面上，羞怯型焦虑者的内心冲突存在于超我和理想自我之间。比起外在的表现，他们在心里往往要自认为有趣、有能力和有用得多。他人的关注坚定了羞怯型焦虑者对自己能力的信念，但他们在公共场合总让人难受的表现却如巨石一般压在心间。所以，性格羞怯的焦虑者在公共场合，至少从表面上看来，总是扮演龙套而非主角。在日常生活中，“羞怯的主体会在两大类情形中遇上难题：当他们需要在关系中采取主动的时候，以及当他们需要亲口讲述自己的情绪时”[1]。

羞怯之人在考试时，尤其在口试中会遇到困难。但是，一旦他们脱离了考试的语境，最具说服力的论证、最精彩的想法就会涌现在他们的脑海中。也因为如此，他们每每陷于悔恨的罗网：如果有重考一次的机会，他们是能够取得成功的。羞怯之人的压抑与他们对最优表现的渴望直接相关。

皮埃尔就是这样，他讲述说，在考试的时候，他总是辨不清情况，就好像外部世界与自己之间隔了一层纱帐。他听不见别人在对自己说什么。要是别人问他一个问题，他会不由自主地给出错误的答案。

尤其要避免冲突

羞怯之人打心眼儿里惧怕一切形式的冲突。他们会以极端的方式去避免冲突，因为冲突会让他们陷入童年时的回忆中，在那些回忆里，争吵、尖叫或单纯的紧张填满了他们对家庭的想象。他们会通过退缩、沉默不语、抑制甚至逃离，去躲开那些近在眼前或远在天边的情形，因为这些情形可能引发不睦，

---

1 克里斯托弗 · 安德烈（ANDRÉ C.）、帕特里克 · 雷热荣（LÉGERON P.），《对他人的恐惧》（*La Peur des autres*），巴黎，Odile Jacob出版社，1995年。

哪怕是再正常不过的不睦。有时候，他们会因为无法再忍受躲藏在阴影之中而出人意料地爆发。但通常来说，羞怯之人首先是一个想要寻求妥协的焦虑者。

卡丽娜是个非常羞怯的人，她有一种持续的糟糕感觉：无法吸引别人，无法讨别人欢心和引起别人的兴趣。她总在设法息事宁人，并借助这种在冲突情形中的长袖善舞而在事业上取得了成功。很长时间以来她都认为，只要别人不把自己当作竞争对手，只要别人不觉得自己吸引人和讨人厌，这种羞怯在冲突情形中就会对她有所帮助。可是一旦她需要承担起更为重要的责任，或是需要表现自己，情况就会急转直下。这个时候，她整个人都会变得僵硬，并严重受挫；她的“面具”，就像她自己承认的那样，就会掉下来。

卡丽娜的羞怯由来已久。还是孩子的时候，她就因为自己矮小的身材而感到不舒服，然后就是父母的出身，还有自己优异的学业，因为那可能招致班上同学的嫉妒或攻击。因此，卡丽娜选择一个人静静地待在角落里，尽最大可能不去引人注目。她回忆在夏令营的时候，自己总喜欢跟辅导员们待在一起，不过辅导员们倒是都很喜欢她，她只有在万不得已的情况下才会不情愿地参与活动和游戏。不过，她的态度有时候会自相矛盾，比如突然的大怒，或是对鲜有的几个朋友中的某一个全盘否定。

卡丽娜有一段挥之不去的记忆：在一次夏令营中，她跟一个因为轻微跛脚而和其他孩子有些疏远的女孩成了朋友。两个人很是亲近，直到这个朋友跟另一个年长的女孩玩在了一起，把卡丽娜撇在了一边。卡丽娜觉得朋友的这种态度简直就是背叛，在返回巴黎的客车上，她陷入了突然的暴怒之中，大叫着说不愿坐在这个女孩的旁边，并发誓再也不要见到她。

变色龙

在自导自演的影片《西力传》(*Zelig*)中，伍迪·艾伦扮演了一个“变色龙”：这个极度没有自信的羞怯之人，会因他人的目光而感到焦虑，以至于每次在跟不同的人接触时，他就会像变色龙那样地变成对方。所以呢，当他跟红色人种在一起的时候，他的皮肤就变成了红色。跟爵士乐手在一起的时候，他就会变成擅长吹奏小号的黑人。在跟银行家聊天的时候，他就会变得比银行家还银行家。直到他遇见了洞悉自己这种状况的精神分析师弗莱彻医生……

可以说，西力这个犹如讽刺漫画主角一般的人物，就是对羞怯可能引起的心理和生理障碍的隐喻，也是对羞怯之人可能形成的保护壳的隐喻，比起遭人嘲笑、陷入冲突或不受欢迎，这类人更愿意保持一种神不知鬼不觉的状态。

控制自己的冲动

我们会习惯性地把羞怯者当成一座表面上熄灭的火山，但那实际上是一座处在可怕压力之下的火山。时不时喷发出的炽热熔岩可以让我们想象到炉膛内的高温，也就是羞怯者剧烈的内心活动：他们不让自己，也不让别人窥见那炉膛内的炽热与隐秘。

羞怯者的焦虑跟他们感到无法控制自己冲动的困难有着直接的联系，这些冲动可能是性冲动、侵凌性冲动，或其他冲动。在羞怯者的身上还存在一种内在心理冲突，自我与本我之间的冲突。这种羞怯与他们为了避免流露出自己的无意识渴望所发展出来的主动抑制旗鼓相当。他们会感觉到这些渴望的力量，以及对其加以绝对控制的必要。

维若妮可，32岁，在事业上顺风顺水，这就让人很难想象她十年前的样子。在整个童年时期和刚刚踏入成人期时，维若妮可是个极为羞怯的人。这种羞怯成了她在社会关系中的障碍，甚至造成了学业上的困难，虽然她拥有优于常人的智力，而且一直都是个勤奋的学生。

不过，维若妮可还是顺利获得了高中文凭。之后她选择了会计专业，但每年都留级。22岁时，她在大学和个人生活中遭遇惨败，于是开始接受心理治疗。渐渐地，心理治疗让她走出了循环往复的老路，并明白了自己的困境。32岁时，她依然羞怯，但在事业上全面绽放。她在工作中感到无比自信，前提是不跟别人有过多的接触。相反，她在个人生活中却无法投入确定的情感关系中。

在开始心理治疗之后的四年里，维若妮可完全“放开”了，她尝试了所有在此之前只存在于自己想象之中的事情：经常出去玩，过“放荡”的生活。但就像她自己说的，在做这些事情的时候，她总是带着满心的担忧。最不可思议的是，她在感情关系中总会同时跟两个男孩交往。总是害怕落单和被抛弃，可以解释她的这种关系模式。双重关系可以让她安心，并且给她一种自己可以掌控情感所依之人的感觉。

孩提时代的维若妮可形成了一种“碾压别人”的恐惧，这是其压抑的源头，同时也是过度担心她自己遭到冷遇的原因。在一次治疗中，维若妮可详细述说了一件令人惊异的事情：当时是在公司（一家纺织品企业）的餐厅里，她坐在餐桌旁，同桌的还有几个女同事。她觉得自己比那几个女同事都漂亮，对公司里的男同事也更有吸引力。于是，她脑子里就浮现出希望“碾压”那几个女同事的念头。她感到一种强烈的负罪感，结果就“自我碾压”了，躲在角落里，并拒绝表现出任何引诱他人的态度。“碾压”或是“自我碾压”，这个念头就这么本能地出现在她的脑海中，让她忽然间想起在自己小的时候，她父亲，从来没有照顾过她的父亲——心思都花在情妇身上了，总是跟她母亲说："闭嘴[1]！你跟你女儿，你们有什么好说的。"渴望得到重视，也就是对被爱的渴望，对父爱的渴望，在这里不言自明。

这种为了得到爱而做出过分举动的恐惧，还有随之而来的负罪感，让维若妮可矛盾地陷入受抑制的状态中。她羞怯的理由也就变得越来越根深蒂固。

最近，她第一次想跟一个她爱也爱着他的男孩卢克，发展稳定的关系。但在卢克跟她表明了自己的心意后，她马上感到一种过于沉重的压力，于是立刻拒绝了对方。她无法面对这样的情形。三天之后，她给卢克打了电话，但男孩没有回她的电话：他之前就告诉过她，自己的提议要求的是最终的约定。

维若妮可当时觉得那简直就是自己童年经历的重现。她表示，自己当时觉得快要无法呼吸了，感觉就像有个人在让她"闭嘴"，同时，她又特别希望在别人对自己感兴趣、依恋自己的时候，能够摆脱这种恐惧的感觉。在日常生活中，令她焦虑的总是那些可能发生的事情。而她预料的那些可能发生的事情，显然是自己在感到需要被爱的深切渴望时会遭到拒绝的情形。

1　原文为"écrase"，与前文中的"碾压"是同一个词。——译者注

时不时的爆发

随时克制自己的冲动，不是一件容易的事情。无论是否存在诱发情境，自我迟早都会爆发。我们会说，幸好是这样。因为如果不是这样的话，人类的情智就会展示出一种“变疯”的可怕能力，也就是妄想。不过话说回来，我们曾碰到过不少精神分裂症的先例，那是一种最为严重的精神疾病，而我们恰恰又将这种疾病等同于疯狂，一种过分严重的羞怯。亏得自己爆发的怒火，鲁道夫才躲过了这块危险的暗礁。

鲁道夫因为他所描述的“无法抑制的怒火”前来我这里求助。他把自己形容成理想主义者，拒绝接受在自己的朋友、同事甚至深爱的伴侣身上都会看到的那种现代实用主义。鲁道夫就像所有的羞怯者一样，心理活动异常激烈。他压抑的愤怒表现为深层的内心斗争，直到在他无法忍受的时候阵发性地爆发出来。

鲁道夫的抑制特征，就像通常所有的羞怯者所具有的那样，会无可避免地令他采取退缩的态度，无法对那些他批评的观点做出回应。这就会引发一场名副其实的心理风暴。

无论是在朋友聚会上，还是在工作会议中，羞怯者都会习惯性地保持沉默，但他们对介入其中的渴望会随着讨论的深入而越来越强烈，尤其是当听到他们不赞同的看法时。比如在政治性的讨论中，一直都温和稳重的羞怯者，会在突然之间以非常激烈的方式表达出自己的想法。鲁道夫说得好：如果他有说话的魄力，他一定会把关于实用主义的论题抨击得体无完肤，因为它就是造成世间所有苦痛的罪魁祸首。但通常，只要一想到口头的介入，他就会喉头发紧、口舌发干。肯定自己的观点，在他的无意识中已经蔓延为对自己所有想法、渴望和整体个性的焦虑性表达。

羞怯者，他们在爆发时总会脱口而出让自己后悔不迭的话语。鲁道夫已经遇到过这种情况。

内在化的存在

真正的羞怯者往往拥有一种名副其实的天赋：自我分析和一种对身边之人令人惊异的关注。羞怯者焦虑的超级警觉不仅是针对自己，也针对他人。“羞怯反映的是内部的不适与外部的笨拙这种双重存在。”[1]

尼古拉是个羞怯的男孩，对家人非常依恋，他的父母和两个姐姐，也是非常羞怯的人，尤其是父亲。尼古拉的自我分析

1　克里斯托弗·安德烈（ANDRÉ C.）、帕特里克·雷热荣（LÉGERON P.），《对他人的恐惧》（*La Peur des autres*），巴黎，Odile Jacob出版社，1995年。

堪称完美。他解释说，自己的羞怯跟童年时因为父亲的工作变动而导致的频繁搬家和换学校有关。他觉得，自己从来不曾以持续的方式融入过任何团体，也从未有过任何关系稳定的朋友。

他说，事实上，造成自己羞怯性格的原因或许要更为复杂。生在一个推崇文化和道德的知识分子家庭，尼古拉完全是被这种教育模式给塑造出来的，他从不敢做出反抗的行为，也不敢对抗自己的父亲。

他讲述了青春期的两段回忆。当时他跟几个同学在乡下，他想给他们看一只兔子。但是，让他大为吃惊的是，那几个男孩居然朝那只小兔子扔石子，这让他非常反感。尼古拉觉得没意思极了，于是疏远了这帮在他看来毫无善意的男孩。

另一段回忆是，有一次，一个老师向全班同学提议去西班牙旅行。尼古拉之前跟父母去过这个国家，没留下什么好印象。他因为不想参加这次旅行而感到落了单。他前所未有地鼓足勇气举起了手，说自己不同意这个旅行提议。同学们都被他的大胆惊呆了，但很快就在课间休息时惩罚了他，大家强烈地指责了他的态度。这件事让尼古拉越发地不合群和羞怯。

很长时间以来，我们都认为羞怯是因为缺乏内省的能力。但事实令人吃惊：羞怯者无法当众表达自己的看法，但在独自一人时却没有这个问题。他们缺乏表达的魄力和能力，这只是表面的假象。

羞怯者并非懦夫

我们总会习惯性地将羞怯者和胆小鬼混为一谈。从某种意义上而言，这个结论有可能是错的。我们会吃惊地看到，在某些情形下很多人都会躲在各种虚假理由背后，羞怯者却会出乎所有人意料地挺身而出，有所举动，介入其中。记得有一次，我跟一个我觉得特别羞怯的朋友一起散步，结果看到一个高中生遭人袭击。在我还没反应过来发生了什么事并做出反应时，我的那个朋友已经冲过去帮助受害者了。

羞怯者的恐惧主要是内心的恐惧，纯粹源于主观原因。这种恐惧一方面在于对他人针对可见外表的评价，另一方面在于害怕这种针对自己的评价可能是负面的。这里所涉及的，并不是生死攸关的威胁，而只是对自尊心、对受到轻视的屈辱、对显得愚蠢或可笑形成的威胁。

羞怯者和与他人的关系

羞怯者的内心怀有一种对他人评价的恐惧。因此，极度的羞怯是一种此类性格者在社交生活中所感到的痛苦。极为常见的是，羞怯者曾在童年时期遭到过同学的嘲笑，这正好与“性格强硬者”相反，后者是知道如何表达自己的外倾型焦虑者。跟羞怯者在一起，我们绝少需要担心发生侵凌行为，甚至是反击行为，除非羞怯者聪明地以幽默相对（这种情况也较为常见）。

羞怯者有时会表现出一种自相矛盾的态度，这可能会令他们身边的人产生误解。为了抵消自己的不安，羞怯者有时会以过分的方式摆出一副冷冰冰的面孔，或是相反，表现得潇洒自如，以至于显得傲慢浮夸或是没有教养。羞怯者的行为让人恼火，他们那种说教式的口吻尤其会惹怒那些不了解他们的人。在恢复原态之后，他们可能瞬间崩溃、满口蠢话，或是把自己完全封闭起来，令对话方无所适从，因为不知道自己面对的是只纸老虎。

羞怯者还可能被认为是冷漠的人。事实上，对于他们来说，最容易采取的态度就是保持距离。这样他们就能避免情绪的爆发。在职业生活中，羞怯者会感到很不自在。他们不敢向同事询问他们的工作、健康和家庭状况。他们很少会对同事说出不疼不痒、亲切友好的话语。相反，他们会表现得过于礼貌，有时会让人觉得是在逢迎巴结。简而言之，羞怯者会显得过于礼貌和过于冷漠。

羞怯者，不露声色的旁观者？

最常见的情况是，羞怯者会甘于成为一个旁观者。在社会生活中，他会保持默默无语，会对调侃报以微笑，会对所有人的看法回以无声的赞同。然而，就在我们认为羞怯者同意自己看法的时候，他或许正在思索着相反的观点，或是正在压抑内心的怒火。但他始终隐忍不发，因为害怕引起他人的注意。

这种退缩的态度，往往会令羞怯者赢得外倾型人的好感和平静稳重之人的尊重。但羞怯者不该如此甘于自己旁观者或聆听者的身份。事实上，羞怯会助长羞怯。无论这有多难，如果羞怯者不逼迫自己去表达、去展示自己，那么他就有可能故步自封于自己的退缩之中。

强迫型

强迫型焦虑者个个都是在内心深处极为焦虑的人，他们顽固、精准、细致、在乎秩序，而且往往性格倔强，甚至专横。除却表面的被动性，他们承受着一种特殊的焦虑之苦，表现为对自己所做之事的不断怀疑。毫无疑问，他们在内心深处始终都缺乏自信。他们的内心冲突并不在于超我和理想自我之间，就像羞怯型焦虑者那样，而是在于他们的超我和他们的自我之间。强迫型焦虑者的存在受控于自己的道德意识。“把事情做好”，是他们不可违反的日常信条。出现差错，是他们最为深重的痛苦。

在日常生活中，强迫型焦虑者的特点是谨慎、踌躇、困惑、优柔寡断、钟爱细节、完美主义。他们无法在没有再三犹豫的情况下承担责任和采取主动。相反，一旦做出了决定，需要考虑的就是他们的顽固了。

惧怕风险

其实，强迫型焦虑者非常惧怕风险。寻求惊心动魄的感觉并非他们的喜好。他们严格、保守、刻板、谨慎、算计，属于挂虑型和自省型焦虑者的类别。

▶ 在做出决定和采取行动之前，强迫型焦虑者会沉湎于再三考虑，或是走向极端，沉湎于有时会陷入无路可走的含糊和推诿。

▶ 在需要采取行动的时候，强迫型焦虑者往往会在突然之间做出决定，有时候甚至是出于一时冲动。对衣服的选择，往往是强迫型焦虑者最为典型的表现。他们会花去比其他人多出三倍的时间去考虑，然后在转瞬之间，冒着违背自己最初标准的风险贸然决定。

▶ 在采取行动之后，强迫症焦虑者会陷入悔恨之中，会感到自己犯了错误。经典的例子：在购买一件衣服之后，强迫型焦虑者会回到商店里要求调换或退款。这种持续的怀疑，是强迫型焦虑者所特有的性格特征。[1]

唐纳德来自美国，26岁。无论是在学业上还是在生活中，他总是不停地怀疑自己所做的事情。他的父亲是美国人，母亲是法国人。他说，父亲是个“非常典型”的银行家，母亲是个“非常独特”的画家。他总是游弋在父母亲的两种出身和两种生活方式之间。他来到法国继续自己的建筑学学业，并跟他一直都很依恋的母亲一方的家人待在一起，但他害怕自己的这个选择会伤害到父亲。他通过我的一位美国同事找到了我，那位同事在美国为他做过分析式治疗。唐纳德是否因为在父系一方和母系一方之间的难以抉择而一直感到左右为难呢？他对建筑学的兴趣是否是一种无意识渴求的表现呢？渴求建造属于他自己的家，当然是在让他左右为难的基础上建造这个家。我的工作是帮助他释放出“内心的敌人”，好让他成为真正的自己。

极端的责任心

强迫型焦虑者具有一种极端的责任心，他们会竭尽所能地去利用点滴的时间。他们钟爱那些要求精准、考虑细节和执着

1　J. 高特罗（COTTRAUX J.），《内心的敌人》（*Les Ennemis intérieurs*），巴黎，Odile Jacob出版社，1998年。

不懈的活动，因此通常会在认真工作时获得乐趣。钟表匠、会计、程序员，都是深受强迫型焦虑者青睐的职业。他们会成为优秀的经理人和管理者，但会是糟糕的领袖，因为他们期待别人拥有跟自己一样的品质，但缺乏令人追随的魅力。无论从何种意义上来说，强迫型焦虑者的苛求都会显得过分和令人难以忍受。他们对这一点有自知之明，并尝试着表现出一定的宽容，但同样，“本性”最终会占据上风……

在这一点上，他们对时间的管理堪称是最好的说明：强迫型焦虑者可以非常准时，或是相反，从来不守时。在第一种情况中，把事情做好是他们的首要考虑；在第二种情况中，如果不是神经衰弱症的话，占据主导地位的是他们行事的缓慢和无法抉择。因此，出于一种只有他们自己无法理解的必然和恒定，他们会“有条不紊”地迟到。这会让他人感到很恼火。心理学家认为，这是强迫型焦虑者用来彰显自己之于他人的权力、控制甚至挑衅的方法，但他们对此毫无意识。

在一堂关于强迫型焦虑者的课上，我特别指出这种强烈的迟到倾向是他们的主要特征。在场的学生听了之后都笑了起来。我看到他们把目光投向了班上的一个学生，那个男孩表面看来没有任何问题，但我后来发现他是个典型的强迫型焦虑者，就像我之前描述的那样，他总是迟到，而且非常善于书目查询。

怀疑、踌躇和内疚

强迫型焦虑者的精神状态很容易陷入踌躇和悔恨之中。他们会习惯性地产生负罪感。这就导致他们具有一种无法抑制的倾向：悔恨、检视自己的行为、内省和寻找自己的过错。他们的自尊不堪一击，总是习惯性地自责。但他们性格暴躁，身边的人和情境都会成为他们指责的对象。

这种类型的焦虑者对未来满腹担忧，但出于对自己可能会搞错状况的恐惧，也会在焦虑中活在当下。对生活事件具有整体掌控和把握的渴望，令他们痛苦不堪，同时也令他们身边的人痛苦不堪。强迫型焦虑者往往都是聪颖之人，他们会让别人产生被玩弄的糟糕感觉。这话一点都不假。但是，这并不是一种变态的行为，而是对计算所有行为的风险和掌控每一件事的渴望。可惜……对于他们身边的人来说，结果都是一样的。

阿涅斯的情感生活陷入了困境，一切都不像她预期的那样，而她最怕的就是意料之外。她是个心细如发、井井有条、周到精致的女子，她需要让自己生活的方方面面都井然有序：自己的日常生活和跟别人的关系。

我跟她说过好多次，就像对所有的强迫型焦虑者那样，希望她能够把生活理解为是一部小说，而不是一个需要去执行的计划。在阿涅斯的焦虑和仪式化行为之下，隐藏着一种内心深处强烈的自发性和对表达自己欲望的渴求，这种表达显然是不为她自己所允许的。在离开父母、结婚之前的那段时间里，阿涅斯过了三年“自由自在”的生活，在这段日子里，她在人生中第一次任由自己肆意妄为，也是唯一的一次。

她解释说，自己的焦虑和强迫性格源自父母的态度，尤其是对她从未感到过满意的母亲：无论是她做的事情，她在学校里的成绩，青春期时的交友，还是职业和情感上的选择。她抱怨母亲的占有欲太强，还有施加给自己的情感恐吓。不幸的是，她浑然不知地嫁给了跟她母亲有着同样态度的前夫，而她发现，现在这个自己所爱的男朋友，也会做出跟自己母亲和前夫相同的行为。阿涅斯感到自己从来都无法做出得体的举动，从来都无法正确地应对面临的状况，因而不断地怀疑自己，怀疑现任男友对自己的爱。她觉得，正是为了对抗这种怀疑，自己才需要把所有的事情都安排得格外井然有序，才需要对所有事情都有所掌控。

顽固

强迫型焦虑者还具有另一个显著特征：顽固，尤其是在他人的眼中。他们在没有获得自己想要的结果之前，绝不会放松下来。即便是无关紧要的小事，也必须做出正确的选择。这就是为什么，他们在选择一条裙子、一件衬衫，甚至桌布的颜色时，都会再三地犹豫和拖延，更不用说是计划假期或是买房子了。

身边的人很难应对具有这种性格特征的人。但是，强迫者的这种顽固能够造就辉煌的成就和成功，并最终赢得他人的敬重。

与金钱的关系

在相关的情形下，与金钱的关系特别能说明强迫型焦虑者的精打细算。

强迫型焦虑者大多都是吝啬鬼，对一切，或是几乎对一切都会细加盘算，他们表现出的悭吝会让身边的人大吃一惊。他们从来不给小费，除非迫不得已。他们的礼物总显得小气巴巴。强迫型焦虑者甚少表现得慷慨，但他们却可以为自己一掷千金。所以呢，这样一个平时锱铢必较的丈夫，让妻子来保障日常生活的需要，用她的工资来支付餐费、孩子的养育费和度假的开销，忽然之间迷上了汽车收藏，在没有征询任何人意见的情况下，出手就买了一辆。

吝啬鬼，选择焦虑者

当攒钱的热情具有了强迫性，就会透出悲喜剧的荒谬。普劳图斯

（Plaute）、马洛（Marlowe），尤其是莫里哀，都深知如何在戏剧创作中生动地展现这种贪财的特质。吝啬鬼阿巴贡哀叹道："当然了，在家里存放一大笔钱可不是件容易的事，把这钱妥善放好的人可有福了，只留下够花的。在家里找个隐秘可靠的地方藏钱，这法子让人难以理解，因为对我来说，钱箱是靠不住的，我可不会把我的钱放在那里头。"

矛盾的情感

强迫型焦虑者的根本问题在于情感的矛盾。矛盾是人类的本性，虽然承认这一点或许会令人感到不舒服。强迫型焦虑者会感到自己完全受制于这种人类所共有的天性特质，不过程度各有不同。

一想到未来，无论是夫妻关系、工作还是朋友，大卫就会感到一种难以忍受的不安。但他也承认，自己至今所做的一切都还算成功。大学毕业之后，他跟自己所爱的女子结了婚，还有了一个3岁的儿子。可是在面对所有需要处理的事情时，他总会说出自己的金句："我永远都做不到。"

造成大卫缺乏自信的原因可以归结为焦虑性格，这种性格会在他审视自身的时候显露出来。他持续的担心反映的首先是我们称为的"自我挫败"。大卫对父亲有一种复杂的情结，他父亲是个领养儿，从未见过自己的亲生父母。他跟父亲的关系充满了矛盾和冲突：既渴望成为父亲那样的人，他敬佩父亲的勇气（“他的成功全靠自己”），同时又有一种负面的，有时甚至是敌意的感觉（“他只考虑自己”）。大卫那种“无法做到”的念头，投射出这种内心深处的矛盾，这种矛盾令他无法自信地投入做事。他回忆了一个让自己感到痛苦的典型事件，这件事清晰地体现了他的这种矛盾性（像父亲那样独自应对一切，但可能变得太过自私）。

最近，大卫的35岁生日即将到来，深知儿子艺术品位的父亲打算给大卫买一幅价格不菲的当代绘画作品。大卫知道父亲的喜好跟自己的不同，而且觉得花一大笔钱买一幅当代绘画形同浪费。但他还是去了几家画廊，最终选定了一幅。父亲似乎赞同他的选择，但很快，父亲就说那幅画的颜色太刺眼，不会有太高的价值。因此，父亲给他买了另一幅，虽然作者很有名，但那终究不是大卫挑选的。

在大卫看来，这件事很好地体现了父亲的态度，体现了父亲内心的焦虑。这件事之后，大卫做了一个梦：他一个朋友的父亲打破橱窗把一幅画指给他看。他还回忆起童年时自己很喜欢的一位叔叔，叔叔喜欢自娱自乐地画画。大卫很钦佩这位叔叔，他提到了叔叔画的一幅画，是个女水手，他说，那幅画“就像是个5岁孩子画的”。在他姐姐的眼中，大卫也表现出这种情感上的矛盾：他非常希望姐姐结婚，但同时，他又觉得自己难以相处的性格会拖累姐姐的婚姻。

再说回大卫的父亲，大卫发现自己从来都不清楚父亲对自己的看法：父亲究竟是爱他，还是看不起他？另一件事证实了大卫的疑虑：一天，父亲跟他说自己想在巴黎市中心拥有一座带网球场地的房子。大卫回答父亲说："那不可能，你干脆住到爱丽舍宫里去得了！"如此直言不讳地表明自己的想法，让大卫获得了一种解脱的感觉，但他父亲立即反驳道："你显然从来都没什么抱负！"由此我们可以看出，大卫的情感维系中充满了矛盾，这种矛盾正是造成他疑虑、生活中的不安全感和对一切感到担心的深层原因。跟别人在一起的时候，大卫从来都无法获得内心的平静，因为他不知道自己能不能得到别人的欣赏，能不能获得别人的信任。由于镜像效应，大卫的心中始终萦绕着这种关于他人的矛盾性。

强迫型焦虑者总是在各种矛盾的倾向之间徘徊不定：爱与恨，关切与挑衅。表面看来，他们总想展示自己最为"高尚"的特质：优雅、有时过了头的礼貌、献身精神。但这些"反应性"的态度，反过来扭曲了主体那些不那么清晰和有时相反的渴望。强迫型焦虑者时而遵从自己的这种情感，时而遵从自己的那种情感，由此形成了这种性格类型的总体特征：矛盾性。

多疑型

在面对未知时，出于天性，我们都会谨慎多过信任。但当这种谨慎变成了跟对世界和他人的过度焦虑相关的多疑时，焦虑者就会本能地比那些对自己有把握的人要更为多疑。与妄想者不同，焦虑者的多疑不仅仅针对他人，还针对自己。

谨慎还是多疑？

我们在前文中描述过的羞怯型焦虑者，大多都是“谨慎”之人。他们跟多疑型焦虑者一样，都惧怕他人的评价，但如果他们对别人向自己表达的敬重感到确定时，就会付出信任。因此，羞怯型焦虑者会在投入其中之前进行试探和控制。相反，多疑型焦虑者会习惯性地否定所有的人和事；他们时时都小心翼翼，即便是在经过证实之后，因为那些被赋予了信任的人，很可能会在背后摆自己一道。

超级警觉

多疑型焦虑者会仔细地探查别人的目光、身边的种种事件和情形。他们最怕的就是意外惊喜，似乎一切都逃不出他们警觉的观察。这种绝大多数焦虑者都具有的特征，在多疑型焦虑者的身上发展到了极致。他们窥伺着别人隐秘的言下之意、深藏不露的动机、含糊其辞的欲望。问题是，他们的阐释机制被负面所统治：因此，他们专挑那些对自己不利的信息，并且错误地解释其他的信息。他们的警觉是以自我防卫原则为指引的。

极度焦虑者往往多疑。他人，在他们看来，就是“威胁”的同义词，被含混地理解为外部的危险。多疑，是焦虑性格者对这个世界特异的整体恐惧造成的后果。焦虑者害怕他人，就像羚羊害怕狮子。但如果没有了这种超级警觉，羚羊就无法在大草原的法则中生存下来。

批评和责备会引发焦虑，接着会令主体“我就知道得多加小心”的想法越发地根深蒂固。这种一触即发的敏感性可绝非与他人打交道的优势所在……

克里斯蒂娜跟我说，32岁时，在一次几乎没有熟人的聚会上，她第一次主动上前跟陌生人攀谈，而不是拘谨地缩在角落里。克里斯蒂娜不是个羞怯的人，但是个多疑的人。她说，这种多疑由来已久，是一点一点形成的。克里斯蒂娜并不是一直都感到焦虑。她说自己的父母是“不愿请人到家里来的孤僻之人，也没什么朋友”。从小到大，生活中的种种事件渐渐地加深了家庭氛围最初在她心里种下的感觉。克里斯蒂娜回忆在自己上小学的时候，她觉得父母实在太过“特立独行”，因此在面对别人时感到浑身不自在：她说她感到害怕，害怕别人的评价。她时时刻刻都害怕遭人嘲笑。她有时会想起一件事：母亲硬要让她穿一件她羞于去穿的淡紫色毛线衫，结果惹来了班上同学的嘲笑。刚刚进入青春期时，这种多疑在一种失望的情绪中越发地强烈了。她说，她最好的朋友背叛了自己，那个女孩突然之间就跟另一个人成了知心好友，而她根本不知道是为什么。这就更加坚定了她“不能相信任何人”的念头，因为她曾经相信过那个朋友。

后来，克里斯蒂娜说，她爱上了一个嘲笑过自己的男孩，那个男孩一开始给她的感觉是他也爱她，结果他也一样，突然之间就抛下她去跟同校的另一个女孩在一起了。

进入职场之后，克里斯蒂娜遭到过两次她所说的“性骚扰”，她自己也想过那到底是性骚扰呢，还是自己太过多疑。但那个男人确实两次都以咄咄逼人的态度对她污言秽语，坚持要邀请她共进晚餐，而她感觉自己并没有做出任何表示她对那男人感兴趣的举动。结果，她对男人越发不信任，最终，这种不信任蔓延到了所有人的身上。

在跟我诉说自己的困境时，克里斯蒂娜意识到，她对别人总会产生同样的想法，无论是男人还是女人。因为随叫随到的态度，她会夸大别人对自己的过度关注，这种态度实际上掩藏了克里斯蒂娜对他人的恐惧，对他人之于自己期待的恐惧，也就是她内心深处拒绝给予的。对这个真相的意识，令她得以改变了自己在个人生活和工作中的行为模式，最终做出了正常的举动，同时也是对她而言意义非凡的举动：在聚会上跟陌生人攀谈。

超级敏感的触角

多疑型焦虑者，就像所有的焦虑者那样，深受内心不安的困扰：担心不被人所爱，所以，必须独自一人捍卫自己的存在、自己的领地，一句话，捍卫自己的自我。但多疑型焦虑者担心他人会有滥用自己信任的企图。在出现不和的情况下，他们会本能地认为那都是别人的错。

乔治的妻子前来向我求助：她再也无法忍受丈夫一刻不停的焦虑。焦虑者，多疑的焦虑者，会表现出一种想要支配他人的痴迷。乔治，一家信息企业的人力资源主管，他总觉得别人在觊觎自己的职位，并为此而辗转难眠。但是，公司里各种职位的管理工作，正是他在负责。实际上，他觉得上司对自己不够器重，结果他就会习惯性地拒绝所有的晋升和加薪机会。跟所有的多疑型焦虑者一样，乔治特别在意自己的财富，就像吝啬鬼一样，他不太关心如何去增加自己的财富，而只关注如何守住自己的财富。

在买东西的时候，从最普通的东西，比如日常物品，到最贵重的东西，比如汽车，乔治的担心就会变成脱缰的野马。他眼里的每一个商人都是一副小偷的嘴脸。所有通过电话口头商定的协议或订购，都会马上变成白纸黑字的信函。他会在无关紧要的买卖中使用大量的信函，目的是从中获得一种假想的担当感。要说网上购物，他可是不会掺和的。无论银行能够提供怎样的保护措施，总有更厉害的保护措施，显然是比乔治更厉害的措施，目的是谋取他的钱财。

乔治特别讨厌借东西给别人。同事们常常因为这个取笑他。一天，一个同事对乔治说："作为人力资源主管，你管理资源可比管理人力要上心得多啊。"这个习惯引起了乔治和妻子之间频繁的指责和冲突——不得不说，那往往是因为他妻子挑衅的态度。乔治回答说，他不愿意外借东西，是因为别人总是有借无还，他不想自己的东西被别人弄坏了，或者他自己还需要用这些东西。跟强迫型焦虑者不同，多疑型焦虑者并不会严格要求自己的态度或感到后悔。对于他们来说，自己的多疑是有理有据的。

营造神秘感的自我保护

多疑型焦虑者会誓死守护自己的内心世界和个人隐私。他们钟爱秘密、匿名和有所保留。他们会把自己的所思所想严密地包裹起来，以防隔墙有耳，哪怕是亲近之人也不例外。

事实上，人的好奇心就是这样，对方越是隐藏，你就越想知道。这就让多疑型焦虑者越发地渴望远离人群，甚至会形成真正的社交恐惧症。再加上羞怯，就会表现为对他人的极度恐惧和不适，包括在某些社交场合中的身体不适，即便是寻常的社交场合也是如此：当众讲话、回答问题、做报告。因此，多疑型焦虑者也会表现出羞怯型焦虑者的性格特点。

在多疑型焦虑者接受心理治疗的初期，他们很难跟医生建立起融洽的关系。想要跟他们形成真正的“治疗同盟”，需要长期的磨合。

易感型

在我现在要描述的这种焦虑性格中，我们在亢奋型和易激型焦虑者身上也可以看到的那种引发侵凌性的焦虑，通过精神层面的内化而具有了另一副面孔。易感型焦虑者有一副冷冰冰的面孔，但只要有人流露出一丝指责的态度，马上就会点燃他们身上足以燎原的星星之火。易感型焦虑者通常都是羞怯的人，起初还隐忍不发，但很快就会表露出他们感到遭受侵凌的焦虑。

克拉拉对自己的描述是：对一丁点儿的批评都会有所反应

的易感型焦虑者。她总是小心翼翼地探查着一丝一毫可能让自己担心的迹象，或是身边之人的批评和责难。她觉得自己之所以具有这种焦虑易感的性格，那是因为，她打出生起就生长在一种极为特别的环境之中：克拉拉有一个双胞胎妹妹，她跟妹妹一直都很亲近，但同时，她又一直想要跟妹妹有所不同。她还记得，在童年和青春期时，自己因为同学的戏弄不知生过多少次气，他们总是说："我们从来都不知道在跟谁说话呢。"她觉得自己跟妹妹有着相同的品位，但她又特别受不了妹妹跟她挑选同样的衣服，或者做同样的事情。她尤其记得的是，自己在少女时期非常喜欢网球，直到有一天，妹妹说她也想打网球。

有一次，克拉拉跟我说："再没有什么比感觉自己生活在另一个人的阴影之下更让人难受的了。我知道妹妹对我也有同样的感觉，这让我变得会去特别留意别人对我的期望、想从我这里获得的东西和对我的评价。"

事实上，易感型焦虑者也是一群缺乏自信的人。在做精神分析时，他们往往会表现出一种强烈的自恋脆弱性。他们对自己的看法极不稳定。因此，他们会为了保护自己免受潜在的侵凌而进行投射，而这些潜在侵凌主要针对他们的内部安全感、不足感，以及因为太过本能地认为身边之人具有负面意图而对他们形成的不良印象。

娜塔莉会对所有对她进行哪怕一点点批评的人产生强烈的焦虑。这种焦虑严重地影响了她跟丈夫洛朗的关系。她知道自己太过在乎洛朗对她的责备。她认为自己的这种易感性源于她“讨人厌的性格”。就连一直都护着她的姐姐也说，娜塔莉儿子的性格跟娜塔莉的性格一样讨人厌。

实际上，娜塔莉这种自尊心极度受伤或是总在做错事的感觉，源于她母亲的不断指责。娜塔莉描述母亲是一个只顾着自己而不够关心孩子的女人，到现在还是这样。最近，她在征得洛朗同意之后，建议母亲过来跟她同住。这本是一件令人高兴的事情，可她母亲却回答说：“这样的话，我就可以照顾你的孩子了！……”娜塔莉觉得母亲的这句话是一种指责，就好像自己要推脱照顾孩子的责任一样。这一幕让她想起了自己小时候那个从来不满意、跟她太过疏远的母亲。

在日常生活中，娜塔莉也会敏锐地感觉到别人对她一丁点儿的想法。有一次在公司的餐厅里，一个女性朋友对着娜塔莉没吃完的饭菜说：“你会得厌食症的。”娜塔莉很清楚，朋友说这句话是为了诙谐一下，但她还是以一种令人不快的方式去解读了这句话，并做出了强烈的反应。她完全从字面上理解了这句话，并把它当成了是对自己的侵凌。她一直以来都害怕自己做了不该做的事情，害怕没有人爱。因此，她的反应是建立在一种自卫、怕受侵凌和易感的模式之上的。

娜塔莉回忆在童年时期，每当几个姐姐（她是家中的幺女）不理自己的时候，她不会哭，而是会躲进自己的房间里赌一天的气，心里想着，就应该这么着对待姐姐们和父母。就这样，娜塔莉通过采取一种敌对的姿态获得了比别人都强大的感觉，从而让自己免于痛苦。

最近，娜塔莉因为一件事感到很不高兴：在幼儿园里，一位保育员说她的女儿“太过活跃”。她马上就觉得对方是在“针对自己”，想着自己小时候也曾是个“让人无法忍受”的小女孩。后来她发现，女儿并非令人无法忍受，而保育员说女儿“太过活跃”，其实是一种正面的评价，这就意味着，娜塔莉已经向世界和他人敞开了心门。

娜塔莉总有一种想要证明自己的渴望。她说自己曾经做过一个梦，在那个梦里，她正在超市购物：她把女儿弄丢了，情绪一下子激动起来，因为在收银台，她觉得旁边的人都在指责自己，就好像她是抛弃自己女儿的罪人一样。她是这么解释这个梦的：她自己就有一种被母亲“弃之不养”的感觉。她总是把所有那些可能评价自己之人的侵凌性态度内在化。娜塔莉的例子很好地说明了这种易感性跟焦虑的关系，那种对无法获得足够关爱的焦虑。

失衡的反应

易感型焦虑者身上最显著的特征，就是所谓的“侵凌”和反应强度之间的巨大反差。他们会给人一种时时刻刻都处于自我防御状态的感觉。

易感型焦虑者总是害怕得不到他人的认可。他们在这一点上的表现就是我们所说的“自恋脆弱性”。他们对自己的看法极不稳定，甚至是不堪一击的。事实上，易感型焦虑者是傲慢的人，一种防御多过自负的傲慢。幽默，可能成为易感型焦虑者自我防御的方法，如果真是这样，如果他们懂得如何将幽默这件灵验的武器为己所用、为身边之人所用，那么，他们就能管理好自己的日常生活，就能缓解自己的不适。

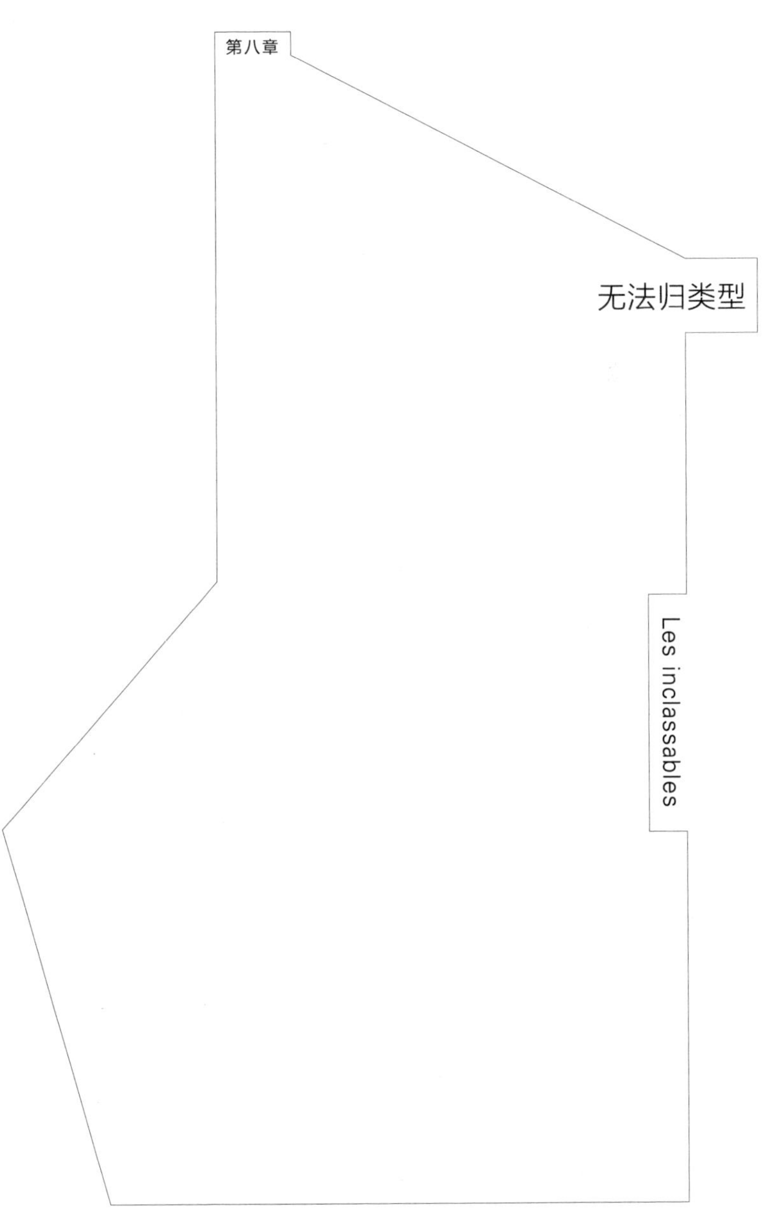

第八章

无法归类型

Les inclassables

显然，我们在前述章节中对外倾型焦虑者和内倾型焦虑者做出的划分，具有一定的随机性。实际上，某些亢奋型焦虑者可能是羞怯的人，某些易感型焦虑者可能是冲动的人。我们做出的这种划分选择，是出于一种简化的目的。这种划分所对应的，是一种每个人都多少能够辨认得出的行为的真实性。

悲观型

所有的焦虑者都可能是潜在的悲观主义者。对未来习惯性的悲观担忧，是很多焦虑者所特有的思维方式，这就形成了一种在旁人和主体本身看来长期的“悲观”态度。但极度悲观的焦虑者，对未来始终抱有不祥的看法，他们有可能陷入抑郁。

根据我们在后文中基于罗伯特·克劳宁格的研究工作所做出的区分，可以说，悲观型焦虑者的行为动因，是一种他们似乎总是求而不可得的对满足的强烈渴望，以及避免遭遇自己无法忍受的不愉快事件的需求。

母亲的过度焦虑

“孩子属于他们的母亲，因为母亲吃尽苦头才生下他们，他们属于母亲。母亲爱他们，因此他们要按她说的去做。……我们要想方设法阻止他们长大，停留在这个年纪对他们更好，没有忧虑、没有欲望、没有非分之想。过一段时间，他们自然会长大，自然会走得更远，面临新的危险。如果他们走出花园，就会面临上千种危险，我说上千？不，上万，我还算口下留情。……即使是在花园里，他们也面临数不清的危险，比如一阵突如其来的狂风折断树枝砸到他们；比如玩得满头大汗后，一场大雨把他们淋成落汤鸡，他们会染上肺炎、胸膜炎、关节炎、小儿麻痹症、伤寒、猩红热、麻疹、水痘，或是谁都叫不上名字的新疾病。……是的，做母亲的必须什么都想到。”在《摘心器》(*L'Arrache-Cœur*)里，鲍里斯·维昂(Boris Vian)描写了一位母亲的荒诞想象，她最终无视所有的客观理由，坚持认为自己的一个孩子死掉了。

悲观型焦虑者的总体特征

悲观型焦虑者受制于一个“乐于虐待”的超我，这个超我迫使他们感到自己永远无法应对各种事件，而且会通过一种微妙的反转，令他们感到事件永远都不会是本应的样子。我们可以通过一种较为具体的方式，描述出悲观型焦虑者表现出的8种态度：

- 对未来的担忧。在悲观型焦虑者的身上，这种担忧一贯披附着阴郁悲惨的色彩。
- 一种对不幸的潜藏偏好。在悲观型焦虑者有可能感到快乐的时候，一种无意识的负罪感似乎就会进驻他们的心间。他们热衷于描述自己不顺心的事情，别人不顺心的事情，这个世界不顺心的事情。
- 悲观型焦虑者甚至会主动寻求同样具有这种深层焦虑的伴侣或朋友。
- 一种倾向：无意识地拒绝可能获得快乐的机会。
- 因为对自己投入其中的事情缺乏信心，从而可能会做出导致失败的举动。
- 这种类型的焦虑者，内心深处具有一种自卑的感觉。认为自己无法完成该做的事情，无法成为该成为的样子，无法形成该有的想法。

- 最好的都是别人的。在某些悲观型焦虑者的身上，这些感觉还伴随着嫉妒；在另一些悲观型焦虑者的身上，这些感觉会促使他们本能地做出自我牺牲，就好像他们想要向人证实自己令人不快的境况一样。
- 当下和未来，同样的抗争！悲观型焦虑者很容易从“一切都会很糟糕”转到“一切都很糟糕”。就这样，令人沮丧的凄惨当下跟悲观型焦虑者的消极未来浑然一体了。

在想法上感到忧伤，在行动中感到不幸，悲观型焦虑者总也无法获得内心的宁静：无论是陷在过于消沉的自我之中，还是臣服于“乐于虐待”的超我表现出的这种难以抑制的内心意识，就像没那么忧伤的羞怯型焦虑者会做的那样，或者是借助冲动的自我表达，这种冲动可能是毁灭性的，但至少会给人一种活着的感觉，就像某些如飞蛾扑火一般的冲动型焦虑者。

了解悲观型

悲观型焦虑者往往都是渴求孤独的人。必须承认，悲观型焦虑者通常从童年开始，就置身于一种沉浸在这种负面世界观的家庭氛围之中。

弗朗索瓦丝就是这样，她的母亲似乎也具有同样的悲观性格。弗朗索瓦丝意识到自己继承了母亲的这笔“遗产”，非常害怕自己会把它留给12岁的女儿，女儿看起来特别地羞怯和没有自信。出于对女儿的这种担心，她第一次接受了一位精神分析师的治疗。她很早以前就有过接受治疗的念头，但因为害怕自己会把原因归咎到母亲身上，就打消了念头。责怪母亲的想法不知道让她流了多少眼泪，她对母亲有怨念，但同时又觉得自己也有过错。显然，弗朗索瓦丝从女儿出生的那一刻起，就开始担心自己会把这种性格遗传给她。

悲观型焦虑者会把自己一贯负面的想法传递给身边的人和自己的孩子，从而非自愿地阻断了他们的乐观思维。无论是先天的遗传还是后天的影响，悲观的家长总会养育出一个或几个悲观的孩子。悲观型焦虑者是自卑情结的孕育者，他们有可能会把这种情结传递给自己的孩子，并一代代延续下去。

我经常告诉来我这里就诊的悲观型焦虑者，“应该打断链条”。这种悲观主义常常以分成多份的剂量被传递下去，所以，从自己做起，减少剂量吧……

悲观，但不一定抑郁

悲观型焦虑者大多属于内倾型，但有时也会表现得像个外倾型，因此从表面看来，他们的情绪会出现反转。他们会说自己，或者别人会说他们，是反复无常的人。再者，外倾型焦虑者有时会发自内心地悲观，但他们会通过一种过强的活跃性来有效地抵御这种悲观，至少表面上看来是这样，有时，他们也会通过一种无法骗过任何人的兴奋反应来不那么有效地抵御这种悲观。

毫无疑问，悲观型焦虑者极易感染抑郁情绪，以至于说到他们，我们往往会说到抑郁型人格，或是一种抑郁症，心境恶劣障碍，及其与抑郁型人格障碍之间的关联。但悲观型焦虑者并不是真正地抑郁，更确切地说，他们是消沉。悲观型焦虑者与抑郁者之间的区别就在于，令前者忧心不已的，首当其冲的是对不幸的担心；而令后者忧心不已的，则是当前已经发生的不幸。悲观型焦虑者所面临的，是陷入抑郁的持续威胁，而非严格意义上已经形成的抑郁。这就意味着，要了解悲观型焦虑者，我们也可以参照造成他们中的一些人长期性抑郁状态的原因：性情的脆弱，童年时期累积起来的痛苦分离，或是从未放下过的悼念。

身边之人的反应

跟悲观者一起生活，甚至只是跟他们共度一个夜晚，往往都是令人备受煎熬的事情。有两种可能：我们要么会尝试给他们“鼓劲儿”，要么会避开他们，更糟糕的是排斥他们。在面对悲观者时，我们很难采取一种正确的态度。悲观主义是一种主体无法控制的精神状态。这就是为什么，如果焦虑者看起来无法自拔地陷入自己的负面想法中，被忧郁的情绪所吞没，我们最好由着他们，并退守一步，否则我们自己就有可能因为悲观者消极的言语而陷入抑郁。

最有效的方法，就像对待羞怯型焦虑者那样，是让悲观型焦虑者感到安心，并安抚他们的焦虑。

米开朗琪罗的“令人敬畏的力量”

米开朗琪罗，文艺复兴时期最伟大的艺术家之一，他是个悲观型焦虑者吗？他是个“社交恐惧症”患者吗？教皇是这么说他的：“他非常吓人，就像你看到的，没人能跟他相处。”米开朗琪罗本人就曾对弟弟吐露道：“我在这里身陷绝望之中，能感到的只有身体的极度疲乏；我没有任何意义上的朋友，也不想有。”阴郁、暴躁、钟爱孤独，米开朗琪罗无法忍受助手，总是拒绝所有人的帮助，也不跟任何人合作。他从不让步，跟很多同僚都无法相处。这一切都助长了他传奇式的“令人敬畏的力量”（terribilità）。不过，当他沉浸在艺术中时，倒是对自己和自己的焦虑颇为宽容：“为了保持良好的健康状态，并且不那么痛苦，我找到的最好的办法，就是疯狂。”[1]

---

1 J. 高特罗（COTTRAUX J.），《内心的敌人》（*Les Ennemis intérieurs*），巴黎，Odile Jacob 出版社，1998年。

奉献型

一些焦虑者具有奉献的特征，因而焦虑会令他们变得特别无私。从这里就可以看出，焦虑所导致的后果，既可以是正面的，也可以是负面的。美国精神病学家，哈格普·阿吉斯卡尔（Hagop Akiskal）教授，以对不同类型性格的研究而闻名于世，他曾描述过这种我们可以称为“奉献型”的焦虑者。

对和谐的渴望

奉献型焦虑者，无论是男性还是女性，时时刻刻都在关注如何保持和谐，似乎只有和谐才能让他们感到安心。他们总是让人感到舒服，总是为别人考虑，对人体贴周到或是关怀备至，他们会花费很多精力去营造一种令人感到放松的气氛。每个人的舒适、人与人之间愉快的相处、高质量的人际关系，是他们存在的支柱。他们总是热心助人、倾听，他们乐于呼朋唤友，他们负责解决全家人的问题。当兄弟姐妹遇到麻烦时，当父母患病时，出手相助的总是他们。当然了，他们也有生气的时候，也会碰到大大小小的烦恼。但他们宁愿自己承担一切，也不会寻求帮助，因为怕打扰到别人。

安娜要在工作面试中跟一位人力资源主管见面。她跟我说，她很担心这次面试：短短几分钟的时间，那位主管能意识到她是能帮上大忙的人，能意识到平时大家对她有多欣赏吗？

其实，安娜来我这里治疗已经有几个月了，因为她对自己缺乏信心，很久以前她就为此而感到痛苦，但现在，在这个年纪上，她觉得这已经严重影响到了自己的私人生活、工作和社交了。除了这种自信的缺乏，令她深受困扰的还有长久以来别人对她的信任。这种矛盾令她感到焦虑。确实，她总是热心助人、倾听别人、予人方便。别人也喜欢找她帮忙，尤其是在他们碰到问题时。安娜记得在自己很小的时候，每次父母邀人来家里吃饭，姐姐都会打发她去跟客人问好。她很愿意去做能让姐姐高兴的事情，因为这样，她就会觉得自己是个有用的人。10岁的时候，安娜非常亲近的外公突然去世了：自那以后，她感到母亲把自己当成了知心人和依靠。她甚至成了母亲唯一可以信赖的人，尤其是在母亲遇到问题时。

安娜不喜欢有人在背后说其他人的坏话，这或许是因为她不希望别人在背后说她的坏话。她觉得，这是因为自己总会为那些她觉得可能遭到抨击的人辩护；她总是忧心忡忡，尤其是在她感到听到的话、看到的事不和谐的时候。相反，有时候她会莫名其妙地说出一些让自己后悔的话，连她自己都感到吃惊。她称自己是“蠢事女王”。为什么自己会这样，她也不知道。

在我的帮助下，她明白了自己的奉献精神可能过了头，她或许也需要时不时地表达自己的感受，包括那些具有侵凌性的感受。她惊异地发现自己总是在担心别人，总想去帮助别人，而别人的回应却每每令她感到失望。

这不，最近，安娜跟两个女朋友去度假。她操办了所有的事情，机票还有其他琐事。其中一位患有抑郁症的朋友是她主动邀请来的，虽然她有些担心跟这位朋友同往会不会出什么问题。结果，那位朋友对她的敌视态度让安娜感到非常失望。但度假回来之后，安娜还是给她打了电话，并且接受了她几乎天天给自己打电话。再说了，她补充道："所有的人都会给我打电话。"

毫无疑问，安娜属于奉献型焦虑者，她总是忧心忡忡地想着未来的事情，试图通过关注和帮助他人来缓解自己内心深处的焦虑，总在试图建立一种不可能的恒久和谐。

依赖的风险

这类焦虑者最大的风险就是对他人形成依赖。若没有他人的建议和同意，他们就无法做出决定，这会导致他人替主体做出他本不会做出的决定，想要不惜一切代价地与他人达成一致，以便获得他人的重视和人际关系中的和谐，甚至不惜为了给别人这么做的理由而进行自我贬低，害怕在没有身边之人肯定的情况下投入任何事情之中，接受棘手的角色，甚至是“需要牺牲”的角色，非常害怕落得无依无靠，或者更甚，独自一人。上述种种原因都可能导致主体陷入一种过度依赖的状态。

渴望得到认可

奉献型的焦虑，主要出自主体对感到被爱和得到认可的渴望。他们执着于获得他人的尊重。比如，他人的批评会让奉献型焦虑者特别不安，以至于他们会在最短的时间内改变自己的态度，而且相当有效率。同样，即便拥有明确的动机，他们也绝不会在不向身边之人征询建议和获得同意的情况下做出决定。他们更愿意追随他人的建议，而非表达自己的观点，即便他们觉得别人的想法不对。若是别人觉得自己随和、顺从、和蔼可亲，他们就会感到特别安心，以至于他们会做出不合常理的举动：不去充分地展示自己人格的优点。

嫉妒型

嫉妒，是一种没人能够避开的情绪。它可以是每个人都感觉得到、不至过度的那种嫉妒，也可以是妄想狂的那种病态的嫉妒。对于妄想狂而言，臆测是他们性格的基石，他们会习惯性地认为人人都对自己有所图谋，或是在没有任何真凭实据的情况下认为伴侣对自己不忠。

嫉妒，就其本身而言，并非一种负面的情绪。它是一种正常的情绪：人类生活在一个社会化和等级化的世界里，在这个世界里，我们眼中的他人，要么是伙伴，要么是对手。还记得操场上的童年游戏吗？嫉妒是一种动力，但必须保持在可以接受的限度内，否则，它就会变成一种心理障碍，并转化为不可抑制的欲望。嫉妒型焦虑者是一个纠缠不休的担心者和怀疑者。

还记得吗，焦虑者需要感到被人所爱。而嫉妒，正是由情感需要引发的。我们在以下种种情形中都能看到嫉妒的影子：小孩子在幼儿园里想要获得老师的偏爱；青少年为了引起父母的注意而故意调皮捣蛋，因为父母太过关注自己的某个兄弟或某个姐妹；求爱不成的成年男子发现，生活并不能给予他梦想的一切，从此，他在别人身上看到的，全都是自己没有的。

女性的嫉妒，男性的嫉妒

此外，嫉妒的原因会因人而异。比如，很多人都会自问：这种令人不安的感觉，是比较偏女性呢，还是比较偏男性呢？嫉妒，难道不是一种男女都会有的情绪吗？只不过根据性别的不同，它表现出的特点也会不同。

美国一项研究的结果表明，嫉妒的男性对伴侣在身体上的不忠较为敏感，而嫉妒的女性则对情感上的不忠较为敏感。男性的嫉妒更为“等级化”。对一些人而言，嫉妒和焦虑是紧密相连的。研究发现，嫉妒的男性在童年时期往往都曾因为羞怯而吃过苦头。小的时候，他们会模仿和追随自己的同伴，他们仰慕不听话的刺儿头和真正的硬汉，而且会暗暗地梦想自己也能成为令人艳羡的头领。成年以后，他们因女人而产生的嫉妒——虽然它是被有意识地视为如此和表现为如此——会变得弱于因男性对手而产生的嫉妒。说到底，他们所期望的，是替代自己对手的位置！

女性的嫉妒有时候是相似的。正因为如此，法国演员兼剧作家萨卡・圭特瑞（Sacha Guitry）才会这么说：“当我跟一个女人说，她是巴黎的十大美人之一，她马上就会表现出想要找出另外九个并去扇她们耳光的样子。”但女性的嫉妒往往具有另一种特征，她们试图保护的，是自己的内心，自己的私人领地。她们无法忍受跟人分享自己的私人领地，或者更糟，失去自己的私人领地。

妄想的嫉妒型焦虑者

让我们来看看那些深受过分嫉妒之苦的焦虑者吧。这些“妄想型”焦虑者往往会是这样的个体：深信自己凡事皆有理，因此对所有的人都抱有怀疑。他们对整个人类都抱有怀疑、猜忌和悲观的态度。占据了他们全副身心的嫉妒，往往在没有任何客观理由的前提下，从根本上体现出一种时时受到威胁的感觉，这种感觉令他们困在狂妄自大中的自我不堪重负。一种等级森严的社会秩序的呈现，在这里找到了最强有力的表达方式。

但这些“妄想狂”实际上都是些极度焦虑的人，甚至往往是极度抑郁的人。在这一点上，我们可以看出情感悖论发挥的重要作用。焦虑和妄想的嫉妒，总在窥伺那些渴望在社会上获得认可的主体，尤其是在他们极度脆弱的时候，也就是说，在他们极度焦虑的时候。问题就是，人们压根儿就想不到，这些表面上看来不可一世、充满自信、无法容忍任何反对意见、极为善妒的人，其实只是极度焦虑罢了。

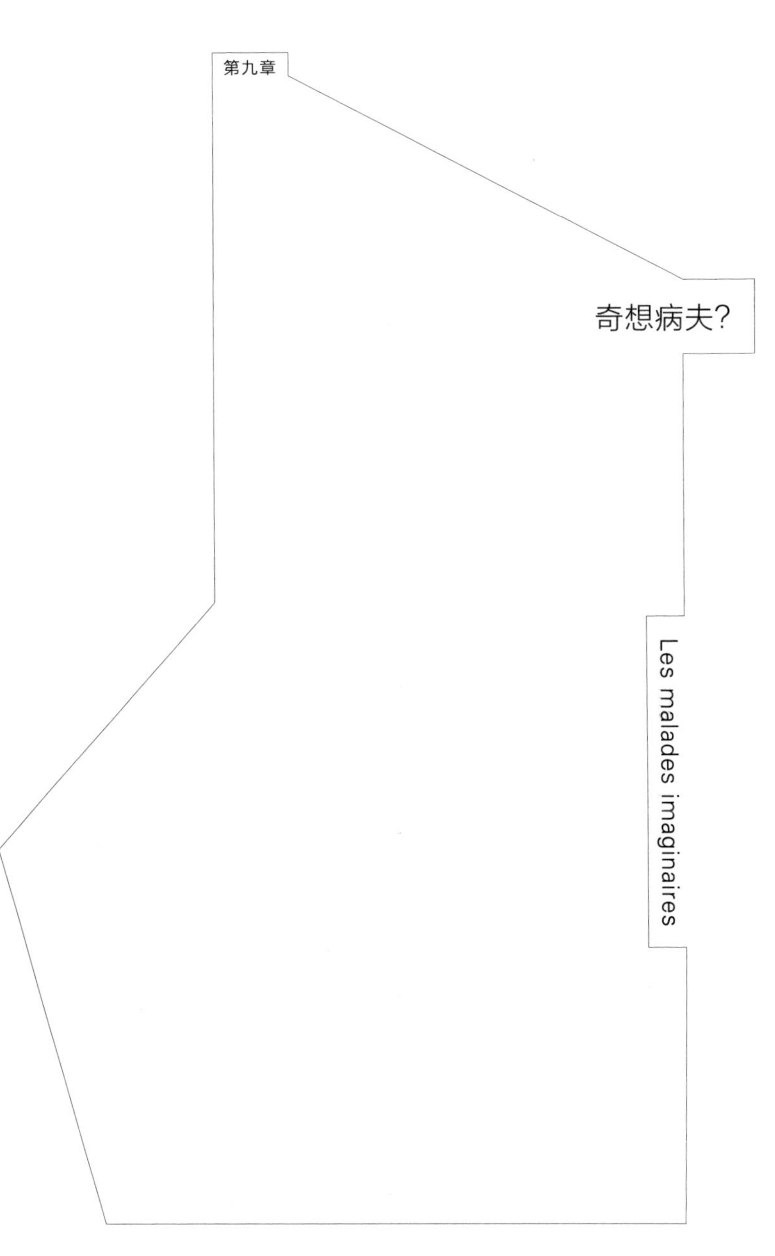

第九章

奇想病夫?

Les malades imaginaires

对健康问题的过度担心，造就了这类我们可以称之为“奇想病夫”的焦虑者。莫里哀对这些“病夫”的幽默描述令人忍俊不禁。但我们应该注意区分出真正的“奇想病夫”，他们困在虚假信念的囹圄之中，错误地坚信自己患了病，在医学上被称为“疑病症”患者，是时刻担心患病或害怕病情加重的焦虑者。我们将具有后一类担心的患者称为“恐病症”患者。

焦虑与健康：严重冲突的混合体

对于我们中的每一个人来说，对于身体上较为明显的疼痛，在拒绝或无视和认为自己患病的执念之间，很难找到正确的位置。我们的家庭历史和个人历史，我们乐观和悲观的程度，我们内心平静或是焦虑的倾向，决定了我们对良好状态的感觉。

总体说来，所有的焦虑者都会担心自己的健康状况。他们害怕疾病，害怕痛苦：他们因焦虑而变得娇弱不堪，相较于真实感到的病痛，他们更加惧怕那些自己想象窥见的神秘病痛。抽血化验、打针或接种疫苗，对于他们来说都是艰难的考验。焦虑者跟医疗有着一种复杂的关系。一些焦虑者对医疗怕到要死，会避开一切与其有关的主题。另一些焦虑者，则因为内心渴望控制一切的意料之外和正当的不确定，而将拥有医疗知识视作一种理所应当的能力和技术。

有时，我们会惊异地看到，一些在社会上拥有极高职业地位的好胜型主体，对医生或一切与之类似的人怀有仇视情绪。他们对控制的渴望，往往造就了他们所拥有的社会地位，但这种渴望却因为潜在的疾病，当然还有死亡，突然之间就变成了一种缺陷。在他们看来，医学的力量是一种对个人的伤害。另一些人则相反，他们钟爱医疗，了解关于疾病的一切能够让他们安心，尤其是那些不必担心会患上的疾病：没准儿用得上呢。[1]他们会在不一定有客观理由的情况下，增加服用药物的种类。他们会给自己制订特殊的食谱，并仔细观察后效。他们对患病、感染和中毒的恐惧，超过了发现生活中的乐

1　M. 西麦（CYMÈS M.），《忧心的病人》（*Malade d'inquiétude*），巴黎，Balland/Jacob-Duvernet出版社，2002年。

趣。但是，“过度治疗可能成为一种真正的疾病，更甚的是，这种疾病往往会让人难以反驳……对医疗的滥用会造成严重的伤害”。[1]

正如米歇尔・勒汝瓦耶所指出的，疑病型或恐病型焦虑者的诊断秘密就藏在药箱的深处：“打开您的药箱，您会发现自己与医疗之间关系的蛛丝马迹。您的药箱里是不是堆满了没用的药品呢？您的药箱是否收拾得像您的书柜那样井井有条呢？……看看自己在药箱里收藏了多少‘祖传秘方’，您就能知道自己对医疗有多大的兴趣了。”我们的同行还会补充道：“再看看您的日程表。它看上去像不像一本医疗年鉴？那上面是不是记满了各科医生的姓名，从牙科医生到灵修医生？”[2]

疑病型

在疑病型焦虑者中，男性的比例要高于女性的比例，他们会针对一个或几个生理、躯体和心理的机能，表现出对自己健康状况的病态关心。疑病症的个人化，可以追溯至医学史的初期，这个说法是希波克拉底创造出来的。加连（Galien）的研

1　M. 勒汝瓦耶（LEJOYEUX M.），《战胜对疾病的恐惧》（*Vaincre sa peur de la maladie*），巴黎，La Martinière出版社，2002年。
2　同上。

究工作对这种疾病做出了最早的精确描述，加连将其定义为忧郁症的表现形式，患者同时会出现腹部症状和心理症状，后者是由腑脏体液对大脑的损伤作用所导致的。1891年，法国精神病学家，儒勒·克达尔（J. Cottard），对这种疾病做出了如下定义："一种神经性疾病……它会令人（患者）相信自己罹患了各种各样的疾病，以至于变成了奇想病夫，但患者自己确实也深受折磨，并陷入一种习惯性的忧郁之中。"[1]看来，这种病痛的确由来已久！

还有人将这种疾病定义为"人类对自己健康的幻觉"。如果是弗洛伊德本人，则会把它归入"当前的神经症"的类别，并将其视为"客体的热情消退"的生动案例，也就是对外部世界的热情消退和"自恋退化"。换言之，就是对自己的过分担忧。

完全出于想象的疾病

疑病型焦虑者首先是一个"奇想病夫"，他们会自行臆造出自己感觉罹患的病症。这种病症的理论支撑，是对某些感觉、生理迹象或个人行为的错误解读，疑病型焦虑者会认为这些感觉是不正常的，由此肯定自己得了某种较为严重的疾病，

1　J. 克达尔（COTTARD J.），《论疑病症》（"De l'hypocondrie"），收录于《脑部疾病与精神疾病研究》（*Études sur les maladies cérébrales et mentales*），巴黎，Baillère出版社，1891年。

而且往往是众人周知的疾病，比如癌症、艾滋病等。无论用什么方法令他们安心，或是用相反的事实去说服他们，疑病型焦虑者都会对所有针对他们担忧，那些他们会转化为确信的担忧的客观评价报以怀疑或否认。

总体说来，这类焦虑者担忧的对象大多是来自内部器官（肝脏、肾脏、心脏、结肠等）的感觉，他们会警觉地细细体察这些感觉。伴随着小到轻微的不适和大到难忍疼痛的生理感觉，消化道功能就成了令疑病型焦虑者担心的原因。但引起他们担心的，也可能是心脏功能（害怕罹患心脏病）、泌尿功能或是呼吸功能。因此，具体的疾病会让他们担心不已：癌症、艾滋病、慢性传染病等。

这种对自己的健康状况持续和过度的担心，会令疑病型焦虑者频繁就医，他们会要求医生实施各种额外的检查，或是各种不同的治疗措施，以至于身边之人和医生会因为他们对获得安心和支持的无度渴求而感到不堪重负，甚至心生厌倦。疑病型焦虑者是医疗机构的老客户，根据个人的经济能力，他们会频繁出入公立医院或是私人诊所；他们中的很多人会不停地更换医生。有时候，他们甚至会要求医生对自己实施无用或有害的手术治疗。如果疑病型焦虑者得到了自己想要的介入性治疗，在这种永不满足的心态的驱使下，他们有时会对没能给予自己预期效果的外科医生纠缠不休，因为这些医生犯下了一个危险的错误：相信手术刀能够治愈疑病型焦虑者。

疑病型焦虑者跟医生的关系总是冲突不断，事实上，患者把自己当成了想象中的医生，因此不停地跟医疗技术和能力较劲儿。在某些情况下，对医疗发起的挑战和无法从病痛中得到解脱的苦涩与不满，会令疑病型焦虑者的行为蒙上请求狂患者的色彩，于是，对做出最终诊断和彻底摆脱病痛的要求，就会变成因医术无能而受害的感觉和对赔偿所遭损害的苛求。

疑病型焦虑者事事操心的做法，通常是对医生耐力的一种考验。疑病者“放弃”自己症状的困难，会令行为治疗中的主导医师采取自相矛盾的姿态（一面承认自己的无能为力，一面又继续维持医患关系），或是向患者建议效仿系统脱敏的治疗技术。疑病者的医生会担心忽略主诉者的某种器质性病变，这在医学上是完全有可能的。

实际上，发现器质性病源，并不能排除焦虑者的疑病思维对自身健康和自己与医疗关系的影响。事实上，这种疑病倾向会令任何一种病理症状的惯常演化变得更为复杂，无论这种病理症状是恶性的还是良性的，慢性的还是急性的。严格谨慎的态度，在任何时候对患者都是有好处的。

作品中的疑病主角

少年霍尔顿·考尔菲德，塞林格的小说《麦田里的守望者》中的主角，他在候诊室里翻看健康杂志时，感到了一种强烈的疑病焦虑：

他马上想象自己罹患了世界上存在的一切癌症。

同样，在自导自演的影片《汉娜姐妹》(*Hannah and Her Sisters*)中，伍迪·艾伦去见了自己的医生，并在医生劝解后放下了一颗心。可他一走出诊室，就又开始焦虑起来，想着自己总有一天会出什么事。

了解疑病型

疑病型焦虑往往是在焦虑者处于生存性改变的情况下形成的，这些情况对主体而言是无安全感和威胁到其自恋完整性（失业或升迁、更年期、子女离家、迁居、移民等）的时期。主体忧心忡忡地想要在内部脏器中对焦虑进行定位，这种行为体现的是一种焦虑向身体的转移，对潜在的，但从未远去的死亡的焦虑。

于连不停地担心自己会染上什么疾病。他定期去看医生：有一次是因为阑尾炎手术期间住院，他害怕遭遇院内感染；另一次是在常规抽血检查时，他害怕感染艾滋病；还有一次是害怕自己得了结肠癌，因为他的一位叔叔刚刚因为这种癌症过世。但凡有一点疾病的苗头，于连就会忙不迭地去做各种检查，去咨询各种专家，去买来有关这类疾病的各种书籍，仔细观看所有与之有关的电视节目。

童年时期，于连对疾病的恐惧并不明显，但他有名副其实的社交恐惧症，而且随时都会感到焦虑。这种自控能力的缺失还体现在于连的思维中：他害怕那些自己可能对自己产生的坏想法。他感觉自己被那些不法之徒所吸引，甚至为他们“热血沸腾”。于连对自己的整体印象是“病态”，他痛苦地说道，这种自我印象愈发加重了他的焦虑。

于连的故事尤其让我们明白了这样一个事实：疑病，这种对患病的恐惧，是另一种恐惧的转移，对无法掌控自己的存在、自己的身体、自己的思维的恐惧。疑病型焦虑者觉得自己可能染上疾病，体现了这种对自身整体的不确定感。主体还会将这种对自己的不确定投射到他人身上，觉得身边的朋友都是“阴影”，还会觉得这种情形简直可怕，而这也会进一步加重主体的焦虑。

在这样的情境中，疑病应当被视作消沉的代名词，病体渴望得到医治的部分，在想象中替代了失去或失灵的对象，并借助自己一刻不停的声声泣诉，令自我确信生命可能受到了威胁。

疑病型的悖论

疑病型焦虑者会表现出三种悖论：

▶ 唯一一种他们不会申诉的疾病，正是真正令他们感到痛苦的疾病，也就是他们的病理性焦虑。

▶ 渴望通过对医疗知识的掌握让自己安心，这种渴望发展到了极致，并表现为对医疗类杂志、电视节目或书籍的广泛关注。但同时，主体通过各种途径而获得的新知识，又会被他们的想象转化为重大的风险。

▶ 新的悖论：在与医生的关系中，他们会自然而然地期待医生能够理解处在焦虑之中的自己，并认同自己对患有某种重疾或致残疾病的“直觉”，同时，他们又希望医生能够反驳自己对“奇想”疾病的笃定。事实上，疑病型焦虑者喜欢从他人那里获得安心，并期待着能有一位“技艺精湛的名医告诉他们，他们并没有自己想象中病得那么严重”。[1]

恐病型

恐病型焦虑者与疑病型焦虑者的区别就在于，前者不会觉得自己得了什么病，而是觉得自己可能会得什么病。他们不会错误地坚信自己得了病，但会非常害怕得病。他们过于频繁地担心可能发生在自己身上的事情，也对有关健康和疾病的一

1 M. 勒汝瓦耶（LEJOYEUX M.），《战胜对疾病的恐惧》（*Vaincre sa peur de la maladie*），巴黎，La Martinière出版社，2002年。

切过分关注。他们会采取各种各样的措施来预防当下的热门疾病。他们会专心研究据说可以预防冠状动脉疾病的新型食谱，他们会以极端的方式避免阳光的照射，动不动就会查看自己的美人痣是不是有可能变成黑色素瘤或是皮肤癌。

时时留意自己是否可能染病，可能成为恐病型焦虑者萦绕心间的执念，为此，他们甚至会避免出门旅行，或是避免一切可能令他们感染疾病的接触。恐病型焦虑者也害怕别人不把自己的担心当一回事儿。下面这句话用在他们身上再合适不过了："良好的健康是一种没有任何好兆头的岌岌可危之态！"

所有预防疾病的宣传都会让恐病型焦虑者去做身体复查。在既定的社会文化环境中，恐病型焦虑者的数量会随着医疗信息的广泛传播而增加。显然，问题的关键在于，不要剥夺那些不会对医疗信息滥加利用者的知情权。

对于医疗机构而言，在对任何人做出恐病症的诊断时，就像对疑病症的诊断，都需要谨慎对待焦虑者提出的附加检查、仪器介入检查或不必要的外科手术治疗的要求。

夸大的疾病

跟疑病型焦虑者相反，恐病型焦虑者可能真的深受疾病的困扰，只不过他们对自己的疾病有所夸大。同样，在童年时期，恐病型的家长也会夸大自己在面对疾病或小伤小痛时的焦虑，而且会用各种预防措施令幼小的孩子透不过气来。他们可能会出现某些不舒服的感觉，但都是没有什么大碍的症状，总之是可以忍受的症状，而且往往不会危及他们的健康。但这个时候，他们的焦虑就会从中作祟，令主体极力去夸大这些症状，一心只想着这些症状可能导致的最为糟糕的后果。

我的一位同行是全科医生，他曾经对我说：“你的那些焦虑症患者，但凡有点儿小痛小痒，就会跑来我这里来看病。”感觉心悸？他们就认为可能是心脏问题。感觉呼吸不畅？他们就会害怕得了癌症。肠道痉挛？他们就会想那是不是阑尾炎？诸如此类。他们特别喜欢医疗类书籍、医学辞典和健康杂志。他们会万分仔细地阅读放在药盒里的说明书，而且往往只会留意到服用该药物可能会对他们产生的“副作用”。

布鲁诺，20岁，身体可能表现出的任何症状都会令他担心不已，特别是消化系统：腹部、胃部，对呕吐的恐惧，都会令他频繁地担心想象中的旧病复发和罹患新疾。他无法接受身体检查，一是因为害怕打针，二是因为时刻担心检查会损害自己的健康。布鲁诺身形消瘦，他总在担心自己是不是得了什么传染性疾病甚至艾滋病，虽然他知道出现这种情况的可能性极小，疑病型焦虑者则不同，他们会认为自己真的得了某种严重的疾病。

布鲁诺的焦虑性格由来已久。他感觉自己的私人空间一直都遭到母亲的侵犯，她的焦虑令自己倍感压抑，于是他觉得自己总想从别人那里获得爱。小的时候，布鲁诺想成为一名“保育员”，他说道，这个职业理想对一个男孩来说并不常见。这是否已经是布鲁诺对自身焦虑的表达了呢？一种由他母亲传递过来的，对身体，以及对身体的护理和发育的焦虑。布鲁诺觉得自己小的时候之所以想要成为保育员，是因为妇幼保健院里的保育员给予自己的爱，还有小自己8岁的妹妹，他觉得妹妹弱不禁风，因此时常都在照顾她。但在妹妹四五岁的时候，兄妹之间的亲密关系变得矛盾重重，因为妹妹总会习惯性地去拿布鲁诺的东西。后来，他跟妹妹的关系变得越发糟糕，就像跟母亲的关系，因为母亲总在指责他，还常常跟妹妹说他一无是处（这是他后来才知道的）。他尤其记得自己11岁的时候，有一次在地铁上，他认出了坐在自己对面的一位以前的小学老师，但因为他当时满脑子都是母亲灌输的想法（“不要跟陌生人讲话，有可能会被绑架的”），所以没敢跟那位老师搭话。他感到自己羞愧难当、滑稽可笑，而且还记得当时肚子疼得厉害。布鲁诺为了感到被爱而总想把事情做好的渴望，令他产生了一种永远无法把事情做好的感觉，这越发加重了他的焦虑，对自己，对自己“在身体和精神上感觉良好”的资格，对自己能力的焦虑。

日常成了时时刻刻的忧虑

恐病型焦虑者往往很害怕细菌，害怕每年流感的爆发，尤其害怕如今疯牛病背后的传染性蛋白质颗粒，或是现代食品中的杀虫剂。出于对一切疾病传染的恐惧，恐病型焦虑者只会购买天然食材，并成为回归大自然的忠实信徒。

普鲁斯特的蒸熏消毒

晚年时期的普鲁斯特，成天闷在自己位于奥斯曼大道那间软木镶壁的公寓里。他几乎从不出门，时间都用在了写作上（或是相反，用写作来消磨时间了），吃喝都是专人送来。公寓里令人感到难以呼吸，因为他每天都要在房间里蒸熏，好缓解自己的哮喘发作。通过《去斯万家那边》叙述者的讲述，我们可以窥见普鲁斯特父母对他孱弱身体的操心："你这种做法，没法让他长得结实，精力充沛；而这小家伙尤其需要增强体力和锻炼意志。"外祖母在下雨天，叙述者不得出门时总是这样说道。这位外祖母本人很可能就对孱弱、"紧张不安"的体质担心不已，就像叙述者的父亲对自己孙儿的形容："我又偏偏缺乏意志，身体娇弱，以至于一家人对于我的前途都感到渺茫，这些事儿着实让我的外祖母操了多少心。她在下午或者晚上没完没了地跑个不停……"

空气、水、食物、公共交通工具、感冒的邻居、严重污染的城市，对严重的恐病型焦虑者来说，都是让人担心的原因。或者说，在这个工业迅速发展、人口暴增和气候反常的时代，恐病型的焦虑可真是“赶上了好时候”。

美国歌星迈克尔·杰克逊，是个人尽皆知的极度恐病者：他出门时常常带着医用口罩，或许是为了避免呼吸户外污浊的空气。他习惯戴手套，以避免接触自己不熟悉的东西。

与医疗的矛盾关系

与（疑病者）表面的行为相反，恐病者讨厌就医，说得更确切些，他们异常厌恶别人对自己进行治疗。他们只想让别人令自己安心。较之疑病者，恐病者更容易接受自己的恐惧症有部分心理原因的想法。他们知道自己的焦虑，那些自己无法真实表达出来的，个人的、家庭的、工作上的和夫妻间的焦虑，他们把这些焦虑转移到了对自己健康的担忧之中。

阿德里安患有一种特殊的恐病症：对心脏病的恐惧。但凡出现一丝一毫的迹象，他都会担心自己的心脏“停摆”。朋友们都笑话他是个奇想病夫，其实他不是。他只不过是在预防自己可能患上的所有疾病。在这一点上，他跟疑病者大不相同。

他的内心怀有一种被他自己称为的“生之焦虑”。他对此解释说，在他小的时候，父亲出了一次脑血管意外，不得不中断了工作在家休养，生活无法自理。他因此而非常害怕父亲会去世，或是父母会离婚，也就是说母亲会离开父亲。他回忆说，自己一直活在对明天的恐惧之中。

在进行精神分析的过程中，一段更为久远的回忆浮现在了阿德里安的脑海中，这段回忆再次证实了他的这种“生之焦虑”。在更小的时候，大概七八岁的样子，有一次在游泳池里，一个比阿德里安强壮的同学，几次把他的头按进水中，他无法呼吸，想着没人会来救他，他就快要淹死了。自那以后，一丁点儿喘不过气来的感觉都会令他生出窒息而亡的恐惧，而这种恐惧就表现为自己心脏停摆的风险。阿德里安已经看过好几个知名的心脏科医生，但令他感到遗憾和担忧的是，他们都说防病胜于治病。其中那个他信任的医生，并不是最有名的，但那位医生懂得如何巧妙地让阿德里安感到安心，说服他不去做那些复杂而具有侵袭性的检查，同时建议阿德里安每年至少来见他一次，或者只要他觉得有需要就来，最后，在这位医生的劝解下，阿德里安去做了精神分析。这位医生的话让阿德里安平静了下来，并让阿德里安对他产生了之前从未有过的信任感。

但恐病者对医疗机构和医生的能力抱有怀疑，因为无论是机构还是医生，都可能出现错误。双保险总归好过单保险。但凡有一丝的猜疑，他们至少会咨询两位医生。同样，自行服药也是恐病者喜好的行为，他们可是对提供无处方药物的制药企业做出了不少贡献。恐病者通过电视节目了解到有效药的风险。自身经验证明，他们的易感机体对医生开具的惯常药量不耐受。在真的生病时，他们不会对任何治疗自己的人予以完全的信任。今天，我们可以看到医学普及书籍的泛滥，医学辞典人人都可以买到，还有那些“教你如何疗愈所有疾病”的“自助类”书籍，可惜它们对一种疾病束手无策，那就是“鼓动你去购买这些书籍的疾病，也就是恐病型焦虑”。[1]

“毁坏一切的，是我们的焦虑，是我们的急躁，而几乎所有的人都会因自己的药方死去，而不是他们的疾病。”莫里哀，《奇想病夫》(*Le Malade imaginaire*)，第三幕，第三回。

较之更为有效的药物，恐病型焦虑者更愿意相信最为温和的顺势疗法，在他们看来，有效药虽然能够治愈疾病，但也会产生副作用。这种对草药的笃信，令恐病者对替代医学的神奇疗效深信不疑。他们甘愿求助于土方医生，甚至是江湖郎中，对健康满腹担忧的恐病者对这些人反倒不那么害怕。赖于时刻

1 M. 勒汝瓦耶(LEJOYEUX M.)，《战胜对疾病的恐惧》(*Vaincre sa peur de la maladie*)，巴黎，La Martinière出版社，2002年。

的高度警觉，恐病者可能会躲过一些严重的疾病。一句话，他们对疾病可是一刻不曾松懈呢！

恐病者的强迫倾向

恐病型焦虑者与强迫型焦虑者有着很多相似之处。他们对健康怀有疑虑、生活的问题全部集中在健康问题上，以及坚持不懈地规避一切患病的风险，这都是强迫特质的表现。他们的顽念就在于此。

恐病型焦虑性格中思维的过度活跃，以及对患病风险的过度警觉，占去了他们所有的注意力，并促成了担忧身体状况念头的形成。我们在恐病者身上最常看到的，就是强迫型焦虑者中的挂虑者的特质：对细节的专注，在观察和描述中对精准的一丝不苟。恐病者处于一种强迫机制之下，即预防一切身体侵害的强迫机制。他们在身体健康方面对自己尤其严格，对身边的人也是。有时，他们那些关乎自己的预防措施，甚至在他们眼中也关乎身边之人的预防措施，会令他们身边的人感到不堪重负。

身边之人的反应

在家里，恐病型焦虑者会表现得像个专制的君主。他们声称要严格遵守制订好的食谱（强迫特质），尤其不能忘记按时服药，还有必须仔细整理好所有的医疗书籍。一开始，身边的人还能容忍或是打趣他们的这些要求，但耐性很快就会变成难以掩饰的恼火。他们身边的人虽然不情愿，但会不由自主地成为他们焦虑情绪的奴隶。

那些过于宽容而去聆听他们抱怨的人，自己也会变得焦虑，接着会感到无法忍受，但跟他们对着干，又会觉得不可行。

而恐病型焦虑者的朋友呢，其中一些人能够幽默地调侃他们的行为。另一些人则把他们当成奇想病夫，并在一段时间之后对他们予以坚决的否定。还有一些，则会对他们的强迫行为采取蔑视和放弃的态度。但我们还是要指出，最为重要的一点是，对所有的焦虑者，尤其是恐病型焦虑者，要表现出对他们的理解，甚至关爱，总之就是要表现得友善。

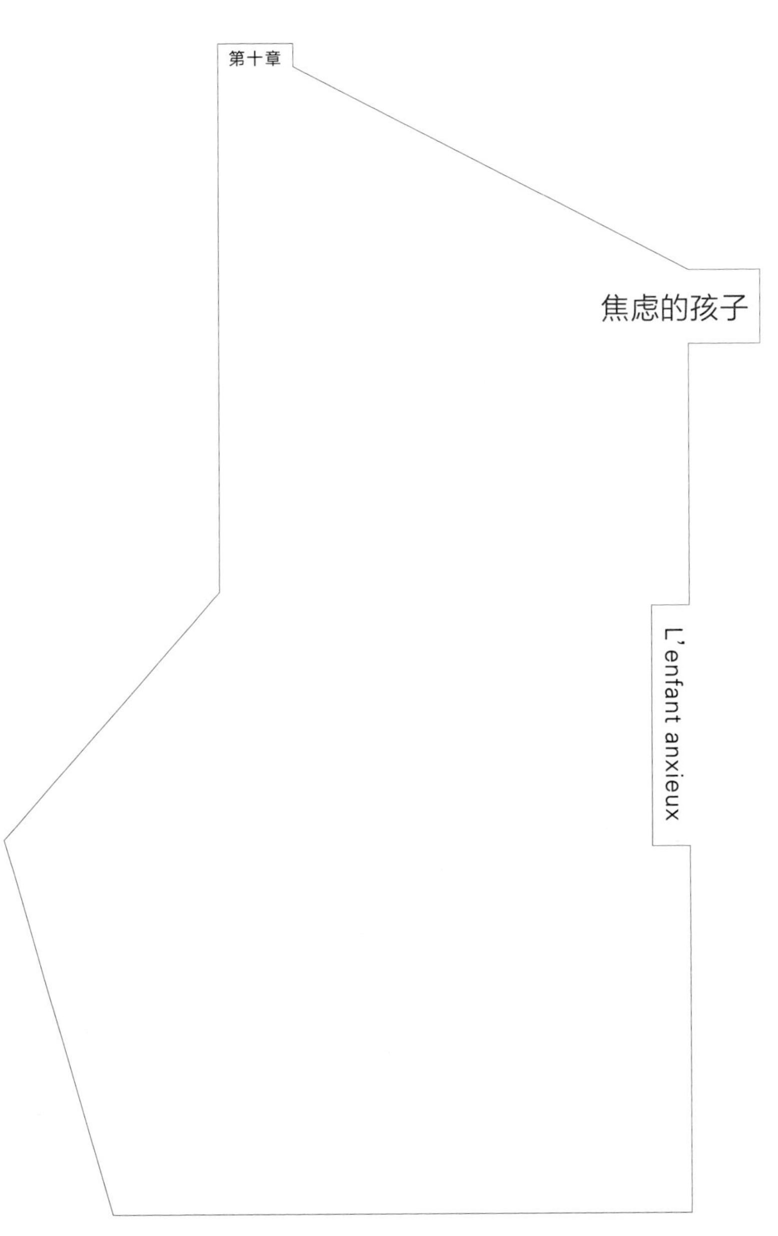

第十章

焦虑的孩子

L'enfant anxieux

今天的孩子，他们的焦虑是否比以前更加严重？如果是的话，原因是什么？这个问题很重要，因为孩子的焦虑、焦虑的强度和持续度，构成了是否会发展为永久性焦虑状态的征兆。

幼儿通常都是焦虑的

在幼年时期，一切都可能成为焦虑之源：住着幽灵、恶狼或想象中怪兽的黑暗世界，令人不安的寂静和噪声，凶猛恶毒的野兽，还有各种昆虫。具有安慰作用之人的出现，能够安抚孩子的情绪，如果没有这个人，孩子的焦虑就会加剧。在长大一点儿之后，孩子的绘画或是游戏，会展现出他们的渴望：表达内心魔鬼的渴望，控制和支配这些魔鬼的渴望，成为首领或最强者的渴望。再大一点儿，一种焦虑的负罪感可能会侵袭他们。童年时的焦虑易感性，通常会在外部表现为羞怯，或是相反，急躁，在内部则会表现为对被抛弃、分离和缺失的恐惧。“内部冲突”业已形成：一想到欲望和做错事，道德意识就会惊恐不安。孩子渐渐地形成了自己的渴望和禁忌，冲突由此产生。他们在心中无意识地形成了他人期待与自我评价之间的差距，随后的学校教育又会进一步加深这些感知。

幼儿焦虑的根本原因与成人一样——与未知事物的交锋，但还有一些他们所特有的焦虑因素：

- 经验的缺失，是不安的源泉。
- 对自己的感觉、想法，以及对他人的想法的不稳定掌控。
- 相较于更为年长的主体，还未掌握或拥有足够的、用以对抗自己恐惧和担心的方法。

儿童表现出的正常的恐惧症就可作为佐证。借助这些恐惧症，儿童得以通过把自己内心深处模糊不清和难以表达的恐惧投射在明确对象之上，来更好地控制这些恐惧。由此，不明确从而无法掌控的焦虑，就转变为明确从而可以避免的恐惧：老鼠、狗等。

比如，几乎所有的儿童都毫无例外地表现出对动物的恐惧，准确地说，那些在主观上会令人害怕的动物。比如野生动物引起的焦虑，儿童在看到它们时会想到自己可能会被吞吃掉，成年人也是一样。再比如老鼠、蛇、蟑螂等动物引起的焦虑，因为它们会不留痕迹地消失在任何的开口或孔洞中，对与之相关的恐惧症或令人害怕的梦境就可以说明这一点。这些动物让人感到害怕的原因就是，它们可以轻而易举地进入孩子的体内并消失不见，就像它们钻进墙后或木地板下一样。因此，这些恐惧症对孩子而言是正常的，并且有助于感觉的发展和对自己焦虑的掌控。

因此，从童年期到青春期，主体的发育并不仅仅取决于在学校里的学习，不要忘了，在词源学中，“学习”（s' instruire）包含“娱乐”（loisir）的意思。可如今，我们的教育跟词源学中的这个意义已经离得越来越远了！主体的发育同时也依赖于对生活中焦虑原因的了解，因为这种了解也可以帮助主体对风险做出评估。

如何识别过于焦虑的儿童？

尽管性格会对人一生中的行为产生影响，但性格的特殊表现模式会随着年龄而发生改变。显然，婴幼儿用以表达复杂情感中细微差别的肢体和语言能力都非常有限。

婴幼儿

婴幼儿往往要借助身体来“说话”。极度的焦虑会表现为失眠、拒绝进食、胃食道反流症、腹泻、皮肤症状。

所有新的状况都可以清楚地表现出焦虑的程度。一些孩子一见到陌生事物就会害怕，而另一些则会情绪平稳地接受新奇事物。在看到“盒子里跳出怪兽”一类的玩具时，一些孩子会感到害怕并放声大哭，另一些则会笑嘻嘻并好奇地去打量那个新玩具。容易害怕的孩子会具有形成羞怯性格的倾向，我们在后文中会述及。在新的情况中，这些孩子感觉到焦虑程度的大大加强。而仅仅依附于妈妈的婴儿，则会表现得较为平静，并竭力探索这种新的情况。在上学前的几年中和刚刚进入学校的这段时期，他们不像那些不那么羞怯的孩子一样愿意跟成人说话。

2岁及以上的儿童

在长大一些之后，焦虑的孩子在自家之外的地方或跟陌生人在一起的时候，往往会表现得羞怯；相反，在家里，他们往往会表现得挑剔，甚至独断专行。在进入学校之后，焦虑的孩子可能表现得丢三落四、心不在焉，但奇怪的是，我们会发现他们对自己身边发生的一切都有所察觉。焦虑的孩子很敏感，尤其是对所有非惯常的情形和自己不熟悉的情境，比如去学校或在远离父母的地方过夜时表现出的焦虑。

在J. K. 罗琳的奇幻系列小说《哈利·波特》中，小魔法师纳威·隆巴顿，是个典型的焦虑儿童。他的第一堂飞行课堪称灾难，在他的同学哈利看来，“鉴于纳威平时双脚踏地时发生的无数离奇意外”，这并不令人感到奇怪。纳威虽然性格羞怯、笨手笨脚，但在哈利需要帮助的时候，却能够表现出非凡的勇气。

从肢体的角度来说，焦虑的孩子可能看似笨手笨脚，但出人意料的是，一些焦虑的孩子却拥有异常灵巧的身体能力，因为他们的警觉和焦虑的预防行为，会成为一种宝贵的助推力：一些可能成为体育明星的运动型“天才”儿童，都是极度焦虑的孩子。

对小动物的过度恐惧

奥托·兰克（Otto Rank）讲述道：“一个3岁零9个月大的小姑娘，既害怕小狗（或者说更甚），又害怕大狗，还害怕虫子（苍蝇、蜜蜂等）。妈妈问她为什么会那么害怕这些其实无法伤害到她的小动物，小姑娘毫不犹豫地回答道：‘可它们会把我吞掉的。’在接近一条小狗的时候，小姑娘会采取成年女性看到老鼠时的防御措施：她会蹲下，裙摆拖到地上，然后夹紧大腿，就好像要防止动物‘钻进’自己的身体里。还有一次，妈妈问她为什么蜜蜂会让她感到不安，小姑娘给出了两个自相矛盾的答案，一会儿说她想钻进蜜蜂的肚子里，一会儿又说这幅画面让她感到害怕。”[1]

同样，如果说平常的恐惧症是所有孩子的本性，那么，这些恐惧症的强度和特点（触电恐惧症、钥匙恐惧症、昆虫恐惧症、红色恐惧症等）就体现出了孩子的过度焦虑。

焦虑还会通过睡眠和食欲问题体现出来：不断醒来，噩梦，夜惊。焦虑的孩子在饮食上会很挑剔。

另一个特点，焦虑的孩子很容易脸红：这是脸红恐惧症的早期状态，在焦虑的青少年身上发展至顶峰。脸红恐惧症体现了焦虑儿童的整体易感性。抽搐、口吃、遗尿，都可能是孩子焦虑性格的障碍性表现。

就像过度活跃的孩子，过度焦虑的孩子也会一刻都无法安静。两者之间的区别是，过度活跃的孩子在任何情况下都会激动，而过度焦虑的孩子只有在令他感到担心的情况下才会激动：去学校、做作业、家长不在等。还应该了解的一点是，一个孩子可以既过度活跃又焦虑。焦虑儿童的激动跟他长时间沉浸在阅读或单人智力游戏中的行为，形成了鲜明对比，比如拼

1　O. 兰克（RANK O.），《出生创伤》（*Le Traumatisme de la naissance*），巴黎，Payot出版社，1968年。

图游戏、乐高游戏和物品收藏。

焦虑儿童有时会表现出对独处的强烈需要，他们只想跟自己熟悉的对象或物品待在一起：妈妈、自己的房间、自己的床、自己喜欢的玩具。他们会长时间地待在电视机或游戏机前：这些活动可以让他们平静下来。

由于焦虑，这些孩子很容易担心父母不爱自己，而且很容易对自己的兄弟姐妹产生强烈的嫉妒。

焦虑的孩子因为自己无法遵从的教导而感到不安——“慢慢来”“你安静点儿”——他们会因此而产生负罪感，并且变得更加激动不安；他们会令父母疲惫不堪，于是，忍无可忍的父母就会惩罚他们，恶性循环就这样形成了。

根据旁人对他们性格的理解程度，焦虑儿童在班上要么深受同学的喜爱，要么遭到他们的排斥。在这里要强调的是，孩子们的相处并不总是温情脉脉的。他们会在一群孩子中分辨出最胆小的那个，并嘲笑他，或是为了考验而去捉弄他。

焦虑儿童可能会把自己遭受的嘲笑或令自己受到创伤的事件深埋心底，因为怕别人觉得自己滑稽可笑。今天，许多儿童都是敲诈勒索的受害者，他们往往不会告诉父母自己遭受的侵凌。因此，他们的焦虑会通过一些突然出现的问题表现出来，我们应该对这些问题保持警觉：学业困难、睡眠紊乱或食欲不振、不寻常的反抗行为等。

总体说来，这些孩子既有夸大生活危险的倾向，又往往矛盾地对令自己感到最为焦虑的事情守口如瓶。而这些态度在已经具有焦虑性格的孩子身上，则会表现得更加强烈。

亚历山大，10岁，第一次把心里的秘密告诉了一位他特别喜欢的舅母：他一直都害怕伤害到自己的弟弟。在很小的时候，亚历山大得知，妈妈在怀着他的时候，还怀着他的双胞胎兄弟：但这个兄弟胎死腹中，而他则活了下来。旁人说的一句话深深地刻在了他的脑海中："亚历山大，他拿走了一切。"

自那以后，亚历山大就总是焦虑地想：对小自己3岁的弟弟，他也有可能"拿走一切"。他的妈妈觉得"自己的亚历山大"非常焦虑：10岁时，他还会夜惊，有时候晚上会跑到父母的房间里去，尤其是得了不太好的分数时。另外，亚历山大只有在那位他非常喜欢的舅母的指导下，或是在惩罚的威胁（推迟度假、禁闭）之下，才会好好用功，这些惩罚的威胁似乎更能让他安心。

我们可以从中看出焦虑的孩子多么需要爱、理解和陪伴，同时也需要限制，因为这就相当于获得了确信。对此，以正确方式施加的适当惩罚是可以发挥正面作用的。

焦虑的孩子可能罹患真正的焦虑症

对童年期真正焦虑症（造成严重不适、学业困难和人际关系问题的根本原因）的识别，令我们得以在近二十年研究工作取得非凡进展的基础上，了解到儿童焦虑者的具体表现，并找出其中最为合适的研究模式。

我之所以在这里提及这些焦虑症，是因为它们的错综复杂，更是因为它们随着生命中焦虑性格的发展而显露出的不为人知的一面。总之，这些儿童所特有的焦虑症和成人所特有的焦虑症之间的连续性，已经得到了证实，至少在很大比例上是这样。这些落地生根的焦虑症会持续到童年以后。因此，在童年期罹患过焦虑症的孩子，在成人期再次罹患焦虑症的风险会更大。[1]

这里也是一样，“过度焦虑”或广泛性焦虑症可能出现在童年期，诊断标准与成人相同，并与焦虑性格有着同样的关联。所有其他类型的成人焦虑症可能在童年期或青春期就露出苗头（恐慌症、社交焦虑、强迫症、创伤后应激障碍）。

但是，有一种焦虑症是童年期所特有的——分离焦虑症，我们应该对这种焦虑症予以特别的关注。

1　D. 皮纳（PINE D.）及合著作者，《个人沟通》（*Communication personnelle*），费城，美国精神医学学会（APA），2002年。

正常的分离焦虑

在发育过程中，儿童会体验到一种我们称为“分离焦虑”的现象，指的是，婴儿在主要依恋对象（往往是母亲）不在身边时，会做出忧伤的反应。这是一种正常、必须和意料之中的表现。这种焦虑具有普遍性，无论主体的种族和文化背景。这个现象在孩子6个月大时出现，有时会更早（5个月大，甚至3个月大），在8至11个月大时达到峰值。[1]在12至24个月期间，大多数孩子都会出现这种焦虑。这一现象对男孩和女孩的涉及程度是相同的，尽管研究结果显示出相反的结论。

当分离焦虑具有了病理特征

但我们可以从以下角度来看待“分离焦虑症”：

- 就量而言，它是一种由过度依恋导致过度依赖的病理表现。
- 就质而言，它是一种由自我构建中的脆弱性所导致的，儿童与主要依恋对象（在我们的社会中是父母，尤其是母亲）间互动的紊乱。

---

1 D. 贝里（BAILLY D.）主编，《分离焦虑》（*L'Angoisse de séparation*），巴黎，Masson出版社，1995年。

我们假设在所有孩子发育过程中的正常分离焦虑和“分离焦虑症”之间存在一定的连续性，那么我们就可以使用两种标准来对这两种焦虑状态加以区分：

- 时间顺序标准：分离焦虑症要么以一种非正常性延续的持久状态出现，超过惯常年龄（2岁），要么在对分离的焦虑反应正常减缓或消失的年龄，以一种在适合发育的时期开始的分离焦虑的重现形式出现。
- 和/或强度标准：因而，在表现强度及其对儿童机能的影响上，分离焦虑症与正常的焦虑有所区别。

普鲁斯特与他的母亲

再没有人能比普鲁斯特更加生动地描述孩子在与母亲分离时感到的痛苦了。叙述者讲到了在贡布雷（Combray）的晚餐：“我两眼盯住了妈妈，我知道，他们不会让我把晚饭从头吃到尾的，为了不使我的父亲扫兴，妈妈不会让我当着大家的面像我在卧室里那样亲她好几遍的。”他满腹焦虑地期待着令他望穿秋水的亲吻时刻，他将那轻轻一吻想象得既短暂又飘忽，可父亲在催促他了，让他不吻母亲就上楼去。“我费尽心机却毫无所获；我必须像俗话所说‘戗着心眼儿’登上一级一级的楼梯，我的心只想回转到母亲身边去，因为母亲还没有吻我，还没有让她的吻陪我回房，还没有用她的吻来安慰我的心灵……我一进卧室，就得……抖开被窝，为我自己挖好墓坑，然后像裹尸一样换上睡衣。”

分离焦虑症的征兆

现在，我们对分离焦虑症的征兆已经有了清晰的认识。我们在附录（附录二）中对这些征兆进行了描述。但这些征兆的强度各有不同。

我的两位同行[1]，从现象学的角度划分出了5种情形，令我们得以通过这些情形的影响对分离焦虑的强度做出评估：

- 分离可能让主体感到难以承受，并大哭几个小时；
- 在母亲离去之后，主体的行为可能变得混乱：沮丧、虚脱、语言能力大大下降、恐惧、激动；
- 负面行为可能在每一次分离时反复出现；
- 有时候，在意料中的分离之前，我们还可以观察到提前出现的焦虑，导致主体出现拒绝、逃避、行为混乱、症状躯体化、愤怒；
- 对一切分离可能性的提前焦虑，可能以持续的担心和恐惧的形式出现：噩梦、害怕被绑架、害怕父母遭遇意外、害怕

1 G. 维拉（VILA G.）、M. C.穆仁－西梅奥尼（MOUREN-SIMEONI M. C.），《发展型分离焦虑》（“Angoisse de séparation dévelopementale”），*Devenir*杂志，第4期，第119—134页。

令孩子与主要依恋对象分离的灾祸……

如果说留下孩子不会有任何问题，他们可以自行“治愈”分离焦虑症，那么跟分离和对可能引起分离的情形的逃避相关的焦虑，也可能持续数年时间。分离焦虑症的病程往往持续很久，可长达数年，其间，症状的缓解和激发因素导致的症状加重会交替出现。但是，我们现在依然对这种长久病程的原因不甚了解，目前，还没有人对成人分离焦虑症的患病率和现象学特征做出过专门性的研究。但是，很多的成年人都出现了这种过度的分离焦虑症，而且有可能将它传递给自己的孩子。

数量众多的童年期焦虑症（过度焦虑或广泛性焦虑症）、青春期焦虑症（尤其是社交恐惧症和成瘾行为），甚至是成人期焦虑症（尤其是恐慌症），都可以在童年时的“分离焦虑症”中找到患病根源，我在后文中还会讲到这个话题。

焦虑儿童与学校

性格，在童年时期的学校学习和社会学习中扮演着极为重要的角色。显然，焦虑儿童的焦虑全部集中在学校里和自己的学业上，他们要么在生理和心理上过分不安，所以尽管聪慧，但依然遭遇学业上的失败；要么就是成为优等生，但太过专注于自己的功课。

两个极端

因此，焦虑儿童往往会不由自主地走向两个极端：

- 要么就是非常认真，在自己道德意识的牵制下想要把事情做得非常好，并且往往能够成功。
- 要么就是特别漫不经心，难以集中注意力和进行记忆。尽管他们不断许愿要把事情做好，但仍然会频繁地出现疏忽、犯下拼写和计算的错误。必须承认，我们如今在学校里对孩子们提出的种种苛求（繁重的课程、家庭作业，作业有时候甚至要做到晚饭之后），对总会因自己的想象而转移注意力的孩子，可是没有任何好处的。

老师需要做出的努力

这种注意力集中方面的困难是具有欺骗性的：它只会出现在焦虑儿童不感兴趣的科目上。相反，我们可以发现，对自己喜欢的科目，他们会用上在其他科目上缺乏的专注。

因此，解决在课堂上缺乏注意力的方法，更大程度上来自老师，而不是学生，老师应当想办法引起焦虑儿童的兴趣，而不是给他们施加过大的压力。[1]做到这一点非常不容易，因为老师需要照看整个班级。因此在这一点上，小班教学和根据科目对课程做出调整，就会具有意想不到的价值。

同时，老师还应该重视焦虑儿童因不公待遇而表现出的，比其他孩子都要强烈的忧虑。

我曾经碰到过一个小女孩，她要求换学校，表面看来没有特别的原因。父母对她的这个过分要求和对这种想法的无法解释，感到非常不快。小女孩在第一次见到我时，就勇敢地向我倾诉了这件事情。一位男老师在对待她的一次迟到时，采取了非常不公正的态度。我让她去跟父母说明这件事情的经过，并跟那位老师去谈一谈，那位老师挺聪明，道了歉，问题就这么解决了。

在面对焦虑儿童的不安时，老师在介入时应当尽力采取支持的态度。

焦虑的青少年

青少年会觉得对抗焦虑是一种必然的行为。他们的焦虑

1 G. 乔治（GEORGE G.），《那些因压力成病的孩子们》（*Ces enfants malades du stress*），巴黎，Anne Carrière出版社，2002年。

表现为因害怕和受到蛊惑而做出的危险举动：喜欢飞车、行为违规、钟情具有危险性的运动。在以前的社会中，这些风险行为出现在短暂的仪式中，这些仪式总会包含一项多少跟生死有关的象征性游戏。这些仪式令年轻人万分焦虑，他们必须战胜这种焦虑，变成真正的大人，就像他们的祖先那样。今天，这些仪式已经灰飞烟灭了，但年轻人似乎想通过某些离经叛道的行为，其实是非常危险的行为，重新找回古老仪式中的那种感觉，比如滥用药物或酗酒。有时，他们甚至会表现出自杀性态度或行为。

青春期的一个核心问题，也是一个永恒的、令人感到焦虑的问题，就是“我是谁？”埃里克·埃里克森（Erik Erikson）在他的著作《青春期与危机，身份的求索》中，写到了青少年是一个时刻都在满腹焦虑地抗争，想要获得自己身份的主体。[1]他将身份描述为一种感觉：自我的个性风格得到了周围重要的人的认可，从而形成主体对自我的感知。如果没有这种感觉，主体就会陷入“身份混乱”之中。他显然就会忧心忡忡地想要获得这种身份认同，尤其是在当今这个提供了丰富选择的社会中。

我们可以通过提供一个缓冲期，来促进这种对身份的探求，在此期间，青少年不用承担牵连成人责任的事务（比如养

1 E. H. 埃里克森（ERIKSON E. H.），《青春期与危机，身份的求索》（*Adolescence et crise, la quête de l'identité*），巴黎，Flammarion出版社，1972年。

家糊口），而是可以自由地探索有关身份的问题。

就像在生命中的其他年龄阶段，青春期的焦虑是一种常见而模糊不清的情绪现象。作为对这一时期应对压力事件（考试、恋爱、第一次性经历等）做出的必要回应，焦虑被视作是一种有机体正常运转的迹象。某些不会出现焦虑的青少年（尤其是那些表现出儿童精神病后遗症的青少年），甚至会被认为是不正常的。同样，就像在生命的其他年龄段，青春期的焦虑也可能出现在遭遇意外或罹患器质性疾病之后。它还可能是某种心理病理性疾病所导致的后果，而非原因，比如，在厌食症患者和暴食症患者的身上，焦虑并不一定会是致病原因，而是相反，是疾病导致的后果。

但这里也是，就像在生命中的其他年龄阶段，在通过细致评估排除掉医学方面或突如其来的重大生活事件等原因之后，焦虑就成了令一些青少年感到痛苦的核心因素，并成为焦虑型人格的主要特征。忧虑可能恶化为痛苦：在等待考试结果的时候总是伴随着焦虑，但是，在焦虑主体的身上，焦虑可能发展到极致。

埃马纽埃尔一直都是个非常优秀的学生，从来都是第一名，但他具有强烈的焦虑：担心无法令父母感到满意。他来学校参加了大学一年级的考试，没有感觉到客观上的担忧。但等待考试结果的正式宣布，却让他再次感觉到强烈的焦虑。不过他还是试图安抚自己的情绪："不要怕，我考过了。"结果他以为自己没能通过考试，万分沮丧地回到家中。实际上，他只是得了个"良好"的评语，只是排在了其他考生的后面。焦虑的恐惧促使他做出了失败的行为。

从童年期的焦虑到青春期的焦虑

我们可以看到，学业对行为维度的影响（尤其是焦虑性抑制）表明，焦虑从童年期到青春期具有一种明显的连续性。[1] 1972年，一位专家阿贝（Abe），对243名女性进行了一项调查：她们的焦虑症状和现实恐惧，以及在童年时期自己母亲出现这些病症的比例。结果表明，成人焦虑症状的出现和主体在童年期重度病理性焦虑具有很高的相关性。另一项研究对三组调查对象进行了比较：一组为5至8岁的低龄儿童，一组为9至12岁的中龄儿童，一组为13至16岁的青少年。[2]

这项研究的结果显示，症状会根据主体年龄的不同而发生改变。比如，在学校期间主诉身体症状的，无一例外都是青少年（100%），而中龄儿童和低龄儿童中，仅有三分之二会提到

1　J. 凯根（KAGAN J.）及合著作者，《儿童行为抑制的生理学与心理学》（"The physiology and psychology of behavioral inhibition in children"），《儿童发展》（*Child Development*），第58期，1987年，第1459—1473页。

2　C. 拉斯特（LAST C.），《持续终生的焦虑》（*Anxiety Across the Lifespan*），纽约，Sringer出版社，1993年。

身体症状。青少年中最常出现的症状是：厌恶、拒绝去上学和身体不舒服。中间组儿童最常出现的症状是：在分离和退缩情形下的绝望、倦怠，在与依恋对象分离时的忧伤或集中注意力的能力下降。在年龄最小的对照组中，最常出现的症状是：害怕依恋对象遭遇不幸，害怕会发生迫使自己和依恋对象分离的严重事件。

后来又有其他的相关研究，但这项研究的结果表明，就像我们之前说过的，“分离焦虑症”会伴随着青春期的到来而减缓，而“社交恐惧症”则会加重。最后，对分离焦虑症是成人期恐慌症的致病因素的假设，现在已经得到了确切的证实。

青春期特有的三种焦虑

在我看来，可以在心理形态上将青春期的焦虑划分为三类。

青春期发育的焦虑，与对“被解放的身体”的恐惧有关

也就是说，这种焦虑跟对从发展限制中解放出来的身体的恐惧有关，在此之前，儿童不被允许尽情地享受人类身体的所有潜能。因此，这位因面孔恐惧症前来接受心理治疗的男孩，就把自己的性焦虑转移并投射到了自己的脸上。

抉择的焦虑，
与对“被解放的心理”的不确定有关

也就是说，跟对从童年期认同中解放出来的心理的不确定有关，尤其是恋母认同，以及对父母意象，也就是对父母选择的认同，就像这位被收养的小姑娘，她必须在不安中做出决定：变成养母那样还是变成她觉得没良心的生母那样。青春期充满了疑惑，最根本的疑惑就是：有人爱我吗？我值得被爱吗？青少年虽然外表光鲜亮丽，但他们在自信上的缺乏要比我们想象中严重得多，因为外表不过是他们对自我焦虑的体现。在这个年龄阶段，常常会出现一种源于缺乏自信的潜在悲观主义：我不会成功的，我会成为一个不幸的人，没有人会爱我。这种倾向会通过一些生活上的考验而得到证实和加强。

消沉的焦虑，
与对“展现被解放的自我”的不安有关

换句话说，这种焦虑是一种主观性，这种主观性会令主体在同一时间应对自己无所不能的幻想及其已知的风险，反过来，则是挫败、能力不足和无能为力的感觉，就像我在关于我称之为“抑郁威胁”的很多文章中谈到的青少年。

一位少女给我留下了尤其深刻的印象，她在暑假期间做出了一项创举：沿着西伯利亚铁路横穿俄罗斯全境。在这次旅行中，她觉得同行的两位朋友背叛了自己：她觉得他们没有很好地保护自己。在朋友的身上，她感到了一种被父亲背叛的感觉，因为工作关系，父亲对俄罗斯非常熟悉，他完全可以提前告诉自己在这个国家可能碰上的风险。但同时，她又想要通过这次旅行，展现自己独立处事的能力，从无意识的层面来看，这次旅行可以拉近她与父亲的距离。这种抑郁威胁，构成了青少年心理病理的一种临床特异性。

1986年，我又把以下这种想法推进了一步：在青春期存在某种类型的抑郁，它既不是所有正常青春期发展的悼念工作，也不是伤感，甚至不是很多青少年都经历过的较易治愈的抑郁发作。

我觉得它是一种代替了正常青春期进程的状态，并严重妨害了主体的未来。因此，我在文章中这样写道："这种状态的特点是，对爱恋对象的转化无能，也就是说，新爱恋对象对性爱和情色的投入，对青少年的自恋基础形成了过大的威胁。在面对这种威胁时，青少年选择了放弃，放空了自己对新对象所有的投入，并有可能陷入严重的抑郁。"这种威胁（对青少年的自恋基础而言，表现为新对象对性爱和情色的投入），不再投射为两种客体关系（旧对象和新对象）之间的冲突性，而是通过一种对"原初爱恋对象"的关系，投射为对恋母模式的替代。一些青少年对这种真实的替代非常难以接受，从而无法形成爱恋对象的转化。一种独一无二的矛盾依赖就此形成。[1]

这一点表现为对这个原初的、未经转化的爱恋对象的新代言人孜孜不倦却毫无结果的寻寻觅觅，比如我们看到的混乱或不分性别的滥交行为，严重的成瘾行为，甚至是彻底放弃寻找这个对象的行为，比如遭遇学业的整体失败，还有就是不可救药地陷入抑郁状态，或是因绝望而做出的自杀性举动。

如果心理治疗师没能基于青少年因惧怕无法“彻底摆脱”（对这个原初爱恋对象的依恋关系）而无法移情式“全情投入”（跟他人分享自己内心的隐秘）的方式，越过表象预期到这种发展趋势，那么，这种抑郁威胁就会令精神分析或心理治疗的工作停滞不前。青春期构成了这种转化和这种原初依恋关系转移的临床研究模型，这种原初的依恋关系贯穿人的整个一生，但会在生命中的某些阶段成为对主体的考验：那些令主体不得不面对的，我们称之为转变工作的阶段。

1　杰阿麦（JEAMMET Ph.）、莫里斯·克尔克（CORCOS M.），《青春期问题的演化》（*Évolution des problématiques à l'adolescence*），巴黎，Doin出版社，2002年。

第十一章

你自己的拼图和你的命运

Votre propre patchwork et votre destinée

我们此前已经说过，对这些焦虑性格不同表达形式做出区分，实属勉为其难之举，但以随机的方式对个体的人性复杂性做出了描述。这种区分所对应的，是每个人都或多或少有所了解的行为的真实性，但不应该把它当成金科玉律。

个人身份，听起来似乎是个简单而一目了然的概念，但实际上，这是一个复杂的多维度概念。首先，它具有一种客观含义：每个个体都是独一无二的，因其性格而有别于其他人。但是，它又尤其具有一种主观含义：它投射出一种对自己个性的知觉，“我就是我”；对自己特质的感觉，“我是个焦虑者”；对自己与他人区别的知觉，“我有属于自己的故事”；对自己内心信念的知觉，“我是个超级活跃的强迫者”；以及对一种时间和空间延续性的知觉，“我一直都是这样”。

这种主观性是主体的主观性，也是他人的主观性。我们期待每一个人都可以在其存在、态度和行为中，具有一定程度的一致性和稳定性，正像我们常说的那句话："你可真是顽固不化！"

"焦虑者"这个身份，可以分化为多个构成元素：

- 自我感觉（我们感觉的方式）。
- 内心自我（那个我们心中的自己）/社会自我（那个我们展示给别人的自己）。
- 理想自我（那个我们想要成为的自己）/真实自我（那个我们觉得是的自己）；对自我的现实印象有别于对自我的理想印象；如果这些理想印象过于持久，那么主体早晚都会因此而受苦；只要把对自我的理想印象当成是我的一面镜子，那么，这些印象就能够投射出实实在在的个人特征。
- 自尊（我们对自己的评价方式）。
- 赋予自我的身份和赋予他人的身份。
- 自我印象（我们看待自己的方式，自我想象的方式）。
- 自我表现（我们描述自己的方式）。
- 自我的延续性（我们感觉自己没有变化或有变化的方式）。

心理学已经清楚地证明，如果说个人身份源自一种植根于生命初期的渐进式构建过程，那么，它就会在一种同化和分化、对他人的认同和与他人的区别的双向变动中形成。身份，包含了焦虑者的那个身份，它就像一幅渐渐露出雏形的镶嵌画，令我们每个人都拥有了独一无二的命运。理想说来，它应该会指引着我们走向那个积极而独立的我。

第三部分

焦虑的好处？

焦虑，可以成为优点，也可以成为缺点。在面对这个由焦虑本能启动而从内心发出的预警信号时，有所反应是自然而为，甚至是必然之举。就像我们在感染细菌时会发烧一样，焦虑表现出的特点是：从一种特异的警醒状态发展为采取防御措施。

实际上，在面对无论什么样的威胁时，生物体神经系统的两个主要功能，一直都在发挥着预警和防御的作用：

- 预警：指出所有对个体具有威胁的现象。
- 防御：调动个体的能量来避开危险。

在人的身上，从神经系统到精神，或者说从生理学和身体的语境到心理学和社会的范畴，这些预警和防御反应会转化为：

- 专注或警醒反应和超级警觉；与焦虑程度相关的区分能力，它在精神层面触发警报，并区分出焦虑中好的一面和坏的一面。
- 心理防御措施、防御机制或应对策略，我们将在第五部分“活得更好，活得适意”中对其好处进行详述。我们可以将防御机制定义为由某种威胁触发的、自我的不同心理进程。这些机制包含了自我用来制服、掌控、疏导关于某一主题的内在（内在心理冲突）和外在危险的所有方法。“应对”则可以定义为“为了制服、掌控、消减或容忍威胁到或超出个体能力的内部或外部苛求而付出的认知和行为上的所有努力”[1]。根据不同类型的心理防御措施，我们可以区分出因好的焦虑和不好的焦虑所采取的措施。

1 R. 拉扎鲁斯（LAZARUS R.）和S.福克曼（FOLKMAN S.)，《压力、评估及应对》（*Stress and Appraisal and coping*），纽约，Springer出版公司，1984年。

第十二章

焦虑有什么作用?

À quoi sert l’anxiété?

正常的心理活动

不安，首先是一种由新的日常事件和做出预期的固执专注所引发的心理活动。一些人区分出作为心理现象的焦虑和作为生理现象的焦虑。因此，在焦虑中，不安既不应该持久，也不应该成为必然。但是，焦虑太过常见，且会产生重要的影响，因此人们对它做出了定义，就像在词源学中："焦虑"（anxiété）一词，源自拉丁语中的"anxius"，表达了"紧缩"的含义。"不安"（angoisse）一词，则源自拉丁语中的"angustia"，意为"收紧"。实际上，这两种状态几乎是时刻相连的，尤其是焦虑，会导致不确定感。这就是焦虑在心理上的独特之处。

不安，是我们情感的一部分，甚至构成了我们情感的全部。因此，认为情感是我们人格的本质基础，这个想法并不为过，我们在后文中还会回到这个话题上来。内心的清醒，有人称其为“理智”，并不是我们生命的全部，我们的精神也没有“理智”到可以独立于我们的身体。由我们所有情绪构成的情感，与我们日常的存在紧密相连，并在出生时就成为我们性格的决定性元素。H.西夫·高德史密斯（H. Hiff Goldsmith）甚至将婴幼儿的性格定义为“在原生情绪表达中个体差别的总和”[1]，这些情绪是快乐、忧伤、愤怒，当然还有不安。实际上，我们的人格特征往往与我们的情绪有关，比如，快乐、幸福、安逸等正面情绪，在乐观主义者、果敢型人格、外倾型中较为典型；而愤怒、忧伤、烦闷等负面情绪，则在内倾型中较为典型。

我们已经看到，焦虑可能出现在这两类性格者的身上。对情绪，也就是焦虑情绪在人格中扮演的角色，做出准确的分析，就像精神分析所做的那样，可以帮助我们理解人格自幼年时期开始的发展。情绪会转移到有意识生活更为理性的语言中，从而构成无意识生活产生中重要的一面。

但焦虑跟所有的情绪一样，在人格中为很多的功能所用。它是我们的意图和渴望不可分割的部分。它引导着想法和行为，通常会令我们做出自我保护的举动，并让我们幸免于令人

---

1 H. H. 高德史密斯（GOLDSMITH H. H.）和J. A. 阿兰斯凯（ALANSKY J. A.），1987年，《母亲及婴幼儿的依恋气质预测因素》（“Maternal and infant temperamental predictors of attachment”），《咨询心理学与临床心理学杂志》（*Journal of Consulting and clinical Psychology*），第55期，第805—816页。

不快的后果。反过来，我们的想法会对我们的情感体验产生明确的影响，比如我们决定是否应该实现或放弃某个重要的目标，或是我们是否应该因为这个目标而感到高兴或焦虑。

焦虑或不安启动预警和防御这两种功能，因此具有了有益的意图，前提是，它们将个体的注意力吸引到了一个仍未解决的问题上，并带动个体尽最大可能对这种威胁进行自我评估和应对。

焦虑意味着新奇

焦虑，我们在前文中已经看到，只要它将我们的注意力吸引到一个仍未解决的问题上，并带动我们专注于这种扰乱我们内心秩序的威胁，它就服务于一种有益的意图。

我们就以司机为例，当他行驶在一条自己非常熟悉的道路上，忽然看到一块施工的警示牌，他的思维马上会活跃起来。实际上，活跃、专注和警觉的思维，只有在必须让感知突然重现在警觉意识中的情况下才会出现，目的是让这些感知在体验中找到合适的位置，或是让这些感知对与之相关的参照模式加以回顾，又或者做出无意义的判断而放弃这些感知。如果意识没能完成这个任务，持续的混乱就会引发一种过度兴奋的状态。

在还不具备思考能力的婴幼儿身上，过度兴奋就相当于求救信号，就像哭泣或肢体的躁动不安一样。在理想的状况下，这种行为会引起照顾婴幼儿的成年人的注意，甚至会介入系统并重建秩序，要么通过特定介入行为，比如更换尿不湿，或是把一件孩子触不到的玩具递到跟前；要么通过往往能令人安静下来的行为，比如晃动摇篮，或是把孩子抱在怀中。在孩子和成人的身上，如果思考，也就是意识评估，无法缓解过度的兴奋并重建思维的秩序，那么，焦虑就会出现。

但是，跟其他任何一种求救信号一样，如果焦虑变得持久而强烈，那么焦虑本身就会成为问题。而出于缓解那一刻不适的急迫需要，最重要的事情就是不惜一切代价地重新恢复平静，为此，由焦虑引起的本质问题就会被搁置一边。

我对焦虑和其他形式的忧伤或痛苦一视同仁，它们能够告诉我们身体组织的某个地方存在问题。但在心理和身体的其他部分之间，存在着一个显著的区别，那就是心理的适应能力。止疼药可以暂时消除因阑尾炎而引起的疼痛，但如果不及时给患者动手术，炎症就有可能令患者陷入险境。大多数严重的身体疾病都是如此，因为一个本质上被关闭的肌体系统，对持久性机能运转不良的耐受性就会相对较弱。但是，如果是心理的话，即便意识对破坏性因素的检视无法解决参照与具有干扰性的创伤因素之间的不一致，肌体系统的秩序仍然会被重建，虽然要为此付出代价。

在无法获得任何帮助时，在心理无法更好地面对引发焦虑的情形时，心理就会在自身运转中做出让步，以防止系统的全盘崩溃。这种让步可能成为抑郁症中的退缩，也可能是正视压力，或是通过强迫、恐惧症等症状的形成，通过性格发展的扭曲，对压力进行弥补：有点焦虑的主体，可能发展为极度焦虑的主体。

焦虑，是一种活跃而矛盾的情绪。实际上，通过分析，我们可以把焦虑分解为两个因素，一个是从感觉上来说，一个是从思维上来说。

- 不安全感，这种每个人都会有的感觉，是最具情感特质的因素。这种人类正常的“动物性”不安全感，这种强烈到称得上是情绪的不安全感，正是构成焦虑必不可少的特异因素。它是自卫本能的独有动力。智力反应、表现或想法，并不需要不安全感情感反应的辅助；我们经常会看到毫无缘由的焦虑，心理学家立博（Ribot）的研究显示，这类焦虑几乎都是“纯粹的情感状态”。这就是为什么，我们应该对“情绪”智力和“理性”智力加以区分。

- 不确定感，是一种更偏认知的因素。通常说来，认知因素与情感因素两相协调。问题的关键就在于，哪个因素起到了主导的作用。但毫无疑问的是，思维层面的不确定感，相当于情绪层面的不安全感。实际上，这两种心理状态会遥相呼应。

不确定感会让主体花时间对情形、选择和决定做出分析。只有在主体陷入过度的疑虑中时，问题才会出现。

在轻度焦虑中，对外界刺激的回应首先是内部的和精神上的：不安全感（只要这种感觉不是过分强烈）和不确定感会引发思维兴奋和回应假想的形成。在较为强烈的焦虑中，这两个焦虑的原始构成因素占据了统治地位，并消耗掉所有的机能，令智力无法对新的情形和举动做出回应。因而，机器就会空转：焦虑就会陷入异常的持续状态中。焦虑会把儿童，然后是成人，从周围的环境中抽离出来。孩子们在学校里常常遭人批评的注意力缺乏，通常都是焦虑造成的。从现在起就记住，一个源自焦虑的念头具有很强的植入力。它会形成彻头彻尾的强迫观念：精神被不断地拽回到这种观念之中，即便是在精神想要竭力脱身时，依然无济于事。

因此，我们可以把焦虑划分为“好的”焦虑和“坏的”焦虑。

第十三章

当优点变成了缺点

Quand une qualité devient un défaut

引起问题的并非焦虑本身，而是我们每个人应对焦虑的方式。陷入焦虑，是人的本性所致，在面对内部或外部威胁时，焦虑对生存至关重要，而只有在警醒反应过度时，尤其是在防御措施不恰当时，焦虑才会成为问题。

比如，在面对威胁时，一种恰当的防御能够缓解焦虑，因为它会对威胁加以分析，而不是全盘否认，后者通常是不恰当的防御。奥萝尔，一个非常焦虑的年轻姑娘，她发现自己不知道如何转移令自己焦虑的问题，不会幽默地对待这类问题，不能区别看待这类问题，也看不清他人在这些问题中所扮演的角色。她的每一种态度都必须有理有据，并且在不同的情况中发挥最大的作用。在感到被侵凌或焦虑时，她只能采取一种退缩的态度。如果我们的意识域太过生搬硬套或受限于防御的方法，我们就会陷在一种坏的焦虑中。

在我们能够区分出好的焦虑和坏的焦虑时，我们就在很大程度上区分出了好的防御和坏的防御。

焦虑是一种复杂的情绪。它既可以激发采取行动的意愿，也可以酝酿出无力感，因为它会引起疑虑，并打消采取行动的意愿。“纯粹的”焦虑者既不会放弃，也不会像抑郁者那样停滞不前，或是像性格障碍者那样毫无反应。这是因为，在抑郁或愤怒中，目标和动机都属于过去。相反，“纯粹的”焦虑主要着眼于未来。

好的焦虑和坏的焦虑

在好的焦虑中，正常的暂时性焦虑就像一针兴奋剂。在坏的焦虑中，焦虑反应只会表现为一种徒劳无果的烦躁不安。正常的焦虑短暂即逝，与烦恼的严重程度是成正比的，相反，病理性焦虑的特点则是在频率、持续时间和强度上的过度。

好的焦虑

健康人的正常焦虑，能够与心理健康和生理健康和谐相处。就像疼痛或发烧，焦虑会告诉主体可能碰到的危险，也许是尖锐的玻璃碴或病菌，以及主体需要划定的界限。这种焦虑就像兴奋剂，它促使主体将精力集中在应对新情况的方法上。它启动了好的防御机制：随机应变、升华、无私、幽默、置身事外。

好的焦虑能够让人随机应变

焦虑的本义不仅仅是引导主体对危险有所预料，还在于让主体努力去应对和抵御这些危险。只要危险没有成真或悬而未决，个体就不会解除焦虑；他必须面对危险，与之抗争。萨特曾说过："真正的生活，从绝望的反面开始。"焦虑，是一种积极去适应的形态，是一种出于自卫本能的防御性反应。在焦虑的背后，隐藏着一种希望，或至少是一种抗争，甚至是一种愤慨和一种采取行动的渴望。

好的焦虑是短暂的

焦虑的正常运转不会令疑虑和不安全感持续，而是会让它们尽快消失。很快，焦虑就会通过有效的行动和这种行动令人安心的验证而自行解除。在某些情况下，在无法采取适合的行为、无法获得确定感或无法避开危险时，处于良好平衡状态的主体，会寻求有效的帮助或轻易地摆脱困境。他会把自己的注意力和活力放到别处。他懂得如何控制自己的情绪，并从无用的焦虑中脱身。

好的焦虑能够催生好奇心、创造力、知觉和智慧

梅特林克（Maeterlinck）说过："所有不是带着焦虑获得的东西，都会限制我们的视野。"焦虑，只要不过度，就能促使我们对世界敞开心怀，从而激发我们的好奇心。它会唤醒我们的心灵，从而激发我们的直觉和创造力。有创造力的人最了解焦虑这种驱动力，并乐于去运用这种驱动力。焦虑还能促成升华，也就是说，精神能量和焦虑压力转化为社会认可的活动：智力活动、艺术活动、道德活动或社会活动。比如，童年时期的家庭问题，本会引发具有暴力倾向的焦虑行为，但在升华作用之下，主体对心理学产生了兴趣，并投身心理学研究。

歌德的好焦虑

焦虑赋予了歌德对知识永不满足的好奇心。除了令他为世人所知的文学，歌德还投身科学领域——矿物学、骨科学、古生物学。他发现了人类谱系和动物谱系之间的关联特征：颚间骨，这个发现令他成为与拉马克（Lamarck）齐名的进化论先驱。他甚至还创立了一种色彩感知的理论。他还跟随魏玛公爵出征法国，并参加了瓦尔密（Valmy）战役。在75岁时，歌德觉得自己就像少年维特一样满怀激

情，并爱上了一位17岁的少女乌尔瑞克·冯·丽沃兹弗（Ulrike von Levestzow）。他向少女求婚，但遭到了拒绝。为了应对这个新的焦虑事件，歌德创作了《玛丽恩巴德悲歌》（*Élégie de Marienbad*）。

好的焦虑或共情的能力

情绪反应，包括焦虑，只要不会让主体无法承受，就是具有共情能力个体的特征，意思是，这些个体能够在情感上与他人同化，而不仅仅是在理智上能够体会他人的情感。因此，一个能够在情感上做出反应的人，就比较容易对他人的悲伤和快乐感同身受。

“利他焦虑”可以令物种延续

哈格普·阿吉斯卡尔（Hagop Akiskal）[1]，当代精神病学家，曾提到一种“利他焦虑”，并描述了我们之前说到的一种广泛性焦虑气质。回想一下我们在前文中描述过的那些奉献型焦虑者。阿吉斯卡尔认为，这种气质或会与人类的一种“行为”机能有关。这种机能就是，在面对外部危险时所采取的随时为自己和他人保持警觉的防御姿态。

1 H. 阿吉斯卡尔（AKISKAL H.），《将广泛性焦虑者定义为焦虑气质类型的倾向》（“Toward a definition of generalized anxiety disorder as an anxious temperament type”），《斯堪的纳维亚精神病学学报》（*Acta Psychiatr Scand.*），1998年，第98期（增刊393期），第66—73页。

好的焦虑促成幽默和置身事外

幽默，就是以强调亲历事件中有趣和异乎寻常之处的方法来呈现这个事件的方式。幽默可以被视为是一种防御机制。弗洛伊德对幽默做出了这样的解释：主体能够在令人焦虑的情形中体验到乐趣。

幽默的防御特质就在于：它令身处困境的人避免出现情形本会引起的焦虑，甚至可以借助玩笑避免对焦虑的表达。弗洛伊德认为，幽默“节省了情感的损耗”“它噙着泪水在微笑”“在对某种情绪的阻滞中诞生”。一句话，如果能够对艰难的处境抱以调笑之态，我们就能阻挡痛苦的蔓延。[1]

置身事外同样可以被视为是一种对抗焦虑的好的防御，它会让人觉得自己面对的是一种好的焦虑。这种防御机制可以被定义为“在意识域之外，对令主体感到痛苦和担忧的问题、欲望、感觉或体验采取拒绝态度的主动尝试”。[2]

在我们谈到这种防御机制时，首要问题就是，确定置身事外是否可行，尤其是在非常艰难的情形中。

1　S. 尤内斯库（IONESCU S.）、M-M. 雅盖（JACQUET M-M）、C. 洛特（LHOTE C.），《防御机制》（*Les Mécanismes de défense*），巴黎，Nathan出版社，1997年。

2　同上。

坏的焦虑

坏的焦虑，首先会引起身体性疾病，或称身心疾病，或是精神障碍、恐慌症、虚弱恐惧症，尤其是真正的抑郁症。

但是，坏的焦虑通常会过早地表现出来，并以令人猝不及防的姿态出现在一生中的不同阶段。

过度焦虑的儿童，在过了正常年龄之后依然会害怕黑夜和噩梦。他们羞怯、惶恐、易感。他们害怕孤独，却常常采取退缩的姿态。他们需要自己所爱之人不断地安抚和保护。他们在安静的时候往往多愁善感，但一看到陌生的面孔就会手足无措，甚至发展成为“陌生人焦虑”，这种焦虑在1岁时是正常的，但1岁以后就应该消失。他们过强的情绪能力会出现在一生中的不同阶段。焦虑性格跟这种强烈的渴望有着直接的联系，这种比任何人都要强烈的对爱的渴望。爱，是世界上抵抗焦虑的最有效的良药。

过度焦虑的儿童在必须离开父母去上学时，会不由自主地放声大哭。在青春期，对他人、爱情、性生活的探索，会成为他们焦虑的无尽源泉。惭愧和羞耻的感觉，会和欲望并生发展。

成年之后，焦虑者会担心自己遭遇不幸，思维和幻想总会以令人担心的样子出现在他们的脑海中：朋友是否会迟到，家庭聚会是否会龃龉不断，老板叫他去是不是要解雇他，独自在家会不会遭人袭击，等等。坏的焦虑总是过分夸大、不合逻辑，而且令人疲惫不堪。

在精神过于激动时

坏的焦虑在焦虑者的身上体现为一种持续而无法控制的精神状态，这种焦虑并不是由事件引起的，而是受到事件的滋养，并在外部情境中不断寻找这种状态具有意义和成立的理由；令人忧心的幻想总是蠢蠢欲动，把日常生活中无关紧要的事件变成了时时刻刻的威胁——因此，坏的焦虑在危险出现之前就已存在；它是本质的和原初的。焦虑者会为一些鸡毛蒜皮的小事而惊慌不安。最微不足道的危险都会让他感到血压上升、心跳加快或是喉头发紧。事实上，“真正的”焦虑者对情绪的易感性要远远超出常人。精神过于激动，身体紧随其后。

这种倾向有时会潜伏很长时间，直到抵达了令它原形毕露的焦虑极限。这时，它要么会自动出现，要么会因为某个多少有些重要的生活事件而爆发出来，这些事件可能是身体上的或精神上的，比如过度疲劳或精神上的打击。

我们在前文中提到的精神的过度活跃，可以用来解释会加重“抑郁型”焦虑者悲观情绪的坏焦虑。在富于直觉的创造型焦虑者身上，如果坏的焦虑占据了上风，对世界和对他人的看法就会变得异常偏执，他们的“直觉”会对一切做出夸张而错误的阐释。在自省型焦虑者的身上，无休无止的精神构建活动，也是心理观念强力支配的表现，会将主体禁锢在压抑与怀疑的枷锁中。

自我暗示还是自我毁灭

焦虑在变得异常强烈时，足以压过爱与恨。它会对与无法察觉和无法控制的忧惧相悖的一切施加一种精神真空。每一个人都会对本能占据自己头脑的想法进行思考，并相信和捍卫这些想法。人类对改变的抗拒，也就是对自己想法的抗拒，比我们想象中要强烈得多。焦虑者因为坏的焦虑而受到自我暗示。焦虑者无法以另一种方式去思考问题，因此会投入幻想、预言之梦、占星卜卦、侥幸巧合的怀抱。

当自我拒绝面对时

在面对一种焦虑情形时，主体的自我需要保持一种协调一致的感觉。处在自我防御状态下的自我，就会遵从现实的法则。

人类的这种需要实际上是恒定的。精神分析学家认为，这种需要与这样一个事实相关：自我必须在主体相对的不同倾向之间找到一种和谐，比如渴望与禁忌、被动与主动、同性恋与异性恋，这些倾向之间会出现冲突。当某些生活事件加强了主体的内心矛盾时，界限感的缺乏、痛苦的背弃或分离、父母的缺席，某些在童年时期就感到难以应对那些每个人都会有的内心冲突的主体，就会越发觉得自己无能为力。在这种情况下，主体一直都在与自己思维或行动的混乱抗争，一句话，跟他们自己的身份抗争。于是，他们就会采取“极端的”防御措施，将自己维持在一种足够调谐统一的状态下：否认现实，对一切都采取非黑即白而不是折中的态度，将所有的负罪感都投射到外部世界中，等等。他们会在危险性极低的情况下本能地使用这些方法。如果说每个人都会在遭遇自己无法承受的焦虑情境时进行自我防御，那么这些防御方法就预示着一种“坏的焦虑”。因为无论在何种情况下，主体都会使用这些方法，从而体现出自我的一种潜在的、持久的不堪重负，也就是说，一种对主体协调性的严重威胁。

对极端防御的青睐

了解以下三种极端的防御方式，不无用处。

否认

否认，是指消除一种令人不安的存在，但并非通过拒绝承认这种存在与我们有关，就像在自我克制中那样，而是通过否认与之相关的感知这个现实本身。通过感知否认来歪曲现实，可能发生在任何领域，甚至走向妄想的极端，妄想又会过度投入一种具有补偿作用的新现实中。雅克・拉康（J. Lacan）将其称为“脱落”，一种对令人不安的存在予以不带压抑的拒绝的形式。这种不受主体控制的拒绝，也跟象征化无能有关，并与某些精神病的形成过程极为形似，因为主体会对一部分现实失去兴趣，并将其向外部进行投射。

分裂

分裂，是指在某种威胁所导致的焦虑影响之下，自我分离（自我的分裂）或客体分离（客体的分裂）的行为，目的是让分裂开来的两个互不接受的部分，在无法达成妥协的情况下共存。无论是在自我的内部，还是相较于客体，分裂机制呼应的，都是一种通过两种同时发生的相对的反应来控制焦虑的渴望，一种希望得到满足，另一种则对令人沮丧的现实有所意识。这个过程在冲突的矛盾情形中充当了出路的角色。通常来说，这个过程是暂时性的和可逆的，往往在精神生活的初期就会出现。因此，它起到了重要的组织作用，但是，当它被推向极端时，就会表现出具有破坏性的危险特质。那些因焦虑或人尽皆知的双重人格而产生分裂的主体，成为所有著名心理学家的研究对象。

投射

投射，是一种无意识的精神活动，主体借此将自己不承认或拒绝接受的自身想法、情感和渴望排除到外部世界中，并将它们归咎给他者，自己身边的人或事。投射，首先体现的是一种可以缓解自我之痛苦的防御措施，它会出现在很多的思维模式或是非病理性机能中。在对人格的研究中，投射可能发挥有效的作用，被用来进行“投射测验”，比如罗夏墨迹测验。

当自卑的感觉和自信的缺乏占据上风

我们在前文中已经说过，太过焦虑的主体，往往会有一种强烈的自卑感。在坏的焦虑中，在缺乏自尊、他人的嘲笑或控制，以及一些深入人格的情结之间，就会形成恶性循环。[1]

这种会在生活中造成问题的自卑感或自信的缺乏，会因父母的愚笨而加重。一些往往自己就很焦虑的父母，会把他们的焦虑投射到因负面感觉而不安的、处于儿童期或青春期的孩子身上。不仅是家长，我们如今的这个社会，从童年开始就推崇成功、力量，甚至过度包容暴力行为。今天，这种对暴力的容忍，在学校里和学校外，对那些羞怯、焦虑和缺乏自信的儿童

1　C. 安德烈（ANDRÉ C.）、F. 勒洛尔（LELORD F.），《恰如其分的自尊》。

和青少年的打击尤其严重，这就形成了一种恶性循环，而我们必须打破这种循环。

过于关注自己

坏的焦虑会把焦虑者变成自恋的人，主体会把自己本人，自己的烦恼、想法、选择、挂虑和担忧，变成自己所处世界永恒不变的中心。抑郁者也具有这个“缺点”。

绝大部分的儿童都会经历自恋的阶段，因为自恋正是获得确认感的基础。青少年有时会表现出一种令人难以忍受的自命不凡，他们自认为是独一无二的存在。始终对自己深感满意的主体，在现实的反冲之下，会形成一种更为合理的价值判断，从而抛弃表面上的过度自尊，并尝试以一种更为灵活的行为施加影响，尤其是在想要聪明地吸引不会被表象所欺骗的异性时。

“我，我……”或焦虑的自恋

成年之后，具有强烈焦虑性格的主体很少会关心别人的事情：“我，我……”“对啊，就像我……或是我父亲……或是我朋友……我获得了这个荣誉，这个文凭……我也患有同样的疾病，等等”。政治或社会事件总是以他本人为参照：“这个发生在我大学一年级的时候……我升职的时候……‘科索沃和平协议’是在我骨折那个月签署的。”我们还会发现，主体在说话时喜欢大量使用“我”这个人称代词，或法语中的主有形容词：“我的偏头疼发作了……我的晚餐时间到了……我的午休时间到了。”这种语言习惯还会因为害怕显得能力不足而进一步涉及主体内心深处的感觉，以及他那些没人感兴趣的担心、不适、不足挂齿的冒险经历。主体会很快意识到这一点，于是会感到越发尴尬。因此，焦虑的自恋会派生出一种讲述自己的过度渴望。

太过顺从于超我的恐惧

我并不打算在这里详尽地讨论道德意识或超我的概念，给出一个实用的定义就足够了。道德意识，或超我，由两个元素构成：

- 分辨好坏的能力：能够察觉出好与坏之间细微差别的能力。
- 自我压抑的能力：能够克制自己不去实现甚至意识到因文化、社会或家庭法则而被压抑的渴望。

道德意识并不仅仅只是一种适用于辨别好坏的简单的反射认知，它更是一种在情感和意愿上服务于责任的证明。我们可以把它比作一个存在于主体内部的严厉法官。内心的声音召唤善，并无情地谴责恶。

难以适应他人严厉要求的焦虑者，就会在自己的超我面前变得不堪一击。所有的焦虑者都会出现负罪感，但如果这种负罪感被推向了极致，就会形成坏焦虑的强大内核。焦虑者的生活往往处在令人不快的恐惧之下：再一次，对不被人所爱的恐惧。

当身体反应过于强烈时

在面对危险时，无论是谁，都可能对外界刺激做出生理上（脸红或面色惨白、心悸、胃部痉挛、口吃）或行为上的反应，尤其是儿童（尖叫、踢打、烦躁不安）。除了我之前讲过的那些心理表现，坏的焦虑还会具有此处描述的生理表现，但并没有可以为其佐证的触发因素。它表现为一种没有明显原因的痛苦感觉，这种感觉会通过紧张和痉挛波及全身。

超级敏感

过度焦虑中的一种特异现象，超级敏感，跟坏的焦虑有着直接的联系。一些焦虑者的感觉器官具有一种极端的敏感性：

起鸡皮疙瘩，对气味的超级敏感，尤其无法忍受一丁点儿的响动（关门声、闹钟的嘀嗒声，尤其是电话铃声）。就像苏菲对丈夫的描述："我有时候感觉，他整个人除了焦虑还是焦虑。"只要有一丝一毫的不快，她丈夫就会觉得有一团气堵在胃里，有时候甚至还会直冲到喉咙……"他就会觉得自己心肌梗死发作了。"

焦虑的主体时时刻刻都在调动自己的心理和生理能量。他们处于一种持续的警戒状态。因为这种主体自己造成的能量损耗，坏的焦虑就成为一种真正令人疲惫不堪的情绪，它会引起一系列疲惫和无力的典型症状：心理和生理上的无力感、迟缓、疑虑、浑身酸痛、头疼、四肢疼痛、脊椎疼痛、失眠等。

在这一点上，值得注意的是，坏的焦虑牵涉的显然不只是心理医生或精神科医生。焦虑者对自己身体健康的抱怨要比对心理健康的抱怨多得多。他们会频繁地去拜访自己的全科医生或各类专科医生。可以毫不夸张地说，在前去向全科医生或专科医生求诊的患者（皮肤病、心脏病、胃病、脊椎病等）中，有很大一部分都是需要获得安慰的焦虑者，因此，医生首先应该处理患者的心理问题。在这种情况下，前来就医的主体表面看来患有某种器质性疾病，这就要求医生有能力辨别出假象之下的真正问题。

假性心脏问题

前去心脏科就医的患者中，有不少人（有的研究认为这一比例高达30%）是因为焦虑问题。心脏性焦虑和心前区痛，有时会引起阵发性心动过速，或形成假性心绞痛的症状，这些问题令焦虑的主体备受煎熬。这类现象，在绝大多数的情况下，都是由情绪引起的，或更确切地说，是由这种著名的情感结构引起的，这种结构是情感选择性发展的沃土。听诊心脏、触诊脉搏、量血压，都能诊断出暂时性的高血压症状，但只有在医疗检查的情况下才会这样。就像苏菲的丈夫，一位担心着自己焦虑的焦虑者，他害怕焦虑并因此而痛苦不堪。这里也是，我们面对的是一种名副其实的恶性循环。

糟糕的睡眠

最后，最令焦虑者困扰的问题就是睡眠问题。这里也是一样，就像苏菲的丈夫，焦虑者往往会出现失眠的问题：难以入睡，在半夜1点或3点时醒来，起床时感到困倦不堪，这都是令焦虑者感到痛苦的主要问题。焦虑地等待入睡，常常会导致彻夜不眠。

还有梦境，焦虑者的梦境常常都是噩梦，在醒来时多少会有一种想象中恐惧成真的感觉。这些噩梦也往往会成为惊醒或焦虑性失眠症的原因。

因此，医生会出于病情的急迫需要，在不言明的情况下对患者进行心理治疗或精神分析治疗。如果说在这种情况中，有时好的直觉就已足够，无须做出特别的说明，那么需要加倍小心的就是，情况不总是这样。

因此，不正常和病理性的特征，并不是在好的焦虑中出现的，而是在坏的焦虑中。不要忘了，再强调一次，我们之前描述过的生理或心理症状，只有通过它们的组合形式、强度和频率才会具有诊断价值，并在某种程度上确定了焦虑性格的程度。此外，这些症状会因人而异，并可能在较为良好或乐观的状态下得到缓解。

第四部分

追根溯源

第十四章

焦虑性格在何时出现，是怎样出现的？

Quand et comment apparaît le caractère anxieux?

科学的要义在于，从一个惊喜走向另一个惊喜。

——亚里士多德

人类处在持续不断的发展之中，在人的一生中会经历不同的发展阶段，尤其是从出生到成人。想知道焦虑性格是怎么出现的，就要了解人类发展的本质。为此，我必须辨别出每一个阶段的量变和质变，以便厘清其中的复杂性，研究年代和社会背景，改变的连续和中断、路径和轨迹，理解为了期待的结果而采取的恰当或不恰当的态度，最终通过分析和概括，为每一个人勾勒出属于自己的故事轮廓，让每一个人获得成为“一个人”的感觉。[1]因此，为了理解焦虑性格，我们必须从根源处着手，也就是从出生开始，并沿着生命中的不同阶段一路抽丝剥茧。如果愿意的话，每个人都可以为自己追根溯源。

1 H. 斯泰纳（STEINER H.），《个人沟通》（*Communication personnelle*），费城，美国精神医学学会（APA），2002年。

我们都是天生的焦虑者……或多或少

无论采取怎样的实践做法和依循怎样的理论方向，今天的人类发展专家们都已达成了共识：人类的焦虑自出生时就已存在，甚至更早，在母腹中就已存在。无论是站在精神分析学家的角度，还是站在遗传学家的角度，焦虑就在每个人的面前，只不过，就像我们很快能够发现的那样，它在不同个体身上的表现形式和强度各有不同。因为，从生命降生的那一刻开始，在面对同样的情况时，我们可以观察到每个个体之间的差别：有些婴儿会耐心地等待哺乳，而另一些则会哭闹不休。

一种“情感构建”？

在20世纪初，著名的精神病专家杜普雷（Dupré），在谈到焦虑时曾提出了“情感建构”的说法。他认为，焦虑性格似乎是一种首要事实，一种产前的倾向。依据是，即便是表面的观察就可以证实，人类在摇篮中就已经具有了一种对快乐、忧伤或担心的命定性：“一些婴儿总是很快乐，会对身边的人或在睡梦中微笑：他们是乐于生活的小小外倾型。另一些婴儿则会不停地哭泣，仿佛承受着无法战胜的痛苦：他们是天生的焦心者（或许也是企图通过哭闹将自己的意愿强加于人的支配者）。

先期形成的灵魂塑就了他们的机体结构，令他们的神经系统能够适应心理的复杂性。忧心性格和跟随其后的身体特质的形成，早在出生前就完成了。后天的环境不过是阻碍或助长了这种天性而已。”简而言之，焦虑者的先天形成描绘出了杜普雷这一著名的“情感构建”说。

早在母腹中

在妊娠6个月时，我们就能观察到一些可见的差别：一些胎儿具有高反应性（非常活跃），而另一些则具有低反应性（非常安静，没有什么反应）。甚至有研究表明，在动物的身上，产前压力会助长“焦虑”型行为的形成，表现为对新奇事物的回避。这种行为与皮质酮的大量分泌有关，这种“压力荷尔蒙”的分泌正是身体对压力做出的回应。实际上，母体在妊娠最后一周时因压力而分泌的糖皮质激素，似乎对婴儿出生后形成的对压力的易感性起到了关键的作用。

“出生创伤”

弗洛伊德并非遗传学家，但为了了解人类焦虑的根源，他提出应该对他所称的“出生创伤”进行一番追溯，弗洛伊德的门生，奥托·兰克（Otto Rank）令这种提法得到了深远的发展。

兰克将全人类共有的焦虑感觉与伴随出生的生理焦虑（呼吸）联系在了一起。如果我们从这个角度出发，很快就会发现，通常，人类似乎要花费数年的时间，如果不说是耗尽一生的话，以一种基本正常的方式去克服这种原始的"创伤"。确实，所有的孩子，即便是最正常的孩子，都会早早就成为焦虑的主体。我们还可以这么说，所有的健康成年人，都曾经历过这个会一直持续到成熟年龄的正常的焦虑阶段。

对精神分析学家而言，儿童体验到焦虑状态的典型情境，就是他们被独自留在漆黑房间里的时候，往往是在卧室里，孩子必须上床就寝的时候。这种情景会让仍未摆脱原始创伤印象（无意识的）的孩子，想起自己在子宫内的情形，只不过这一次的不同在于，孩子意识到与母亲的分离是有意的行为，而且子宫"象征性地"被黑暗和房间，或温暖床铺所代替。

弗洛伊德告诉我们说，一旦孩子通过接触，重新意识到所爱之人的陪伴和接近，因为听到了这个人的声音或看到了跟这个人有关的物品，著名的"心爱之物"或慰藉物，焦虑就会消失。哪位家长不曾为了让孩子入睡而在床边轻声细语或是讲述故事？一些焦虑的成年人会保留某些具有象征性的睡眠习惯，比如听音乐、听广播，或是习惯性或故意地开着电视机。

因此，在生命形成的最初，可能有一种"自发性焦虑"，它所扮演的角色类似于行为主义所说的天生的学校恐惧症。在弗洛伊德看来，这种"自发性焦虑"具有一种双重原因：一种在出生时形成的生理事实，以及一种原初的创伤性情境，也就是与母亲的分离，婴儿在这个分离的过程中会被压力所包围。理想说来，母亲会通过照顾来帮助婴儿摆脱这种与出生时一模一样的压力。

此后，每当出现与原初分离相似征兆的情境时，这种“出生创伤”留下的回响就会发生转移，从而引发焦虑。我们会在后面的章节中详细描述在生命中焦虑状态的激活机制，就像弗洛伊德所构想的那样。

一种焦虑的基因？

1996年11月，一种与焦虑成因有关的基因登上了《纽约时报》的头版。久负盛名的《科学》杂志刊登了一篇关于位于染色体17q12上的SLC6A4基因的文章，在容易焦虑，容易具有悲观情绪和产生负面想法的主体身上，这种基因会更短。所有的研究者都乐于认为，焦虑倾向在出生时就已起到了一定的作用。现在，我们对情绪，包括焦虑的生物成因有了更好的了解。

大脑中最大的部分，最古老的大脑中枢，“海马体”和“杏仁核”，以及最晚演化出现、功能最为高级的大脑皮层，都会影响到情绪的形成，尤其是焦虑。对于那些具有病理性羞怯的孩子，甚至出现了“羞怯型大脑”的说法，最尖端的大脑研究技术详细描述了多巴胺的活性下降，多巴胺目前被认为是跟这种病理性羞怯直接相关的生物基质。

此外，5-HT1a受体，一种神经递质血清素（又称5-羟色胺）的受体，似乎跟焦虑型行为有关，尤其起到了调节的作用。在焦虑的动物样本研究中，在通过对小鼠实施的基因变异技术识别出的基因中，这种受体的编码基因占有特殊的地位。这些受体优先集中在海马体、杏仁核和大脑皮层中。这些突触后受体还负责掌管5-HT1a小鼠的“焦虑”表型行为。实际上，这种受体的编码基因似乎会跟由焦虑、抑郁和神经质（艾森克的“神经症”因素，我们在后文中会再次提到）构成的情绪三合相互影响。科学家们认为，个人特征中的个体间差异，基因的影响因素占到了50%。[1]因此，至少还有50%的原因在于主体自出生时与外界环境的接触。

关于遗传性的错误观念

我们所有人都是自身遗传和成长环境间相互关系的产物。这里需要指出的是，在这个和人格同等重要的领域，常常会出

1　J. 本杰明（BENJAMIN J.）、R. 埃勃斯坦（EBSTEIN R.）、R. 贝尔马克（BELMAKE R.），《分子遗传学与人格》（*Molecular genetics and the human personality*），美国精神病学出版公司（American Psychiatric Publisher Inc.），2002年。

现关于遗传性的错误观念。

“如果说某种特质是遗传的，那么它就会对遗传了这种特质的不同群体产生一模一样的影响。”

为了弄清楚这句话错在哪里，我们就需要了解某种遗传基因和它通过与其他基因和环境的结合，在个体身上的表现之间的差别。研究者已经证实，严重的精神疾病，如精神分裂症，其病因与基因有一定的关系。精神分裂症患者的后代，罹患精神分裂症的可能性会更高。但是，如果这些人没有成为精神分裂症患者，那么他们成为具有创造力的个体的概率也会更高。无论基因遗传对精神分裂症的影响有多大，这种疾病都会对创造力产生促进的作用。比如，人尽皆知的爱因斯坦，就有一个患有精神分裂症的孩子。在遗传特征和这种特征的表现形式之间，并不存在单一性的关系。

“如果说社会对某种特质会产生巨大的影响，那么就说明，这种特质的遗传特性就很低。”

奇妙的是，这句话倒过来说就对了。社会压力对某个人在独有特质上的影响越大，环境的变化性就越小（因为同样的高水平环境效应会发生在所有个体的身上），那么这一特质在这种文化背景中的遗传性水平就会越高。所以呢，因为美国文化令每个男孩都拥有了打篮球的可能性，这项运动的水平的变化性，就会首先归因于遗传性，而非环境。

“试图对一种具有强大遗传性因子的特质施加影响，无异于浪费精力。”

实际上，遗传性的影响可能随环境的变化而不同。我们应该反过来，想要对一群人所具有的特质施加影响，就要让这群人置身于不同的环境中。

“遗传性，意味着这个人不会发生改变。”

遗传性的影响，有时候会随着年龄的不同而发生变化。比如说智力，随着孩子的成长，遗传性的影响会变得越来越重要。[1]在其他的情况下，遗传性的影响在环境的抵消作用下会变弱。

遗传性角色的重要之处

在这一对延续了两千多年的演变的局部检视中，最令人瞩目的，就是气质的概念及其遗传性成因，在经历了科学认知演变带来的兴衰交替之后流传至今。这种以原貌延续下来的观点认为，我们可以根据某些生物特征对个体进行分类，这些特征

---

1 洛林（LOEHLIN），《人格发展中的基因与环境》（*Genes and Environment in Personality Development*），纽伯里公园（Newbury Park），加利福尼亚州，Sage出版社，1992年。

至少有一部分是天生的，并通过特定的行为风格和对某些疾病的易感性表现出来。诚然，这种观点也在关于对首要生物因素和心理描述的表达上发生了一些变化。概念本身的接受程度也发生过波动，在环境学概念占上风的时候，其接受度就出现了下降。但它在今日的复苏是显而易见的。

即便是在精神病学的范畴之外，在目前生物学研究的趋势占据统治地位、分子遗传学令先天遗传说重整雄风的情形下，遗传性在心理学研究中也早已重焕新生：大量关于遗传的研究项目得以开展，关于遗传学的杂志和专题会议如雨后春笋般纷纷涌现，尤其是关于儿童心理学。

实际上，基于气质的研究角度，可以摆脱受到表型异质性束缚的困境，从而凸显脆弱性指标；这些指标是生物、心理或认知上的测量标准，反映了与某种病症发展的高风险相关的遗传脆弱性。除了可以检出风险主体，我们还可以依据这些指标，对病症机制和环境因素的影响提出新的假设。[1]

事实上，自20世纪50年代开始，在亚历山大·托马斯（A. Thomas）和斯黛拉·切斯（S. Chess）[2]等人的影响下，气质就

1 Ph. 高伍德（GORWOOD Ph.），《广泛性焦虑症的脆弱性因素》（“Les facteurs de vulnérabilité du trouble anxieux généralisé”），2001年，《神经与心理》杂志（*Neuro-psy*，增刊），第2期，第77—81页。

2 A. 托马斯（THOMAS A.）、S. 切斯（CHESS S.），《纽约纵向研究：从婴儿期到成人初期》（“The New York longitudinal study: from infancy to early adult life”），收录于《气质研究》（*The Study of Temperament*），R. 普洛明（PLOMIN R.）、J. 杜恩（DUNN J.）编辑，希尔斯代尔（Hillsdale），新泽西州，Erlbaum出版社，1986年，第39—52页。

已经被纳入一种充满活力的发展研究方法之中。虽然气质的概念跟遗传和体质因素有关，但这些因素在与环境因素相互作用的发展中，也在发生变化和不断的适应。主体某些特征和其所处环境之间的相互作用，是目前气质学说的核心所在。这种学说不再以特定的行为举止为着眼点，而是注重表型多样性上游的生物“模式”，这就导致了不同的表型定数。同一种源于发展和主体及其所处环境间相互作用的气质特点，可以通过与之对应的生物“模式”，指向病理性举止或不同的适应性行为。[1]

气质与神经递质

时至今日，气质与生理因素的关联，已经得到了广泛证实。

现在，研究渴望做出一种解释，考虑到神经递质，并较之基于体液的阐释更容易为人所接受。事实上，自20世纪60年代开始，有关中枢神经系统神经递质（也就是可以传递神经冲动的物质，在神经元之间传递信息的物质）的研究开始发展起来，尤其是在跟精神药理学相关的方面。主要是关于去甲肾上腺素、血清素和多巴胺。

1　R. 茹文（JOUVENT R.）、C. 温德罗（VINDREAU C.），《抑郁及理论流派》（*Depression et mouvements des théories*），巴黎，PIL出版社，1996年。

严格来说，很多这样的神经递质并非只存在于神经系统中（血清素最初是在肠道中发现的，因其对血管的收缩作用而得名），因此，除了对中枢神经系统产生的特定影响，它们还可以被视为等同于荷尔蒙的、遍布有机体的“情绪因子”。

基于神经递质的气质学说，是建立在一系列经验观察之上的。

▸ 第一个观察是，一种具有相对特异活性的神经递质，不仅仅在明确的疾病分类范畴中有效。最常见的例子就是“血清素再摄取抑制剂”，这种抑制剂可以用来治疗抑郁症、焦虑症、强迫症，以及其他被认为属于冲动控制障碍的各类病症。这些事实描述的是一种药物[1]的“跨疾病分类”[2]作用，前提是这一作用牵涉某种独特的神经递质，我们可以通过这些事实，假设这种神经递质是行为维度的生物基质，一种超越了该行为维度诊断实体的生物基质。

▸ 第二个观察是，在某种程度上，可以通过这些神经递质的分解代谢产物或其他的技术手段，间接评估大脑中活性神经递质的数量。这些方法首先在精神疾病的研究中被用来确定某种神经递质的缺陷是否跟某种特殊的病理状态有关，比如焦虑

---

1 由达尼埃尔·伟德罗西（DANIEL WIDLOCHËR）领导下的萨尔佩特里厄尔医学院首次提出，连同其他该领域的当代著名研究者，如罗兰·茹文（ROLAND JOUVENT）、伊夫·勒克鲁比耶（YVES LECRUBIER）和阿兰·珀什（ALAIN PEUCH）。

2 跨疾病分类，指的是药物的作用不仅仅限于某种明确的疾病分类范畴。

状态。研究结果发现，这些改变并不仅限于正常主体和患病主体的对比（差异—状态），还存在于健康主体中，这些健康主体的区别就在于神经递质的“比率”；因此，它们是个体的恒定特征（差异—特质），也就是气质的恒定特征。

我们可以从两个角度来解读这种差异—特质，正如气质学说的初衷所向。我们假设：其一，这种差异—特质表明主体具有某种先天致病因素（此处为精神疾病），我们称之为“标记”；其二，这种差异—特质同时与某个跟疾病状态无关的心理特点有关。

瑞典研究人员的研究结果为这种方法提供了经典案例：血清素代谢物在脑脊髓液中的比率，可以反映出神经递质的大脑机能。研究人员首先发现，在抑郁主体的身上，低比率跟自杀未遂的暴力性格有关，但后来又发现，这种低比率也存在于没有罹患精神疾病的主体身上，但这些主体因为暴力犯罪而被监禁。由此，我们可以做出血清素比率和从倾向到行动之间具有普遍关联性的假设，也就是存在于精神疾病之外的恒定“性格”维度。

环境和经历如何影响人的性格

现在我们来说说环境吧。“环境”的评估要比遗传因素的评估困难得多。环境因素包括以下三个方面：

- 生活事件：从出生起，我们就有可能碰到各种各样的生活事件。
- 教育。
- 我们精神生活的逐步形成：回忆、幻想，以及我们自己和他人的种种表象，所有这些，一部分是有意识的，一部分是无意识的，但都多少承载着情感。

生活事件

在说到环境对焦虑的影响时，我们会想到生活中轻微压力的累积：非创伤性自我的持续性信息超载，可能会导致无法控制和越过这些信息。与过度劳累、过度活跃和投入分散（无法通过警觉性注意或休息得到补偿）有关的焦虑，或许是焦虑状态最常见的表现形式，但肯定不是焦虑性格最常见的表现形式，从定义上来说，焦虑性格构成了人格的本质。相反，显而易见的是，这种超载可能加强人格的焦虑倾向。

因此，如果我们将轻微压力的累积排除在外，那么在解释焦虑性格的发展时，突如其来的重大事件，尤其是童年时期的重大事件（哀悼、突然的分离、意外、严重的疾病等），是否会构成真正的风险因素呢？换言之，某些生活事件是否对焦虑性格的形成起到了决定性的作用呢？这里的答案也是显而易见的：不是。某个生活事件至多只可能成为诱发因素或促成因素。

确实，我们在审视某个生活事件时，应该考虑到它之于个体的意义，以及个体的过往经历、期待和后果。从这个角度出发，研究人员证实，危险事件跟个体经历的关联度较高，而丧失事件则跟个体抑郁的关联度较高。研究人员同时还评估了某些生活事件的积极效应，而非病原效应。那些可以提升安全感的生活事件（比如成为业主、结婚、工作转正、获得职位），能够促进焦虑的缓解。[1]

如果我们从整体上来审视焦虑症，那么从流行病学的意义上来说，早期分离（去世和离婚）就可被视为风险因素。[2]一个复杂但仍待解决的问题是，不同的分离是否会成为不同焦虑症中的不同风险因素。

在病原学研究中，有很多固有的方法问题，我们应该对这些问题予以重视。与母亲或父亲分离的原因（去世或离婚）、遭遇分离的年龄，以及相关的环境因素（单亲家庭或重组家庭）、家长替代，决定了各种状况的大不相同，而这些状况是

---

1 G. W. 布朗（BROWN G. W.）、L. 勒梅尔（LEMYRE L.）、A. 毕福科（BIFULCO A.），《社会因素与焦虑和抑郁症的康复，特异性试验》（“Social factors and recovery from anxiety and depressive disorders, A test of specificity”），《英国精神病学杂志》（*Brit J. Psychiatry*），1992年，第161期，第44—54页。

2 D. 赛尔文（SERVANT D.），《社会心理环境在焦虑中扮演的角色》（“Quel rôle joue l' environnement psychosocial dans l' anxiété?”），*L' Encéphale*杂志，1998年，第24期，第235—241页。

鲜少受控的。此外，还要考虑到跟成年人数据收集的回溯特点和对照组构成相关的方法偏差。

父母离婚和过世的后果

一项重大的遗传病原学研究表明，较之父母的过世，分离更有可能成为广泛性焦虑症的风险因素，我们知道，广泛性焦虑症跟焦虑性格有很多的相似之处。相反，恐慌症的高发风险跟父母的过世有关，并跟与母亲而非与父亲的分离有关。[1]

我们在相关文献中找到的结果清楚说明，在环境的压力事件和焦虑性格之间，并不存在单纯的因果关系。其他不同性质的因素也会加入其中。

父母的角色和教育的角色

是否可以用父母和其他家庭成员养育孩子的方法来解释焦虑性格呢？如果是的话，这些家庭成员的哪些态度是至关重要的，我们又如何对其做出评估呢？如果不是的话，那这是否与

1 K. S. 肯德勒（KENDLER K. S.）、M.C. 内尔（NEALE M.C.）、R. 凯斯勒（KESSLER R.）及合著者，《童年期失去父母与女性成人精神病理学》（“Childhood parental loss and adult psychopathology in women”），《普通精神病学文献》（*Arch. Gen. Psychiatry*），1992年，第49期，第109—116页。

每个孩子对自己日常经历的逐步内化有关，而某些经历会产生某种特殊的情感影响呢？

诚然，拥有焦虑性格的家长构成了焦虑的一种致病风险因素，但反过来，情绪极为冲动的孩子，会导致家长的行为方式有别于那些友好、情绪极少冲动的孩子的家长的行为方式。多项精确研究提供的证据表明，家长的专权可能是由孩子漫不经心、反抗或焦虑行为引起的。

焦虑性格中的先天和后天

遗传与环境之间的全面论证就此形成：基因会影响行为，但童年时期的教育关联，通常是人为教育，会反过来影响，当然不是我们染色体的内容了，而是我们某些基因的表现度。这个结果不仅令人安心，而且极有可能帮助我们在未来的某一天，去更好地理解并控制治疗介入的效果。

在孩子陷入焦虑时，我们往往应该在孩子的家庭历史中寻找根源：要么是母亲一边，要么是父亲一边，要么是两边。在遗传因素之外，代代相传的焦虑性格的例子并不少见。因此，应该要想到找出其中的原因，当然不是把罪责归咎于某个人。

朱莉始终摆脱不掉强烈的分离焦虑。每当看到表现母亲离开孩子这种情节的小说或电影，她就会泪水涟涟，就好像那是自己的亲身经历一样。但在现实中，她并没有过这样的经历。母亲并没有抛弃过她，但她自小就时刻感觉到这种焦虑。或许，她说，这是因为父亲在自己5岁时不告而别，母亲在第一任丈夫离开之后，对同母异父的哥哥们疏于照顾的缘故。

20岁时，朱莉去了里昂上大学，她从一个表亲那里得知自己的父亲就住在那里，母亲对她的做法表示反对，因为母亲不想再听到任何关于自己丈夫那边的消息，两人至今仍未离婚。朱莉挖空心思想要找到父亲，同时又很害怕结果会令自己感到失望。再者，那个时候，她也不知道自己为什么那么害怕父亲会“令人失望”。她去见了父亲，确实令她失望。父亲对他自己的母亲非常依恋。朱莉觉得，父亲是因为内心的极度不成熟，才选择了撇下自己的妻子和女儿。

跟父亲的见面并没有坚定朱莉对未来和结婚组建家庭的信念，因为她自己就是个非常依恋母亲的人。但朱莉还是勇敢地选择了自己的生活道路，但就在她生下一个漂亮女儿的时候，她的焦虑再次袭来，并且落在了这个自己焦急等待和非常喜爱的孩子身上。

朱莉感受到的焦虑，或许跟她自己对母亲的焦虑有关。实际上，她时时刻刻都在为别人担心，为自己的女儿担心。她一门心思只想着女儿，甚至为此而影响到了跟丈夫的关系。她做了一个梦，在梦里，她跟丈夫一起在乡下。丈夫给了她一个意外惊喜，一个她梦寐以求的惊喜：一只漂亮的手表。但在梦里，她很快就无法再享受这幸福的一刻，因为她想着自己和丈夫把女儿独自留在了家里。他们请一位女邻居来照顾女儿，但朱莉觉得这个邻居对待女儿就像对待宠物一样，于是无比担心起来。

最近，朱莉的母亲问起她跟丈夫的性生活，她觉得这个问题太过侵犯隐私；她觉得自己必须回答这个问题，接着就觉得火冒三丈。

朱莉抱怨自己总是太过轻信别人说的话。她需要去相信人，她说。同时，她又对别人问她的问题特别敏感，尤其是母亲问她的问题。她觉得自己对所有人都过分依赖，尤其是自己的母亲。

1988年，两位研究者，罗伯特·麦卡尔（Robert McCrae）和小保罗·科斯塔（Paul Costa Jr.），在研究成人早期回溯记忆的报告时发现，成人人格测试的得分植根于他们记忆中童年时期与父母建立的关系。但其中的关联性并没有我们想象的那么高——这也就意味着，家长对孩子发展的影响并不像很多人认为的那么大——但这些关联似乎具有一定的逻辑性。

- “有爱的”家长，他们的孩子在成年之后较少罹患神经症，较多具有外倾特质，敢于体验，具有讨人喜欢的性格和有责任心的性格。

- “严格的”家长，他们养育的孩子具有很强的外倾性和责任心，但不大敢于体验。
- “极为殷切的”家长（宠溺孩子），他们养育的孩子非常外倾，但不大讨人喜欢，“很有自信，但只想着自己”。

当然了，借助回溯报告，总会出现在回忆时出现偏差的可能。但是哪个因素更重要：回忆还是现实？为了把这个缺陷降至最低程度，研究者们展开了多项表面看来可以避免招致诟病的纵向研究。这些研究同时还表明，父母之于孩子的行为方式，预示着往后几年可能出现的情感态度。因此，父母在孩子5岁时的不同行为，也预示着这些孩子长到31岁时的共情能力。那些自我描述具有共情能力（慷慨、热心、给人好感）的成年人，都曾在5岁时得到过父亲和母亲更多的关爱，并且母亲对自己的母性角色感到更为满意，较能容忍孩子对自己的依赖，不太能容忍孩子对自己的侵凌。

一项现今最富成效的纵向研究，在连续30年间，对同一观察对象人群进行了研究：从出生到18岁期间与母亲的关系。[1]

---

1 H. 马西耶（MASSIÉ H.）、N. 塞恩伯格（SZAJNBERG N.），《婴儿期母亲的养育、童年期、经历与成人精神健康之间的关系》（“The relationship between mothering in infancy, childhood, experience and adult mental health”），《国际精神分析学报》（*Int. J. Psychoanal.*），2002年，第83期，第35—55页。

该项研究表明，在现已成人的观察对象中，那些曾经在婴幼儿时期获得过基于爱意和母性共情，以及侵凌性控制学习的有效关注的主体，作为成人，较之那些未曾获得过如此有效的母性关注的孩子，会具有更高水平的心理防御机制。如此看来，这期间存在某种过程，孩子在这个过程中将自己母亲的防御机制内化了。

父亲的角色，似乎多为通过辅助、促进或阻止母亲对孩子的影响，令母亲的角色间接化。其他在30岁时的评估项（整体机能，或是对父母依恋安全感的精神表现，以及罹患或未罹患精神疾病），未能显示出任何统计价值。另一方面，根据关于心理机能的累积性创伤效应理论，经历过多个痛苦事件的孩子，在成人后，整体机能的水平要低于那些没有遭遇过多种创伤的孩子。

这项研究结果就具有了双重意义：

- 其一，我们无法通过单一因素来解释家长所扮演的角色，尽管母亲的角色似乎更加重要。
- 其二，让我们看到了母亲通过自己使用的参照性防御机制（预期、升华、自我观察、投射、抑制等）而扮演的母性心理角色，我们在后文中会讲到这些防御机制在对希望改变自己性格的焦虑者的精神分析疗法中的重要性。

兄弟姐妹

兄弟姐妹，一如家长，也会影响到人格的发展。曾跟随弗洛伊德学习的奥地利医生阿尔弗雷德·阿德勒，提出了出生顺序对人格形成的重要影响，并对此进行了很多调查，以确定头生子、中间子、幺子或独子的身份是否会对人格产生影响。这些研究虽然备受争议，但也表明，在通常情况下，头生子更容易取得成功，并且会变得比自己的弟弟妹妹更加保守。独生子也同样更容易取得成功。

对排行不同的孩子，家长会表现出不同的行为方式。所有的兄弟姐妹，不仅仅是双胞胎，都会受到以不同方式对待孩子的家庭倾向的影响。一种显著的影响，就在于对头生子的不同期待。在养育第一个孩子时，父母更年轻，通常来说，对为人父母的事实也会感到更加焦虑和没有把握；这些不确定感自然会影响到他们对待孩子的方式。另外，父母在对待头生子时会更加严厉，也会要求孩子对自己的行为更负责。

其他的因素也会影响到同一家庭内部对待孩子的不同方式，如父母的健康状况、经济状况、工作责任的变动，离婚，等等。当这些状况出现在孩子的成长过程中时，对于亲历这些状况的孩子来说，它们就会以不同的方式对父母与孩子之间的互动产生影响。孩子对被当成区别于自己兄弟姐妹的完整个体的渴望，会加剧这种对待方式的差别。

焦虑的家长，焦虑的孩子？

错在母亲？

指责母亲，是一件很常见和很容易的做法。那句著名的“三岁看大，七岁看老”，不知道影响了多少人的观念。但确实，一位过于焦虑的母亲，会对自己襁褓中的孩子一丁点儿不令人满意的迹象表现出过度的关心；在孩子长大之后，她会把孩子留在身边，独占孩子，并施予过长时间的“亲子照顾”；在孩子进入青春期之后，她不允许孩子独自外出，因为害怕孩子遇上坏人；最后，在孩子成年之后，她会害怕自己“小宝贝”的婚姻最终以离婚收场。

本杰明的母亲总在担心儿子的健康，这个聪明伶俐的少年惹人喜爱，但特别焦虑，由焦虑引发的肠道问题令他备受折磨。他母亲有天跟我说：“来您这儿接受治疗的，应该是我。”我必须承认，她说的没错。

洛朗丝，一个精力充沛的年轻妈妈，到我这里来寻求帮助：她觉得自己对儿子太过依恋。她把自己对无法成为一个好母亲的担心全都投射在了儿子的身上。她的这种过度依恋可以追溯到童年时期。洛朗丝想做得跟自己的母亲一样好。她有一个兄弟和三个姐妹，那三个姐妹也都对自己的孩子担心不已。

洛朗丝描述自己的母亲是个母性十足的人，对自己的孩子忧心忡忡，但不太像个“妻子”。她觉得母亲从来没有太过关注过自己的丈夫，虽然他们看起来相处得还不错。尽管如此，在四个女儿长大成人之后，洛朗丝的母亲却希望在不断除联系的情况下跟丈夫离婚。

洛朗丝还遇到了夫妻关系上的问题。她的丈夫是个电子工程师，一个稳重理性的男人。洛朗丝说，丈夫无法理解她对儿子那种过度的热情。洛朗丝意识到，自从有了儿子之后，自己的全部心思就都扑在了自己的心肝宝贝身上，这种行为引起了丈夫的不满，这或许也是她父亲指责她母亲的地方。这种情况并不属于例外，男性会因为失落感甚至嫉妒，责怪妻子对孩子的过分关注。这体现了一个毋庸置疑的事实，但有时也体现了夫妻间的一种失衡：从情感的意义上而言，男性未能获得足够的存在感。

对于洛朗丝而言，焦虑是一种家庭经历，在这一点上，她说的没错。这种母亲的过度焦虑，以一种特殊的形式延续了一代又一代。洛朗丝是这样讲述自己的家庭经历的：她的外祖母是个非常自私的女人，从来没有关心过自己的孩子，对孙辈也是这样。洛朗丝的母亲肯定因此而吃了不少的苦，在她看来，这就是为什么，母亲会对自己的几个女儿无比依恋。

我们就以在前文中描述过的一类焦虑者为例：疑病型焦虑者。经验证明，疑病症的成因往往可以追溯至童年时期。疑病者的父母生活在对疾病的恐惧之中，他们的焦虑态度渗透进还是孩子的疑病者的心灵。更直接的危险是，无休无止的劝告、无用的问题和在孩子面前表现出来的担忧："他的身体太虚弱了。"在这里，来自一个家长或两个家长的压力，显然对孩子产生了影响。

因此，父母的焦虑会在不知不觉中侵入未来疑病者的头脑。但凡发现一点儿异常之处，疑病者的注意力就会以一种纠缠不休的方式集中在对健康的担忧上。

焦虑的母亲会预料到孩子面临的危险

在史蒂芬·斯皮尔伯格的影片《拯救大兵瑞恩》中，有一幕催人泪下的情节：瑞恩太太在厨房里。透过窗户向外望去，远处是荒凉的原野，一条土路从中间穿过。周围是一片死寂。忽然，路上卷起一片尘土，一辆汽车开了过来。观众们都猜到了，那是参谋部的人，他们是来通知瑞恩太太，她的三个儿子战死沙场，小儿子失踪不见。瑞恩太太也猜到了，她感觉到了。没等那些人下车，她就打开了房门，跌倒在自己家的门槛上。

错综复杂的关联与责任

如果我们仔细地关注孩子的焦虑与其父母的焦虑之间的关

联，就能够发现几种可能存在的情形：

- 可能是一种相互的焦虑依恋，我们在后文中会详细叙述，在一种镜像游戏中，孩子的焦虑依恋和父母的焦虑依恋，以完全一样的方式映照出彼此。
- 但还有另一种情形：父母因为实际的物质问题、生存冲突问题、家庭或群体问题、不断出现的工作麻烦而变得焦虑。如果孩子因此而寻思：谁会在开学时给自己买新衣服，谁会去学校接送自己，谁会给自己买吃的，或者更为本质地，谁会爱自己，那么他就会很不幸地但合乎逻辑地陷入对自己近期和远期未来的担忧之中。
- 第三种情形更为显而易见，在这种情形中，父母具有真正的焦虑障碍，而孩子则会以相同的方式对此做出跟自己年龄相关的表达：严重的恐惧症、持续的过度焦虑、分离焦虑、强迫症。

一直以来，桑德拉的母亲一想到生孩子就会焦虑。如果不是丈夫坚持的话，她永远都不会要孩子。但是，如果她不想要孩子的话，丈夫当初就不会跟她结婚。孕期终于姗姗而来。甚至在怀孕之前，她就对生育产生了一种强烈的焦虑。这个年轻的女子因此而不得不接受了好几次激素治疗。她说：“我觉得这也是因为害怕……”在这种焦虑的情境中，她的妊娠过程果然也是异常艰辛。在怀孕四个月时，她就不得不卧床休养。“那个时候，我觉得孩子就快要保不住了！”生产过程也同样不易。新生儿的脐带绕在了脖子上，差点夭折。

孩子一出生，桑德拉的母亲就变成一个名副其实的“万能管家”母亲。就像大部分的女性，桑德拉的母亲也有工作，但在离开家的时候，她时时刻刻都在想着自己把女儿独自留在了家里，由此唤醒了自己事事担心的老毛病，尤其是对女儿的担心。

桑德拉，当我见到她的时候，已经变成了她母亲世界的忠实映象：她抱怨自己太过焦虑，无论什么事情都会担心，尤其是自己的成绩，跟同龄朋友在一起的时候还会感到羞怯。她跟母亲的关系，堪称剪不断理还乱。

我们并不是要在这里指责或归罪于桑德拉的母亲。她母亲的父亲也是个非常焦虑的人。桑德拉的母亲无法忍受谈论自己的父亲。最初，她害怕结婚，是因为怕碰到一个像自己父亲那样的男人。实际上，她确实就这么做了：桑德拉的父亲也是个“极度焦虑的人”。在面对自己想要摆脱的父母时，桑德拉会有一种负罪感。她的焦虑就是对这种矛盾的表达。

桑德拉满怀一种压抑的愤怒，但这种愤怒受到了控制，因此也就成为焦虑的诱因，而且必须得到释放。桑德拉的身体会时不时地背叛她。在父母之间或她与父母之间发生冲突时，她就会变得结结巴巴。桑德拉被一种无法控制事件发展的无力感压得透不过气来，这种伴随着气馁和沮丧的无力感，构成了大部分儿童期和青春期焦虑和抑郁的坚硬内核。到了现在，桑德拉又出现了学业之外的其他问题，于是她同意来跟我聊一聊。这一次，提出就医的是她自己，而不再是她的母亲。桑德拉的这个决定是值得的，因为她的青春期就快要毁掉她的前程了，因为她的焦虑跟被童年向青春期的过渡唤醒的无意识问题有关，那段过渡时期正是性格最终形成的时期。

对于每一位家长来说，所有这些都必须通过孩子有意识或无意识的表达而说个清楚。孩子和家长之间的认同是双向的。我不知道接待过多少这样的孩子，无论对完美平等地位的渴望有多强烈，尤其是在情感上，他们在父亲和母亲心中的地位各有不同，他们在父母心中的地位较之自己的兄弟姐妹也不同。当父母开始对此有所意识时，事情就会对孩子发生转机，当然了，前提是事情不会走向另一个极端，也就是说，陷入情感上严重的不平等。

出生时焦虑，一辈子都会焦虑？

现在，我们对焦虑性格的成因有了更清晰的了解。原因有如下几种：

- 部分原因在于气质——遗传因素。
- 部分原因在于教育，以及助长或减轻了跟气质相关的心理脆弱性的事件。
- 部分原因在于主体生活中的压力因素，这些因素会在某个特定时期将主体推入焦虑的困境。

我们很容易想象到这些成因之间的相互影响作用。比如，即便是那些抑制程度最深的孩子，也会很早地在有利的家庭情境中显露出完全正常的社交能力。孩子的成长环境并不会反过来取决于他的基因遗传。在孩子处于遗传性影响下的发展过程中，行为特征会引起某些环境反应，尤其是父母一方，反之亦然。

环境与遗传性的联合影响

桑德拉·斯卡尔（Sandra Scarr）的研究表明，遗传性和环境可能以不同的方式组合在一起。有时，遗传性的影响会令个体选择或将注意力集中在环境的某些方面。事实上，个体会以具有选择性的方式，被那些最符合自己人格遗传倾向的环境所吸引。[1]随后，这些“获选”环境的影响会加强遗传性的影响，就像一个内倾型的人会选择独自消磨时间，结果就会变得越发地内倾。因此，随着我们的渐渐老去，我们有可能会变得跟自己的基因遗传越来越相似。

对双胞胎的研究

对于两个身处相同环境中的人来说，环境对人格的影响可能会不同。最令人感到意外的因素，出现在一起长大的同卵双胞胎的案例中。令人感到惊讶的是，这些双胞胎虽然相似度极高，但他们在人格上的相似却要低于分开长大的同卵双胞胎！怎么会这样？表面看来，一起长大的事实，会在突出各自不同的意义上对双胞胎产生影响，比如，一个会变得较为支配，另一个会变得较为顺从。或许，父母和家人对这些不同起到了推波助澜的作用？[2]

感觉和举动意味着先天和后天的相互作用。的确，在今天，很多证据都表明，个体因焦虑的倾向而各有差异，而这种

---

1 S. 思卡尔（SCARR S.）和K. 麦卡特尼（McCARTNEY K.），《人如何创造自身环境》（“How people make their own environments”），《儿童发展》（*Child Development*），1983年，第54期，第424—435页。

2 K. 麦卡特尼（McCARTNEY K.）、M. 哈里斯（HARRIS M.）和F. 伯尼尔瑞（BERNIERI F.），《成长与渐行渐远：双胞胎研究的发展整合分析》（“Growing up and growing apart: A developmental meta-analysis of twin studies”），《心理学公报》（*Psychological Bulletin*），1990年，第107期，第226—237页。

差异受到了基因遗传的影响，有些人认为，这种基因遗传的影响占到了30%的比重。所以呢，我们在出生时还剩下70%的"自由度"，也就是说环境所扮演的角色：生活事件、接受的教育、人格的发展。

我们能对焦虑"脱敏"吗？

雷蒙·卡特尔——我们之前介绍过他用来区分"有点焦虑之人"和"极度焦虑之人"的观点——及其合作者断言，焦虑性格的形成，在很大程度上取决于遗传因素。[1]但同样是这位雷蒙·卡特尔，对环境因素的看法却要保守得多——尤其跟精神分析的观点相反——却没有说，那些对高度焦虑具有遗传易感性的主体，无可避免地受到了这种情绪的控制。对他而言，就像绝大部分的当代研究者，童年时正面和快乐的经历，能够令对过于强烈的潜在焦虑易感的主体，实现一定程度的"脱敏"。

研究者认为，家长、老师和临床医生能够找到应对焦虑儿童的焦虑倾向的最佳方式。显然，在不那么有利的环境中，个

1　R. B. 卡特尔（CATTELL R. B.）、D. S. 沃岗（VAUGHAN D. S.）、J. M. 舒尔格（SCHUERGER J. M.）和D. C. 劳（RAO D. C.），《通过多元抽象方差分析（MAVA）模式及客观测试对人格特征U.1.23遗传力进行评估，通过最大似然方法对调动能力 U.1.24、焦虑 U.1.26、自恋自我U.I.28、衰弱进行评估》（"Heritabilities，by the multiple abstract variance analysis (MAVA) model and objective test measures，of personality traits U.1.23，capacity to mobilize，U.1.24，anxiety，U.1.26，narcistic ego，and U.I.28，asthenia，by maximum-likelihood methods"），《行为遗传学》（*Behavior Genetics*），第12期，1982年，第361—378页。

体为了避免焦虑的“过度”和其他糟糕情绪而付出的努力，最终会形成一种潜在的痛苦和不恰当的行为方式。

其他因素对我们脆弱性的影响

此外，焦虑中的生物脆弱性也成了备受指责的对象。但是，那些可能改变某些涉及压力和焦虑反应的生理系统的早期创伤性经历，尤其是它们不断重复的话，会导致交互模式的形成。可能在易感主体生命早期出现的慢性压力，或会导致压力反应效应基因的紊乱，尤其是促肾上腺皮质激素释放因子和合成去甲肾上腺素的蓝斑核系统。

同样，诸如人格的内在心理冲突结构、认知策略或社会支持等社会心理的因素，也应该连同生活事件一起，被纳入对焦虑人格发展的研究之中。最后一点，是生活事件的积累效应和对早期事件和近期事件共鸣作用的研究，据我们所知，除了精神分析学，还没有其他学派为“焦虑者”对这些因素进行过研究。如果说早期分离和焦虑极有可能存在某种联系，那么近期事件在其中扮演的角色就仍有待确定。考虑到其他因素的前瞻性研究，将令我们更好地了解环境压力在焦虑中扮演的角色。[1]

1 D. 赛尔文（SERVANT D.），《社会心理环境在焦虑中扮演的角色》（“Quel rôle joue l' environnement psychosocial dans l' anxiété?”），*L' Encéphale*杂志，1998年，第24期，第235—241页。

一种当代视角：生物心理社会学的理解

以现今我们对大脑不同部分功能的了解为出发点，我们很可能会得出这样的结论：神经的差异，会令个体形成人格倾向上的差异，就好像一个人，如果他的肌肉组织在出生时具有一种必然的遗传导向，那么他多少都会有一些运动天赋的倾向。但随后，这种肌肉组织的发展就会尤其取决于主体的渴望和他会碰到的生活情境。

大脑对于人格产生的影响，是否可以用这样的方式来做比喻呢：就好像运动跑车和轻型摩托车之间的差别，或者说两辆一模一样的汽车，但驾驶员对道路的理解各不相同？所有的大脑差异，既可以是个人经历差异的结果，也可以是个人经历差异的原因，至少在童年期是这样。的确，我们每个人的人格都是在遗传的基础上形成的，而个体的始发原点各有不同，因为他们的遗传因素各不相同。但人格并不仅仅是建立在生物的基础之上的，社会影响，以及对社会影响的心理内化和随之而来的幻想，也必然会影响到人类生物心理社会发展的理解和模型。

焦虑的两大支柱

今天，在借鉴弗洛伊德观点的同时，我们还观察并因此而意识到，在生命最初的几个月中，就形成了确定我们焦虑程度的两大支柱：

- 气质，在面对新奇事物时多少会具有抑制的特征。
- 依恋，可以是信赖的依恋（“安全的”）或焦虑的依恋（“不安全的”）。

现在，我们就来描述一下目前对人类焦虑的这两大原初支柱的了解。第一大支柱，众多研究的观察对象，是我们今天称为的“面对新奇事物时的行为抑制气质”。这一发现要归功于哈佛大学的心理学教授杰罗姆·凯根（Jerome Kagan）。[1]第二大支柱涉及大量对婴儿与其“依恋对象”（尤其是，但不仅仅是婴儿的母亲）关系的观察研究。这一发现要归功于英国精神分析学家约翰·鲍比（John Bowlby）[2]、弗吉尼亚大学的心理学教授

1 J. 凯根（KAGAN J.），《盖伦的预言》（*Galen's Prophecy*），纽约，Basic Books出版社，1994年。

2 J. 鲍比（BOWLBY J.），《依恋与丧失》（*Attachment and Loss*），第三卷，《丧失、悲哀与抑郁》（*Loss, Sadness and Depression*），纽约，Basic Books出版社，1980年。

J. 鲍比（BOWLBY J.），《依恋与丧失》（*Attachment and Loss*），第一卷，《依恋》（*Attachment*），纽约，Basic Books出版社，1982年。

J. 鲍比（BOWLBY J.），《依恋与丧失》（*Attachment and Loss*），第二卷，《分离》（*Separation*），纽约，Basic Books出版社，1973年。

玛丽·安斯沃思（Mary Ainsworth）[1]和加州大学伯克利分校心理学教授玛丽·梅因（Mary Main）。

焦虑的第一个支柱：抑制气质

焦虑性格的初期迹象

初看之下，新生儿的情绪堪称是难解之谜。所有的新生儿都在哭闹着好让人知道自己饿了或是需要关注。一旦获得了喂养或安抚，他们就会平静下来，露出微笑。虽然他们的表情和动作都很相似，但从客观上来说，我们并无法从中辨认出人类情绪的不同类别。

接着，在几个月的时间内，一切都改变了。最初的情绪表达出现了：

---

1 M. D. S. 安斯沃思（AINSWORTH M. D. S.），《依恋：回顾与展望》（"Attachment: retrospect and prospect"），收录于《依恋在人类行为中的角色》（*The Place of Attachment in Human Behavior*），纽约，Basic Books出版社，1982年。

M. D. S. 安斯沃思（AINSWORTH M. D. S.），《依恋：适应与延续》（*Attachment: Adaptation and Continuity*），在儿童研究国际研讨会（International Conférence on Infant Studies）上提交的论文，纽约，1984年4月。

M. D. S. 安斯沃思（AINSWORTH M. D. S.）、M. C. 布雷哈（BLEHAR M. C.）、E. 瓦特斯（WATERS E.）、S. 沃尔（WALL S.），《依恋模式：对特异情形的心理学研究》（*Patterns of Attachment. A Psychological Study of the Strange Situation*），希尔斯代尔（Hillsdale），新泽西州，Erlbaum出版社，1978年。

M. D. S. 安斯沃思（AINSWORTH M. D. S.）、C. G. 艾希博格（EICHBERG C. G.），《母亲与依恋对象丧失有关的经历对母婴依恋的影响》（"Effects on mother-infant attachment of mothers experience related to loss of an attachment figure"），收录于《贯穿生命周期的依恋》（*Attachment Accross the Life Cycle*），C. M. 帕克斯（PARKES C. M.）、J. 斯蒂文森-西德（STEVENSON-HINDE J.）、P. 马瑞斯（MARRIS P.）编辑，伦敦，Routledge出版社，1991年。

- 惊讶的表情出现在1至3个月大时。
- 愤怒的表情出现在2至4个月大时。
- 高兴的表情出现在3至5个月大时。
- 恐惧的表情出现在5至9个月大时。
- 羞耻和自责的表情出现在12至15个月大时。
- 蔑视的表情出现在15至18个月大时。

实际上，大部分孩子在18个月大时，都能够表达出自己的某些情绪。在进入幼儿园的第一年，孩子能够讲述自己或他人的情绪，并说出原因或后果。到了3岁，孩子的情绪表达水平就赶上了成人。自此以后，孩子对人类所有的情绪就一手在握了。

但是，焦虑性格的初期迹象，在头几个月，或是在孩子对“保护或养育”对象依恋关系出现个体差别的时候，就可以观察到。实际上，自出生那一刻起，新生儿就会在反应程度上出现差异：从高反应型，往往状态紧绷，经常哭闹，相对睡得少，到低反应型，往往状态安静，容易入睡，以及所有的中间类型。但尤其是，根据气质的不同，孩子对自己碰到的状况会做出不同的反应。有些婴儿在受到鼓励时显得特别地畏怯，他们属于过度反应型。

根据一项在出生后头四天中做出的评估和一直持续到9个月大时的观察，小孩子的情绪活动实际上具有一种相当的稳定性：易激动并很难平静下来的新生儿，在9个月和24个月大时较容易激动。此外，凡是对婴儿有过长期观察的人都能证明，即便是在学习发挥影响作用之前，也会存在巨大的差异：一个哭闹不休，另一个则安静乖巧，鲜少表达自己的不满。

还要加上成熟度的差异：足月出生的新生儿拥有更好的自主神经调节。他们也会表现得更容易与人相处：他们会更多地注视自己的母亲，再长大一点儿，他们会比其他的婴儿更容易微笑和牙牙学语。拥有良好成熟度的新生儿，可以在醒着的状态下安静地待几分钟，他们会朝四周张望，把手伸向别人递过来的东西，他们还可以在哭喊之后自行平静下来。非足月出生的新生儿无法在醒着的状态下安静地待几分钟，他们很快就会从半醒半睡变成哭喊不休；一旦哭起来，他们会很难自行平静下来，或是别人很难让他们平静下来。但他们也会受到突发事件和与周围环境结成关系的影响。

还是婴儿就已经焦虑了

杰罗姆·凯根及其研究团队，在1957年发表了第一项研究报告，这项研究针对89名接受评估的新生儿，在出生后的10年间（1929年至1939年）和1957年的成人期间对他们的心理特征进行了观察。最引人瞩目的成果是，以一小组初期评估为非常“胆小”的孩子为观察对象，他们在成人后保留了相应的行为特征：羞怯和对所爱之人的依赖。

由此提出的焦虑气质的假设以三个事实为依据：

- 羞怯是童年期描述行为中最具稳定性的特征。
- 行为稳定特点的早熟性（出生后头3个月），令家庭经历不太可能成为唯一的影响因素。
- 研究人员发现，步入成年期的羞怯主体，其心率变异性很低（这一评估未经观察证明，仅为方便而借用了一家专门研究心率变异性的实验室的观察结果）。

总体说来，凯根及其合作研究者[1]通过四个纵向研究，在14年间对900名儿童进行了评估。

第一阶段：研究人员发现，极端行为（抑制，非抑制）都较为稳定

第一阶段以两项纵向研究为基础。第一项发表于1984年；[2]研究对象年龄为21个月，以此保证他们都已度过了分离焦虑的阶段。第二项研究发表于1986年，研究对象年龄为31个月，以此保证可以研究需要孩子配合的生理参数。在这两

1 J. 凯根（KAGAN J.）、S. 瑞兹尼克（REZNICK S.）、N. 斯尼德曼（SNIDMAN N.），《儿童行为抑制的生理学和心理学》（"The physiology and psychology of behavioral inhibition in children"），《儿童发展》（*Child Development*），第58期，1987年，第1459—1473页。

2 J. 凯根（KAGAN J.）、S. 瑞兹尼克（REZNICK S.）、C. 克拉克（CLARKE C.）及合著作者，《对陌生儿童发展的行为抑制》（"Behavioral inhibition to the unfamiliar child development"），《儿童发展》（*Child Development*），第55期，1984年，第2212—2225页。

项研究中，根据出生登记选出300名儿童；通过电话访谈，向入选儿童的母亲询问孩子的羞怯性格或社会性格，大致选定117名抑制或非抑制儿童，然后让他们到实验室里接受一系列的评估。

只有行为极为抑制或非抑制的儿童接受了评估：在1号研究中，有28名抑制儿童（占初选样本的10%）和30名非抑制儿童；在2号研究中，有26名抑制儿童（占初选样本的15%）和23名非抑制儿童。这两组儿童分别在21个月或31个月、3岁半至4岁半、7岁半和13岁至14岁大时接受评估。实验通过尝试创造陌生情境、引入物品、人物或认知任务，对儿童在标准化情形中的适应行为做出评估，并录制下来。以下评估标准根据年龄有所变化：

- 互动的潜在性。
- 自发性语言（牙牙学语、言语）。
- 情绪表达（哭泣、微笑……）。

生理标准也在评估的范围之内：

- 心率及心率变异性。
- 直立姿势下的血压变化。
- 尿液中的儿茶酚胺代谢物。

- 唾液中的氢化可的松。

研究人员在受测儿童7岁时获得了最终的评估结果。在被划归为抑制类的儿童中，25%未发生改变，5%改变了类别，其他人不再属于极端行为类别。在被划归为非抑制类的儿童中，42%未发生改变，1.8%变成抑制类。研究者最终获得了极端行为（抑制或非抑制）的相对稳定性，并发现非抑制行为的保留度更高，他们将其解释为社会经历的结果（社会行为受到了家长和社会的鼓励）。针对生理参数的研究结果表明，抑制儿童与非抑制儿童的区别在于交感神经系统的过度活跃和下丘脑—垂体—肾上腺轴的过度活跃。

这一观察结果得出了“行为抑制气质”的生物假设，凯根对此是这样表达的：表现出这种气质的儿童，大脑杏仁核的兴奋度阈限降低，杏仁核将其投射传送至交感神经系统、大脑皮层运动区和下丘脑—垂体—肾上腺轴。[1]如果说这一生物假设成立的话，杏仁核兴奋度阈限的变化就会出现在生命早期；因此，研究人员在婴儿出生的头几个月，就尝试找出抑制或非抑制行为的先兆性行为。

---

1 J. 凯根（KAGAN J.）、S. 瑞兹尼克（REZNICK S.）、N. 斯尼德曼（SNIDMAN N.），《童年期羞怯的生物学基础》（“Biological bases of childhood shyness”），《科学》杂志（*Sciences*），第240期，1988年a，第167—171页。

第二阶段：研究人员发现，在生命的极早期就可以观察到这些差异

第二阶段的研究目标是稳定行为，这些行为在出生后的头几个月就可以观察到，也就是说在形成“陌生”这个概念之前。因此，评估主要针对用来回应出生后头几个月的新情境和之后的陌生情境而表现出的恐惧（喊叫和运动反应）的频率。

研究人员先后对两组对象[1,2]进行了评估。第一组由94名4个月大的婴儿组成；第二组为复制组，由500名6个月大的婴儿组成。评估分别在4个月大或6个月大，然后是9、14、21个月大和3岁半时进行。在4个月大时，根据婴儿在陌生情境下的运动和情绪反应（哭泣或喊叫），将他们分成四个类别：过度活跃、低反应、困境情形、觉醒。在14个月大或21个月大时，根据婴儿在陌生情境下恐惧反应的频率，对他们进行分类。

结果表明：

- 在4个月大时被归类为过度反应的婴儿中，将近半数在3岁半时表现出一种极端抑制的行为。

1　J. 凯根（KAGAN J.）、N. 斯尼德曼（SNIDMAN N.），《儿童抑制特征与非抑制特征的预测因子》（“Infant predictors of inhibited and uninhibited profiles”），《心理科学》（*Psychological Science*），第21期，1991年，第40—44页。

2　J. 凯根（KAGAN J.），《盖伦的预言》（*Galen's Prophecy*），纽约，Basic Books出版社，1994年。

- 在14个月大或21个月大时被归类为胆小的婴儿中，将近半数在3岁半时表现出一种极端抑制的行为。

可以说，凯根和他的研究团队是唯一对羞怯特质展开过大规模纵向研究的团队。这些研究工作表明，极端行为（抑制或非抑制）会出现在生命早期，从4个月大开始，并在一生中趋于稳定；这就在实验上证实了行为抑制气质的假设。此外，凯根还特别强调了羞怯的本质一面，临床异质性。这就凸显出羞怯的复杂性和对其进行细分研究的必要性。比如一些研究者就将羞怯定义为一种对焦虑，或是对社会情形中抑制行为和社会化渴望引起的恐惧的主观体验。

第三阶段：研究人员发现，存在先天的焦虑羞怯和后天的焦虑羞怯

凯根[1]最终通过实验证明，根据是否具有行为抑制气质，存在两种类型的焦虑。换句话说，就是一种先天的焦虑羞怯和一种后天的焦虑羞怯。

---

1 J. 凯根（KAGAN J.）、S. 瑞兹尼克（REZNICK S.）、N. 斯尼德曼（SNIDMAN N.），《对陌生和挑战做出反应时气质的影响》（"Temperamental influence on reactions to unfamiliarity and challenge"），《实验医学与生物学发展》（*Adv. Exp. Med. Biol.*），第245期，1988年b，第319—339页。

- 在具有这种行为抑制气质的评估组中，羞怯出现得比较早；遗传因素会对具有明显生理特性的羞怯起到决定性的影响，因而这种羞怯更加稳定。
- 在没有行为抑制气质的评估组中，羞怯出现得比较晚，后天因素会产生重要的影响，因而这种羞怯比较不稳定。

凯根提出了一种假设：具有行为抑制气质的焦虑儿童，其边缘系统中的某些部位，尤其是杏仁核的兴奋度阈限，会降低；没有这种气质的羞怯儿童，这些部位的兴奋度阈限，处于正常水平，但会后天形成一种对陌生刺激的恐惧。

大部分研究这一主题的研究者，都会强调羞怯的异质特性。虽然很多不同的研究者都对它做出过描述，但他们对羞怯的类型分类，依然具有惊人的相似性。实际上，“私人的羞怯”近似于“忧惧”羞怯的次级分类和“具有行为抑制气质的羞怯”；“公开的羞怯”则类似于“自我意识”羞怯和“没有行为抑制气质的羞怯”。这些不同分类的共同之处就在于，强调了两类羞怯的存在：一类由遗传因素决定，其表达取决于环境因素，而另一类则由后天因素决定。

抑制气质如何成为焦虑症的易感因素

证明行为抑制气质是焦虑性格发展的风险因素的最佳方

式，就是通过评估抑制儿童焦虑性格的出现，对追踪主体展开从童年期到成人期的纵向研究。如果假设未能得到直接证实，那么相反，这一假设的牵涉因素将会得到证实。因此，如果儿童的行为抑制气质是焦虑性格发展的基因类（也就是说，是可以被遗传的）风险因素，那么就会引出以下四种说法：

- 表现出抑制行为的儿童应该会频繁出现“焦虑障碍”（惊慌的喊叫、致病性恐惧症，尤其是过度焦虑）。
- 抑制行为稳定的儿童，出现“焦虑障碍”的风险应该高于抑制行为不稳定的儿童。
- 孩子具有抑制行为的家长，应该会频繁出现“焦虑障碍”。
- 具有罹患“焦虑障碍”风险的孩子，也就是说孩子的家长罹患“焦虑障碍”，其具有抑制行为的概率应该会很高。

来自波士顿的麻省总医院（Massachusetts General Hospital）的G.罗森巴姆（G. Rosenbaum）和J.彼得曼（J. Biderman），他们的工作为关于行为抑制气质和“焦虑障碍”关系的研究打开了新的路径。这个团队进行了五项研究：其中四项验证了以上的四种说法，最后一项是一项历时三年的前瞻性研究[1,2]。这些研究以两组主体为对象。第一组称为“临床组”，由56名2至7岁的儿童构成，根据家长的精神疾病（伴随或未伴随广场恐惧症的恐慌症，抑郁）分成四个小组。第二组称为“非临床组”，集中了一些凯根分组中的儿童及其家长，由具有极端行为的儿童构成，22名抑制儿童，19名非抑制儿童，29名属于控制组的儿童及其一级亲属。在对其家长进行评估时，这些孩子的年龄为7至8岁。评估结果如下：

---

1 D. F. 赫斯费尔德（HIRSFELD D. F.）、J. F. 罗森巴姆（ROSENBAUM J. F.）、J. 彼德曼（BIEDERMAN J.）及合著作者，《稳定的行为抑制与焦虑症的关联》（“Stable behavioral inhibition and its association with anxiety disorder”），《美国儿童及青年精神科医学会学报》（*J. Am. Acad. Child. Adolesc. Psychiatry*），第31期，1992年，第103—111页。

2 J. F. 罗森巴姆（ROSENBAUM J. F.）、J. 彼德曼（BIEDERMAN J.）、M. 格尔斯滕（GERSTEN M.）及合著作者，《儿童对父母的行为抑制，伴随恐慌症与广场恐惧症：对照研究》（“Behavioral inhibition in children of parents with panic disorder and agoraphobia: a controlled study”），《普通精神病学文献》（*Arch. Gen. Psychiatry*），第45期，1988年，第463—470页。

J. F. 罗森巴姆（ROSENBAUM J. F.）、J. 彼德曼（BIEDERMAN J.）、D. R. 赫斯费尔德（HIRSHFELD D. R.）及合著作者，《儿童行为抑制：恐慌症与社交恐惧症的可能先兆》（“Behavioral inhibition in children: a possible precursor to panic disorder or social phobia”），《临床精神病学学报》（J. Clin. Psychiatry），第52期，增刊第11期，1991年a，第5—9页。

J. F. 罗森巴姆（ROSENBAUM J. F.）、J. 彼德曼（BIEDERMAN J.）、D. R. 赫斯费尔德（HIRSFELD D. R.）及合著作者，《行为抑制与焦虑症之间关联的深层迹象：对非临床案例儿童的家庭研究》（“Further evidence of an association between behavorial inhibition and anxiety disorders: results from a family study of children from a non-clinical sample”），《精神病研究学报》（*J. Psychiatr. Res*），第25期，1991年b，第49—65页。

J. F. 罗森巴姆（ROSENBAUM J. F.）、J. 彼德曼（BIEDERMAN J.）、E. A. 鲍杜克（BOLDUC E. A.）及合著作者，《将父母焦虑症共病视作抑制儿童在童年期发作焦虑的风险》（“Comorbidity of parental anxiety disorders as risk for childhood-onset anxiety in inhibited children”），《美国精神医学学会学报》（*Am. J. Psychiatry*），第149期，1992年，第475—481页。

J. F. 罗森巴姆（ROSENBAUM J. F.）、J. 彼德曼（BIEDERMAN J.）、E. A. 鲍杜克（BOLDUC E. A.）及合著作者，《童年期的行为抑制：焦虑症风险因素》（“Behavioral inhibition in childhood: a risk factor for anxiety disorders”），《精神病学概述》（*Rev. Psychiatry*），第1期，1993年，第2—16页。

▸ 在具有抑制行为的儿童身上，童年期出现“焦虑障碍”的风险会增高。在家长患有恐慌症的孩子身上，这些障碍主要是“焦虑性格”类型的障碍（对我们而言，与广泛性焦虑症的诊断类似），而在非临床组的孩子身上，这些障碍主要是恐惧症类型的障碍。

▸ 在出现早期和稳定抑制行为的儿童组别中，也就是说具有行为抑制气质的儿童，是所有组别中罹患“焦虑障碍”风险最高的。

▸ 较之非抑制行为儿童的家长和控制组的家长，抑制行为儿童的家长罹患以下疾病的风险更高：

——多重性“焦虑障碍”（超过两种焦虑障碍），社交恐惧症的概率要高于恐慌症。

——持续性“焦虑障碍”（在同一位家长的身上，焦虑障碍从童年期持续到成人期）。

——童年期的“焦虑障碍”（回溯性数据）。

▸ 在家长具有伴随或未伴随抑郁的恐惧症（连同广场恐惧症）的组别中，孩子出现抑制行为的频率比控制组的要高。由此证明，容易罹患“焦虑障碍”的儿童（也就是说，家长罹患“焦虑障碍”的儿童），具有抑制行为的概率相当高。

以上四项研究予人的启示是，行为抑制气质是一种在童年期和成人期罹患“焦虑障碍”的个人和家庭风险因素，因此在一定程度上也是焦虑性格的风险因素，虽然对此并没有进行过专门的研究。[1]

焦虑的第二个支柱："不安全的"依恋

小孩子看起来跟成年人是那么不同，所以很难想象他们的经历可以塑造成年后的人格。但是，很多心理学家认为，婴幼儿时期是人格发展的基础时期，而且对人格的发展具有最重要的影响。

寻找依恋的婴儿

"依恋"的概念涉及早期亲密关系的建立，以及将这些关系内化为自我与生命不同阶段的亲近或非常亲近之人关系的稳定心理表征：爱情关系、夫妻关系、亲子关系、朋友关系或亲密同事的关系。

或许，从幼年到后来人格的形成，其间最显著的影响就是在这种依恋过程中产生的。在体验到一种与照顾自己之人的信赖关系之后，小孩子会形成与他人正面关系的基础，这种基础往往是持续终生的。如果最初没有得到恰当的关护，今后

1　M. H. 蒙塞居（MONSEGU M. H.），《羞怯、行为抑制气质与社交恐惧症；临床研究》（"Timidité, tempérament d'inhibition comportementale et phobie sociale; approche clinique"），精神病学硕士论文，巴黎，Sud出版社，1997年。

的各种关系就会遭到损害。这一结论符合美国精神分析学家埃里克·埃里克森（Erik Erikson）的理念，他曾经谈到，“基本信任”是婴儿幸福的必要条件。

近三十年来，不少研究团队都对婴幼儿身上的不同依恋行为作出了完美的描述。他们的研究成果显示，在出生之后，我们就可以看到，有的婴儿很放松，充满自信，而另一些则好动、抑制、焦虑。最惊人的观察结果是，在20或30年之后，同一批个体中的相当一部分人（但也不是系统性地），会具有婴幼儿时期表现出的同类行为，包括人际关系、爱情关系或成人社交关系。

我们首先会关注这些态度是如何在孩子身上形成的，然后再尝试厘清家长、孩子和其他因素对这些表征结构的影响。

接着，我们将勾勒出这些态度在一生中的演化过程。它们在成人期是如何表现出来的？它们在短期内是否会保持不变，并随着年龄的增长而出现新的动向？西尔维，本书开篇时提到的那位年轻妻子，有一天，她对自己的丈夫的描述又补充说道：“他总是在密切关注我的一举一动，总想着能发现我对他感情变淡的迹象。这让人觉得是一种病态的嫉妒，实际上，他确实有点儿，但他尤其害怕的是别人不爱他了。”重大的发现就藏在这个年轻妻子的本能察觉之中。持续一生的、多少有些强烈的内心安全感或不安全感，塑造了我们主体与一个或几个令人（或应该令人）安心之人（当然首先是父亲、母亲或双亲）之间依恋行为的发展方式，这些依恋行为在婴幼儿时期就会表现出来。

在分析完这些行为的特征之后，我们将专注于依恋模式的跨代传递问题和在这一过程中发挥作用的机制。

在一生中引导我们行为的依恋图表

依恋，是婴儿与他人之间建立起来的第一个关系模式。在精神分析学家约翰·鲍比看来，依恋系统在出生时就会形成。这是一整套可以拉近与主要依恋对象距离的行为，目的是维持自身的生存。1969年，约翰·鲍比提出了依恋理论中的“内在运作模式”（Internal Working Model）。指的是那些似乎会在一生中不断重复的依恋“模式”，它们会以某种方式引导主体对世界的阐释和与周围人相处时采取的行为。

在出生之后，这些行为会构成一种专注于特定依恋对象（主要是母亲）的自动调节体系。自我与他人和世界相处的“内在运作模式”（MIO——法文缩写），是以这些先天行为的后果为基础，在与依恋对象的关系之中形成的心理表征。依恋主体接受、拒绝，或以出乎意料的方式接受孩子接近自己的尝试，会令孩子发展出不同的模式。如果孩子对自己的能力有信心，他就会感觉到安全（我们会说他“有安全感”）；在相反的情况下，对无法与依恋对象建立联系的担忧，会成为焦虑的源泉（于是他就会“没有安全感”）。按照依恋理论的说法，“内在运作模式”会随着年龄的增长而越来越稳固。基于这一事实，研究者对成人和儿童的“内在运作模式”都进行了研究。对于一些人来说，这些模式只有在与“人际诠释机制”发生关联的情况下才可能具有意义，这种机制是一种遗传决定的能力，很有可能位于前额叶皮质中。[1]两位研究者发现了一个有趣的事实[2]：具有“安全”依恋的儿童，对负面情绪的理解能力会增强，而具有“不安全”依恋的焦虑者，就无法很好地理解焦虑这种情绪，结果会变得更加依赖这种情绪，因而控制这种情绪的能力也会降低。

依恋的四大类型

玛丽·安斯沃思认为，如果说依恋关系几乎在出生时就会表现出来，那么，我们将要描述的这四大类依恋关系，就会在6至9个月大时清晰地显露出来。所以，不是所有的依恋关系都会在出生时出现，但都会在婴幼儿时期形成。玛丽·安斯沃思将这一过程划分为四个阶段：

1 P. 福纳吉（FONAGY P.），《成年期童年精神病理学的发展：历史上病症的神秘表现》（“Développement de la psychopathologie de l'enfance à l'âge adulte: le mystérieux déploiement des troubles dans le temps”），《儿童精神病学》（*Psychiatrie de l'enfant*），第54期，2，2001年，第333—369页。

2 D. J. 莱贝尔（LAIBLE D. J.）、R. T. 托马斯（THOMSON R. T.），《学前儿童的依恋与情绪理解》（“Attachment and emotional understanding in pre-school children”），《心理学发展》（*Developmental Psychology*），第34期，1998年，第1038—1045页。

- 在出生后的头几个月中，虽然我们可以清楚地观察到婴儿可以辨认出某些感觉信号（母亲的气味、母亲的声音等），但无法观察到特定依恋体系的存在。
- 依恋没有出现区分，或是“正在形成”：婴儿被人的面孔所吸引，并通过快乐的表现（微笑、快乐的喊叫）做出反应，但另一个人很容易就能够替代母亲（去拥抱婴儿、把奶瓶递给婴儿等）。
- 依恋系统具有了特定性（在12个月大时）：孩子会寻找一个特定目标人物，通常是自己的母亲，如果母亲不在身边，他就会烦躁不安；母亲是他的“安全基础”。
- 在2至3岁期间，母亲的形象被真正地内化，并成为一种“内在运作模式”：孩子会逐渐接受母亲的缺席，从而变得更加自主。他会将自己特有的依恋和情感形式转移到其他人的身上。

在寻找应对所处情境的策略的过程中，孩子形成了自己的模式。反过来，这些模式又会影响孩子对真实的感知和阐释的方式，尤其是他人的行为。孩子会时刻关注依恋对象的可得性。如果证实依恋对象能够以恰当的方式对他的依恋需求做出回应，那么孩子就会采取原初策略（比如当他处在压力情境中时，会力图接近依恋对象），也就是说，那些可以被依恋行为系统直接感知到的策略。在“安全的”策略中，依恋系统只有在孩子的安全感受到威胁时（依恋对象不在身边）才会激活，并在依恋对象出现时失活。

在相反的情况下，也就是说，依恋对象通常无法以恰当的方式做出回应，孩子意识到原初策略并不适用于情形，于是就会采取二级策略。这些策略用来消减或改变之前策略导致的行为。例如，孩子会对接近依恋对象的可能性做出评估。如果结果是肯定的，孩子就会过度激活系统，从而夸大系统释放出的依恋信号（一刻不停地想要引起母亲的注意）。如果结果是否定的，孩子就会令系统失活，表现为逃避或转移自己对母亲的关注。在逃避策略中，孩子以防御性的方式取消了依恋系统，这就会令孩子看起来是在不考虑自己的安全感及其根源的情况下探索周围的环境；但实际上，就像我们刚才说过的，孩子的心中一刻也不曾忘记自己的依恋对象。

如果孩子对这种可得性感到焦虑，那么依恋系统就会在不利于探索系统的情况下被持续激活，即便孩子处于安全状况中也是如此（也就是说，当依恋对象陪伴在身边时）。比如，孩子会不停地渴求母亲的陪伴，但不会表现出来。二级策略只可能部分地改变依恋行为系统自然产生的影响[1]，并无法

1 M. 梅因（MAIN M.），《对依恋构造的跨文化研究；近期研究》（“Cross-cultural studies of attachment organization ; Recent studies”）；《人类发展》（*Human development*），第33期，1，1990年，第48—61页。

使系统彻底失活，这就要求孩子努力地摆脱自己的情绪。再长大一些以后也还会是这样。这就是我们所说的防御机制或应对机制。

“陌生情境”测试

通过一种被称为“陌生情境”[1]（strange situation）的实验程序，玛丽·安斯沃思界定出了1岁婴儿不同类型的依恋系统：信赖型或“安全”型，焦虑型或“不安全”型。“不安全”型又分为两种形式：“回避型”依恋（在分离之后，孩子在重新见到母亲时会回避她）和“矛盾型”依恋（孩子找寻母亲，但母亲回来后也无法让孩子感到安全）。还有一种后来得到确定的类型：“混乱型”依恋。

安斯沃思及其合作者通过观察婴幼儿在实验室里标准化情境中对陌生人的反应，研究了他们对母亲的依恋。在实验过程中，研究人员在母亲离开的情况下，让孩子跟陌生人在房间里单独待几分钟。

通过孩子在母亲离开时和回来时的反应，发现孩子表现

---

1 “陌生情境”包括7个片段，每个片段持续3分钟，除了分离片段（如果婴儿陷入分离忧虑，持续时间为30秒钟或以下）。在两个离去片段中，母亲不做反应，而婴儿则对陌生环境和陌生玩具做出反应，接着，一个生人进入房间。在第一次分离中，只留下婴儿和生人在房间里；母亲随后回来，然后跟生人一起离开，只留下婴儿独自一人。生人回来，如果婴儿陷入分离忧虑，尝试安抚婴儿；母亲在最后的重聚片段中再次回来。

出安全型，或焦虑—回避型、焦虑—反抗型，或混乱型的依恋关系。[1]

安全型依恋的孩子，在母亲离开时会表现出忧伤的情绪，在母亲回来时会表现出欣慰的情绪。这是一种最健康的依恋模式。通过这一实验，玛丽·安斯沃思把约翰·鲍比的描述具体化了：在安全型依恋中，个体充满信心，因为在碰到了令人痛苦或恐惧的情况时，家长（或家长式人物）会陪伴在身边。赖于这种安心，个体就会觉得在探索身边世界的时候有所依靠，并觉得自己有能力融入其中。这种依恋模式会得到家长（在一开始时尤其是母亲）的鼓励，前提是这个家长能够随时陪伴在侧，能够敏感地察觉孩子发出的信号，能够在孩子（男孩或女孩）寻求保护和/或安慰，和/或协助时，以有爱的方式予以回应，而且非如此不可。过度的殷切并不好，它本身就是焦虑的源泉。照顾者的陪伴可以让孩子获得一种安全感，孩子因此不会陷入忧虑，或至少在照顾者的陪伴下，孩子不会在面对恐惧刺激因素时表现出过多的忧虑情绪。如果母亲或父亲就在身边，婴儿就可以面对让自己害怕的其他个体或对象。以

1 R. 米兰科维奇-埃雷迪亚（MILJKOVITCH-HEREDIA R.），《有效的内部模型：问题回顾》（“Les modèles internes opérants: revue de la question”），收录于A. 布拉克尼耶（BRACONNIER A.）和J. 西珀（SIPOS J.）的《婴儿与早熟互动，精神病理学专题论文》（*Le Bébé et les interactions précoces*, *Monographie de psychopathologie*），巴黎，PUF出版社，1998年，第39—77页。

一种好的安全型依恋为依赖，孩子就能够在重新寻找依恋对象的过程中，探索周围环境的新奇之处。这种安全感能够让孩子去尝试新的体验，而不是疲于对抗恐惧，而这种探索会促进智力的发展。

- 焦虑—回避型依恋的孩子，会在依恋对象回来的时候采取一种回避的行为。孩子好像预期到自己在寻求安慰时会遭到回绝，于是，他们会试图（但永远无法完全做到）在表面上放弃爱和支持，好像在不关心（依然是在表面上）自己安全感及其根源的情况下探索身边的环境。事实上，这些孩子往往都有一个冷漠的母亲，这些母亲似乎对身体接触具有某种程度的厌恶。这些孩子会让人想起成年之后的逃避型或恐惧型人格。

- 焦虑—反抗型依恋的孩子，会在反抗家长的同时试图与家长建立联系，之所以会反抗，是出于孩子在对抗家长时感到的愤怒，因为家长似乎会对孩子发出的信号做出一种过于夸张的反应，而不是去帮助他们探索身边的环境和自己的感觉，家长会替孩子决定他们自我感觉的方式和强度。在这类孩子中，有些人无法在重聚时从分离的痛苦中平复下来，而且还会表现出对环境（比如房间里的玩具）的兴趣不足。这些孩子似乎感觉到家长的回应是不可靠的，他们不知道在自己需要的时候家长是否会表现得有担当，因此会趋于紧缠不放并陷入忧虑，以保证获得最大程度的安心。在焦虑—反抗型组别中，一些孩子还会表现出忧伤的情绪。这些孩子会让人想起成年之后的“依赖型”焦虑人格。

▸ 焦虑—混乱型依恋的孩子，是在后期的依恋研究中得到确认的，这些孩子以一种混乱的方式做出反应，行为缺乏条理性。他们往往是最害怕父母或最为父母感到害怕的孩子。

那些在困难情形出现时能够表现出足够关注的母亲，她们的孩子会表现出一种安全的依恋。在上述情况下，孩子在与母亲分离时会哭泣，并做出愤怒的面部表情。安全型依恋可以让孩子以恰当的方式组织自己的情绪。如果依恋关系没有安全感，那么，这种健康情感关系模式的基础就会遭到破坏。

就这样，玛丽·安斯沃思在约翰·鲍比研究成果的基础上，建立起了一种依恋理论，并成为婴幼儿依恋研究领域的先驱。婴幼儿很早就学会了爱自己的母亲和她的替代对象。他们对照顾者的依恋构成了一种联系，这种联系在照顾者抛弃他们时，会以忧虑的形式表现出来，在照顾者陪伴在侧时，会以安全感的形式表现出来。

依恋的效用

安斯沃思认为，依恋行为具有一种功能：它适用于生存，因为它会让小孩子待在赋予自己生命之人的身边。“养育”对生存来说至关重要：对于人类而言，哭泣和其他的求救行为，会让养育者赶来满足孩子的需求。

其他的物种也拥有相似的机制。在鹅和鸭子的身上，依恋会以“印刻”的方式表现出来：小鹅会像影子一样追随着鹅妈妈，左摇右摆地奔跑或是欢快地扑水，但始终都不会离开妈妈半步。你或许见到过这样的情形：如果小鹅无法立即找到鹅妈妈或鹅爸爸，它们就会把人类当作依恋对象。康拉德·洛伦兹（Konrad Lorenz）就遇到过这种情形：他碰巧看到几只雁鹅蛋在自己的实验室里孵化出来。他成了雁鹅崽看到的第一个活物，于是这些母雁鹅崽就把他当成了依恋对象，甚至在成年之后还想要跟他交配。在人类身上，孩子对虐待自己的家长的那种令人费解的依恋（矛盾型依恋），很好地展现了这种强有力的依恋。

小孩子对赋予自己生命之人的依恋，构成了原初和本质性的人类联系。它是个体在一生中发展出来的后期情感联系的基础，包括父母与成长中孩子的情感联系，以及对朋友和生活伴侣的情感联系。因此，玛丽·安斯沃思将情感联系定义为“一种相对持久的联系，这种联系中的伙伴，被视作是独一无二的个体，并且无法被任何人所替代”。安斯沃思认为，我们会尝试待在这些情感联系对象的身边，在与这些对象分离时，我们会感到忧虑，而在情感联系断裂时，我们会感到悲伤。

父亲在依恋中的角色

父亲在依恋理论中的位置是什么？父亲是跟母亲一样安全和“有效”的依恋对象吗？要回答这样的问题，也必须借助严谨的观察结果，而不能依靠日常生活中的感觉印象。几项在1975年至1983年间发表的研究成果，可以为此提供明确的指引。当时，研究者们一致认为，在与日常生活状况相近的观察环境中，在满足婴幼儿保护和温情需求的能力上，父亲和母亲表现得几乎没有差别。另一个观察结果是：在孩子较难应付的情境中（在疲劳、疾病或生人闯入的影响下），母亲就会体现出在安抚能力上的优越性。这些结果是在严格执行“陌生情境”测试的基础上获得的。

几年后，又进一步提出了一项关于孩子对母亲习惯性偏好的理论。在有幸观察了那些对照料婴儿特别投入的瑞典父亲（主要照顾者）之后，一位美国研究者发现，这些异常用心的父亲，他们所扮演的依恋对象并不比母亲（白天不在家）或传统父亲（不享受亲子假）所扮演的依恋角色“更具优势”。

从婴儿到成人

纵向研究提出，早期依恋对人未来的发展起到了关键性的影响。虽然相关证据仍有待完善，但多项研究已经证实了这样一种预测：婴幼儿的依恋障碍是其在未来关系中的焦虑和自身平衡的糟糕预兆。

从孩子1岁（“陌生情境”）持续到孩子20岁（对依恋的维护）的一些研究提出，依恋模式在整个童年期和青春期不会发生太大的变化（约70%的稳定性）。但我们都知道，讲述是通往孩子内心世界的王道。精神分析学家P.福纳吉（P. Fonagy）证实，个体构建与自我相一致的故事和将事件与负面情绪融入故事中的能力，决定了情绪的安全感。在治疗中，对讲述的控制可以提高孩子在与父母的关系中，将自己的情绪，正面的或负面的，融入与他自己相一致的故事中的能力。由此看来，或许我们有希望摆脱遗传的决定性影响；讲述因此为我们提供了一条出路：没有什么是板上钉钉的。这些新近的研究成果，让我们有可能在教育方式和切实的建议上找到另外的出路。

没能在婴幼儿时期建立起安全型依恋关系的婴幼儿，更有可能在童年期及以后遭遇痛苦的经历。在大约3岁时，较之安全型依恋的孩子，幼儿园的老师会认为这些孩子过度依赖。“不安全型”孩子比“安全型”孩子更有可能在童年期成为受害者或侵凌者；他们还会被认为在社会关系中的能力和天赋不如后者，建立的友情关系也不如后者的成熟。

这些人际关系障碍还会反映在非人际事务中。研究者在通过讲故事的观察结果对7岁儿童做出评估时发现，依恋与在之后十年认知发展的标准测试中的优异表现有关。这正是精神分析学家埃里克森的预测：出生后头几个月，发展任务（此处的依恋）中不尽如人意的表现，会导致在后期发展任务中的欠佳表现。

成人“对依恋的维护”，是一种针对早期依恋及其后果的、结构性和半临床式的维护。治疗师会要求主体用5个形容词来描述自己在童年时期与父亲和与母亲的关系，然后再讲述能够为每个形容词提供支撑的回忆。治疗师会询问主体是否觉得自己跟某一个家长更为亲近，以及为什么；他们是否觉得自己在童年时被抛弃；父母是否以某种方式对他们造成了威胁；为什么父母会对小时候的自己做出这样或那样的行为；这些经历是如何对他们的人格产生影响的。治疗师还会询问主体关于重大丧失的经历。这种方法被描述为可以“跟无意识不期而遇”。

访谈内容被逐字逐句地记录下来，心理医生会把记录下来的对话内容作为唯一的治疗依据。通过几种概念体系建立起来的最终分类，可以描述出处于早期经历及其影响中的个体的当前精神状态。主体对自己“经历”的讲述，心理医生只有在认为它证实了或违背了语篇逻辑时，才会予以重视。

玛丽·梅因在针对6岁儿童及其父母的研究中，分离出四个成人组，每个组恰好与一个5年前与父母被放入“陌生情境”中的婴儿组相吻合。由此，安全和自主的家长对应安全型孩子，不用心的父母对应回避型孩子，殷切的父母对应矛盾—反抗型孩子，犹豫—无序的家长则对应无序—混乱型孩子。[1]

这些观察结果很快就在位于夏洛茨维尔（Charlottesville）的

1　M. 梅因（MAIN M.）和E. 黑塞（HESSE E.），《家长未处理的创伤经历及其与婴儿紊乱依恋状态的关联》（“Parent’s unresolved traumatic experiences and related to infant disorganized attachment status”），收录于《学前依恋》（*Attachment in the preschool years*，第161—182页），M. T. 格林伯格（GREENBERG M. T.）、D. C. 莱赫蒂（LHETI D. C.）和F. 卡明（CUMMINGS F.）编辑，芝加哥，芝加哥大学出版社，1990年。

弗吉尼亚大学的研究中再次出现。[1]在看过以交谈记录为基础的分类描述之后，研究人员发现，交谈中家长对测试的回应，跟孩子在“陌生情境”中对同一个家长的回应非常相似。

一种“焦虑有爱的依恋”

童年期不同类型的依恋和成人期重要的关系情境之间的关联，也呈现出一种毋庸置疑但非系统性的连续性。[2]有爱的关系会导致一种研究者所称为的“焦虑有爱的依恋”，其特点表现为，非理性的不安全感、情感依赖和对所爱之人的过度“依附”。同样，夫妻中的一方出现“焦虑依恋”，不仅会对当事一方造成困扰，也会对当事方的伴侣造成困扰，从而严重影响夫妻关系。

不同类型的依恋还会对社会关系造成影响，尤其是在生活发生变动期间，比如孩子的出生或职业的改变。

1　M. D.安斯沃思（AINSWORTH M. D.）和C. G.艾希博格（EICHBERG C. G.），《母亲与依恋对象丧失有关的经历对母婴依恋的影响》（“Effects on mother-infant attachment of mothers experience related to loss of an attachment figure”），收录于《贯穿生命周期的依恋》（*Attachment Across the Life Cycle*），J. 斯蒂文森-西德（STEVENSON-HINDE J.）、P. 马瑞斯（MARRIS P.）编辑，伦敦，Routledge出版社，1991年。

2　M. B. 斯珀林（SPERLING M. B.）和W. H. 伯曼（BERMAN W. H.），《成人依恋》（*Attachment in Adults*），纽约，The Guilford Press出版社，1994年。

依恋，是的，但……

现在，童年依恋对未来人格的影响已经得到了广泛认可，警示与防范措施也不少：很多人都发现，最初的童年依恋类型并非未来发展的唯一促进因素。的确，具有正面依恋的孩子，通常都是在父母能够在多年间保持恰当对待方式的环境中长大的。同样，具有不安全依恋的孩子，往往会在之后获得更少令人满意的父母呵护。如何能够确定，早期依恋对童年后期行为的影响要胜过家长的后期行为呢？

此外，依恋过程的结果，并不像很多研究者断言的那样，完全取决于家长的行为。孩子的性格，一个生物性特征，也对依恋有着重要的影响。一些孩子比其他孩子更容易陷入忧虑；另一些孩子则更为平和。母亲和父亲也会有所不同，而小孩子的性格和母亲及父亲人格之间的碰撞，可能会对依恋过程的结果产生影响。这两个过程的相互影响，是（或应该是）未来研究的核心。

再者，虽然情感性和依恋是婴幼儿时期最容易观察到的发展迹象，孩子，哪怕是婴幼儿，也已经开始意识到自己对外部世界有所影响。对这种感觉的早期认识，构成了一个发端，童年重要的发展就形成在这个发端之上。

完全基于依恋基础之上的人格，此后在家庭环境中渐渐成形。长久以来，专家们都认为家长对待孩子的方式会影响孩子人格的发展。比如，纵向研究认为，能够给予孩子更多心理安全感和自由的家长，可以促进孩子创造力的发展。但我们不应该以一种过于简单的方式去理解这种联系。一方面，家长的行为是原因，孩子的人格是后果，这种想法显然过于简单化。家长—孩子之间的相互影响是双向的。另一方面，家长和孩子一起对同一社会情境做出反应，周边环境及其他社会变量因素会同时对家长和孩子产生影响，由此形成与其他家庭单位的比较。

气质与焦虑依恋之间的关联

这两大人格的支柱，曾经是不同研究团队的研究主题，但这些研究都互不了解，直到近期。但在1982年，一个研究问题发展了起来，它提出，依恋的不同特质是由气质的不同造成的。

依恋与易激

安全型（B）依恋与非安全型（A和C）依恋的差别源于母亲与孩子的相互关系，这种说法似乎已经得到了认可，但一些研究者认为，不同类型的非安全型依恋是由气质造成的。一些人认为，在“陌生情境”中经常喊叫的C型儿童（矛盾型依恋），会在出生时就比很少喊叫的A型儿童（回避型依恋）更加易激。

因此，就会出现两个维度的交叠：依恋——赖于跟母亲的关系在生命早期形成，并根据母亲的态度成为安全型或不安全型；气质——自出生时就会有所表现。

这一点已经得到了多项研究的证实，这些研究发现，在新生儿易激（或他们母亲形容为的“难缠”性格）和后来的不安全依恋（多为矛盾型）之间，存在某种关系。这种易激可能源自自主系统的不稳定性，或是副交感神经系统的过度反应性。有趣的是，在1岁之后，这些孩子变得非常抑制，尤其是在新的情境中。

母亲的态度

但是，我们还应该考虑到母亲的态度。易激程度较高的新生儿，他们的母亲在孩子出生前就感到特别不满足和焦虑。一个缺乏社会支持的母亲，她的孩子往往会具有不安全的依恋。某些状况（单身母亲、失业等，在社会经济水平较弱的情况下会更为常见）会导致新生儿更加强烈的易激和后来的不安全依恋，很可能是因为这些对母亲而言异常艰难的状况，造成了母亲情感可得性的缺乏。我们由此可以看出，对母亲的依恋质量取决于母亲的生活境况：在生活境况下降时（丢掉工作、离婚等），母亲就会变得对孩子不敏感，因为她需要操心自己的问题，而孩子的依恋就会变得不安全。

但即便生活境况保持稳定，母亲也可能通过自己的态度对婴儿施加影响。如果母亲自己就是过度反应和侵入式的，那么她就会加强孩子在干扰情境中的焦虑，这在生理反应（唾液中的皮质醇）上可以测量得出。孩子的气质因此会更加易激，并更容易形成一种不安全的依恋。相反，如果母亲对孩子的恐惧敏感，并帮助孩子去克服恐惧，孩子就会保持更好的情绪平衡。这就是业界两位知名学者，亚历山大·托马斯和斯黛拉·切斯所描述的“良好匹配”（goodness of fit）：孩子气质与母亲态度之间的一致。如果孩子具有一种“难缠”的气质（要么过度活跃，要么“慢条斯理”），他还是可以发展出一种正常的适应性，前提是母亲和孩子能够达成相互谅解。在相反的情况下，孩子有可能会出现行为障碍。因此，母亲的态度会同时对依恋质量和孩子的气质（他的情绪平衡）产生影响。源于与母亲良好关系的安全依恋，是气质的调节器。

相互影响的螺旋线

我们已经看到，新生儿的易激性和1岁时依恋质量之间的关联表明，易激程度较高的新生儿会发展出一种不安全的依恋。这是遗传的吗？不一定。关联不等于因果；应该研究在这两个时间段之间发生的事情。三项研究很好地展示了其中的过程。

在第一项研究中，研究者建立了两个组别，易激程度较高的新生儿和易激程度较低的新生儿；对婴儿追踪研究到13个月大时，研究者发现，在出生时易激程度较高的婴儿，到1岁时，形成不安全依恋的概率往往比其他婴儿要高得多。

但研究者也研究了在这两个年龄段之间发生的事情。母亲们在最初时并没有区别（在头几个月中对她们相互影响的研究），两个组别中的母亲都一样敏感和深情。但是接下来，易激程度较高的婴儿，他们的母亲变得比其他母亲更加不敏感（对婴儿发出的信号回应得慢且少了），就好像她们因为无法安抚自己的孩子而感到气馁了。但是，这些婴儿在半岁时并不比其他的婴儿易激程度更高（半岁通常是一个平静的时期），但母亲依然觉得他们很易激。在1岁时，这些婴儿中绝大部分人的依恋都是不安全的。

在第二项研究中，研究者建立了两个易激程度较高婴儿的组别。在婴儿长到6至8个月大时，研究者对他们进行了测试，要么是单纯的观察（控制组），要么加入了旨在提高母亲敏感度的措施（让母亲变得对孩子的信号更加敏感，即便是微弱的信号，对回应孩子互动的方式更加敏感，并帮助母亲做出令人满意的回应）。在婴儿长到9个月大时，对母亲态度的评估显示，实验组的母亲变得比没有获得这一帮助的母亲更敏感。在13个月大时，控制组的婴儿明显比实验组的婴儿更容易具有一种不安全的依恋。最后，第三项研究表明，这些差异会一直保持到4岁。

因此，我们对这里的因果关系可以这样来理解，它是一条“相互影响的螺旋线”：新生儿的气质影响母亲的态度，反过来，母亲的态度影响依恋的质量。实际上，这是一种相互的影响：

- 婴儿的气质对身边之人的影响。易激的婴儿令人更加难以忍受，他们会让母亲变得焦虑（尤其是，如果是头生子的话）；如果这种情况维持不变，那么孩子就会出现老师和家人都难以接受的学业困难（注意力不稳定、激动、侵凌性等）。
- 身边之人对婴儿气质的影响。母亲的一些特质（比如孩子出生前和出生后的焦虑）会导致婴儿的不安全依恋和焦虑或易激的气质；又或者，母亲的不一致性或冲突的家庭氛围会导致婴儿更为强烈的易激性，等等。最后，环境也很重要：R. 斯皮茨（R. Spitz）清楚地证明了，与母亲拥有良好关系的、幸福快乐的婴儿，在失去母亲，并且无人可以替代母亲时，首先会变得易激度较高（经常哭泣，拒绝他人的照顾），接着会变得冷漠，然后生病；如果母亲回来了，她会觉得自己的孩子发生了改变：他们变得非常依赖、爱哭、睡得不好，等等。非常重要的一点是，要跟这些母亲解释，这并非一种定了性的气质，而是一种对分离的正常反应，只要母亲表现出宽容和令人感到安全的态度，孩子就会逐渐恢复之前的行为状态。

依恋与抑制

为了研究在孩子早期发展中气质、依恋与抑制之间的关联，两位研究者，福克斯（Fox）和卡尔金斯（Calkins），在1993年研究了在面对新奇事物和约束时的行为和生理反应、依恋类型和母亲对自己孩子（从出生到24个月大时）气质的看法。他们区分出了两种类型的孩子，信任型和焦虑型。即便是在出生后的头几天，一些婴儿就已经对强加的约束、就寝、衣服、怀抱表现出强烈的沮丧情绪，但对环境中的新奇刺激（新的视觉刺激、生人的问候等）会表现得放松和饶有兴致。另一些婴儿则会顺从地接受强加的约束，但在面对新奇事物时，会表现出明显的担心。母亲对孩子从出生到24个月大时的看法表明，她们有能力预见孩子在后期长大一些时的行为抑制。事实上，这些孩子在5个月大时在行为层面上的正面情绪和活跃度的低概率、在14个月大和24个月大时对接触他人的恐惧，是与年龄再大一点时的行为抑制程度成正比的。

最后，关于依恋方式，那些在生理上和行为上表现出对新奇事物的恐惧，并具有一种“焦虑—不安全”依恋方式的婴儿，会在年龄再大一些的时候，表现出高度抑制的倾向。

难缠的性格，会影响到孩子与母亲或任何照顾者之间的互动，从而可能严重损害到孩子的社会发展过程。家长会因为“无事生非”的婴儿而受挫，而且不会像对待一个性情快乐的婴儿（如果他们有一个这样的婴儿的话）那样去对待这个“无事生非”的婴儿。

我们可以通过母亲离开时孩子的行为，就孩子对母亲的依恋进行评估。令人惊异的是，对大脑活动的评估可以预见孩子的这种行为。1989年，理查德·达维森（Richard Davidson）和内森·福克斯（Nathan Fox）对10个月大的正常女婴，进行了脑额叶休息状态的脑电图活动测定。接着，他们对这些孩子在被母亲独自留下时（母亲坐在桌前吃饭）的反应进行了60秒钟的观察。那些在母亲离开时开始哭泣的孩子，她们右脑的脑电图活动要更为显著；而那些没有哭泣的孩子，她们左脑的脑电图活动要更为显著。这一结果与成人主体的研究结果不谋而合，研究对这些主体做出了简要的描述，并表明了右脑半球与负面情绪的关联。

依恋的生理关联，还与测试中无助的生理影响发生了关联。根据陌生情境实验的观察，那些在母亲离开时会陷入更加强烈的窘迫情绪的婴儿，会出现肾上腺皮质活动和水平相对较高的皮质醇。[1]

进行陌生情境测试时，在婴儿的无助情绪和婴儿的反抗行为之间存在一种关系，尽管这种关系被弱化了。[2]但是，如果就此得出较之无助情绪更为强烈的婴儿，不太容易陷入无助情

1　贡纳尔（GUNNAR）及合著作者，《依恋气质与婴儿期的肾上腺皮质活动：神经内分泌调节研究》（“Attachment temperament and adrenocortical activity in infancy: A study of psychoendocrina regulation”），《发展心理学》（*Developmental Psychology*），第25期，1990年，第355—363页。

2　H. H. 高德史密斯（GOLDSMITH H. H.）和J. A. 阿兰斯凯（ALANSKY J. A.），《孕产妇及婴幼儿的依恋气质预测因素》（“Maternal and infant temperamental predictors of attachment”），《咨询心理学与临床心理学杂志》（*Journal of Consulting and Clinical Psychology*），1987年，第55期，第805—816页。

绪中的婴儿会形成更为安全的依恋的结论，又未免过于夸大其词。依恋，是一个孩子的照顾者与孩子本人之间的相互影响过程；这个过程涉及孩子的性格与依恋的两大本质性因素同照顾者的行为和照顾者的人格之间的碰撞。具有更易陷入无助情绪性格的孩子，如果想要形成安全的依恋，就会特别需要灵活负责的照顾，尽管构成这些照顾的特定母亲行为依然不甚明确。[1]除了母亲，父亲，或许是在表面防御的层面，以及家庭活力，都会对婴儿的情感性和依恋产生影响。

这一切给人的启示？

研究表明，在婴儿的气质（遗传）与父母互动式教育方式之间，存在一种相互影响的螺旋线。易激气质或羞怯气质和“不安全”依恋方式之间的极早期的相互影响，可能预示着长期的焦虑问题。这些研究的结果，显示了家长在面对极早期（如果不说是从出生时起）就极度易激或惧怕新奇事物的孩子时可能遇到的困难，这是否意味着，我们的命运在婴幼儿时期就已经无可更改了呢？在经过很多关于这一主题的辩论之后，如今得出的结论，肯定有一部分是肯定的，有一部分是否定的。最有意义的是，我们对肯定和否定部分的了解越来越清晰了。

1 曼格尔斯多夫（MANGELSDORF）及合著作者，《儿童的倾向到忧虑气质：母亲人格与母婴依恋：关联与良好匹配》（“Infant proneness-to-distress temperament: maternal personality and mother-infant attachment: Associations and goodness of file”），《儿童发展》（*Child Development*），1990年，第61期，第820—831页。

第十五章

如何理解我们的人格差异?

Comment comprendre nos différences de personnalité?

在面对相同的事件时，我们在质上和量上会以不同的方式做出反应。有些人往往较为平静，“有安全感”；另一些则时刻处于戒备状态，焦虑，“没有安全感”。对于后者而言，他们非常需要安心、宁静、平和，好让自己感到放松和有信心。很多的科学研究，就像我们在前文中看到的，都对这一主题进行了研究。这些研究令我们得以对下文中的几个概念做出了描述。

气质、性格和人格

这几个概念通常可以互换使用。几个世纪以来，它们的用法发生了变化。其他一些词，比如“体质”，也会被用到。但我们还是想做出几点说明。[1]

气质

气质，是“生理、形态和心理特点的总和，这些特点构成了个体之间的差异，并对性格和行为产生影响……气质是性格发展的生理—心理基础。它是天生的，在出生时就可以看得出来”。[2]

《插图版小拉鲁斯词典》（*Le Petit Larousse Illustré*）将气质定义为“个体天生生理倾向的总和，这些倾向会决定个体的性格”。

在19世纪的最后25年中，我们称之为“气质”的现代观念发展了起来，它们都多少植根于希波克拉底和加连（Galien）的希腊医学传统之中。气质的概念体现出我们现在的遗传和体质因素。“气质”（tempérament）这个词，源自希腊语中的“temperamentum”，意思是“状态、存在的方式、一定程度上的混合”。气质的概念，以及焦虑气质的概念，是由医学概念而来，并始终保持了与医学的紧密关联。

1　皮埃尔·皮绍（PIERRE PICHOT）在其撰写的文章，《气质概念的历史》（“Histoire du concept de tempérament”）中，对这些定义及其作者进行了介绍，《国际精神病学杂志》（*Revue Internationale de Psychopathologie*），第17期，1995年，第5—24页。

2　马努伊拉（MANUILA），1972年，引用在P. 皮绍（P. PICHOT）的《气质概念的历史》（“Histoire du concept de tempérament”），《国际心理学杂志》（*Revue Internationale de Psychologie*），1995年，第17期，第5—23页。

性格

在心理学家拉朗德看来，性格的定义是："感觉和反应的惯常方式的总和，这些方式令个体区别于其他的个体"[1]，并"令个体的行为具有了相对的稳定性，从而令这些行为变得可以预测"[2]。因此，在这个定义中，性格的概念就非常接近于人格的现代定义。在日常用语中，较之"人格"，我们更常使用"性格"这个词。

人格

人格的概念具有了心理学的意味，是从立博（Ribot）开始的，他将其定义为"一种心理机能，个体通过这种机能将自己视作一个统一和恒定的自我"。艾森克（我们将在这一部分谈到他的研究工作）对这些概念的接受情况进行回顾之后，在他的著作《人格的维度》（*Dimensions de la personnalité*）中写道："人格是生命体实际表现出来的行为模式的总和，这些行为模式通过认知、意动、情感和躯体四个主要构成因素发展而成。"艾森克对人格领域的研究做出了巨大的贡献，从他的这句话中就可以看出，要形成稳定的定义有多难。

1　拉朗德（LALANDE），1956年。
2　德雷弗（DREVER），1952年。

现今的争论多集中于人格或性格作为“类别”或“维度”的问题。如果参照类别的概念，我们会说，如果一个主体是焦虑者，那么他就不是抑郁者；如果参照维度的概念，我们会说，一个主体可能在焦虑“维度”上具有大致强烈的焦虑倾向，或在抑郁“维度”上具有大致强烈的抑郁倾向。

性格的差异：老生常谈

从多血质到黏液质，还有忧郁质或胆汁质，对于性格的差异，或更确切地说，在当时，“气质”的差异，传统的做法会追溯至希波克拉底对四种气质的描述：

- 多血质（乐观，充满希望）。
- 胆汁质（黄色胆汁，易怒）。
- 忧郁质（黑色胆汁，悲伤）。
- 黏液质（冷漠，麻木，没有情绪）。

希波克拉底认为，每个人的气质反映出体液间的平衡。实际上，气质学说是随着起源于亚历山大时期的《人类本性论》（*Traité de la nature de l'homme*）的出现，在后来才诞生的，并由加连确定了下来。当时的气质学说建立在多种元素的四组分类之上，这些元素对应生理学（四种体液）、人类生命（四个年龄段）、四季（四个季节）、气候和身体本质的基本特性。从这种角度着眼，根据主体心理结构中四种体液的相对主导地位来对气质进行定义。

加连的气质分类法

元素	体液	气候	季节	年龄段	身体本质	气质
空气	血液	炎热潮湿	春季	童年	血液病质	多血质
火	胆汁	炎热干燥	夏季	少年	胆病质	胆汁质
土	黑胆汁	干燥寒冷	秋季	成年	恶病质	忧郁质
水	黏液	寒冷潮湿	冬季	老年	黏液病质	黏液质

加连的气质学说直到文艺复兴时期都没有发生太大的变化。在16世纪至19世纪初期间，脱胎于加连学说正统概念的医学，发展出了各种各样的不同趋势。在接近1800年时，哈雷（Hallé）提出的分类得到了最广泛的认可。他将气质定义为“人与人之间恒定的差别，与健康和生命的维系相容，由身体各部分间的比例和活力差异造成，对改变结构较为重要”。

哈雷的分类颇为复杂，首先基于一种重要功能系统的三分法角度：血管系统、肌肉系统和神经系统，他由此定义出三种“广义上”的气质，神经质，与我们的焦虑者很相似，以及血管质和肌肉质。

不管怎么说，在这些不同分类的历史中，一些主体曾属于"纯粹"类型，而另一些主体则属于"混合"或"组合"类型。这些奠基者和研究者提出的问题，形成了通常意义上的心理学：如果认为一个人，无论他是什么样的，以完全"纯粹"的方式属于某种类型的性格或气质，那么就会流于肤浅。

人格的不同维度：新话新说

我们会把当代概念化的发端和汉斯·艾森克对人格维度差别的研究工作联系起来。

这位心理学教授[1]提出了目前最广为人知的人格模型之一。他提出了人格的三大因素，并将每一个因素描绘为较为特异属性的总和。

艾森克的人格三维度

艾森克的理论基础是人格的不同因素。他描述了人格的三

1　H. J. 艾森克（EYSENCK H. J.），《人格的生物学维度》（"Biological dimensions of personality"），收录于L. A. 珀文（PERVIN L. A.）编辑的《人格指南：理论与研究》（*Handbook of personality: Theory and Research*），纽约，Guilford出版社，1990年a刊，第244—276页。

H. J. 艾森克（EYSENCK H. J.），《个体差别的遗传及环境因素：人格的三大维度》（"Genetic and environmental contributions to individual differences: the three major dimensions of personality"），《人格学报》（*Journal of Personality*），第58期，1990年b刊，第245—261页。

大因素：

- 神经质，其特异属性主要有：焦虑、害怕别人负面的评价、自卑感、渴望与他人为伴、羞怯、易感性、紧张、负罪感。
- 外倾性。
- 精神质。

他认为，这些因素都具有生物性的根源。它们存在于动物（恒河猴，甚至老鼠）的身上，在不同国家、不同文化背景的个体身上，也能找到这些因素，这就为一种观念提供了支撑：这些因素是由一种根本的生物变异性引起的，即大脑皮层兴奋度。

艾森克认为，第一个因素依赖于边缘皮质，在很大程度上将焦虑者和非焦虑者区分开来。个体的这些属性在一生中趋于稳定。每一个因素都可以描绘为较为特异属性的总和。[1]

我们可以通过《艾森克人格问卷》（*Eysenck Personality Questionnaire, EPQ*）对这三个因素进行测定。[2]

---

1 A. 法姆（PHAM A.）、J. D. 居艾利菲（GUELFI J. D.），《人格评估与人格诊断》（“Évaluation de la personnalité et diagnostic de la personnalité”），《神经—心理》杂志（*Neuro-Psy*），1998年，第13—14页。

2 H. J. 艾森克（EYSENCK H. J.）、S. B. G. 艾森克（EYSENCK S. B. G.），《艾森克人格问卷指南》（“Manual of the Eysenck personality questionnaire”），圣地亚哥，Edits出版社，1975年。

S. B. G. 艾森克（EYSENCK S. B. G.）、H. H. 艾森克（EYSENCK H. H.）、P. 巴雷特（BARRETT P.），《精神质量表修订版》（“A revised version of the Psychoticisin scale”），《人格与个体差异》（*Personality and Individual Differences*），第6期，1985年，第21—29页。

这份问卷表面看来是一种分类模型，但实际上有其独特之处。分类项并非相互独立的单位项，它们之间并不存在间断性。如果主体的描述与某个孤立的因素紧密相关（与这个因素具有很强的关联性），并与其他因素无关，则视其为“理想类型”。根据相关的因素，可以定义出无数的类型。大部分个体都大致属于理想类型，这些个体在不同因素中的饱和度，显示出了他们与孤立类型的关系。

艾森克的人格三因素

- **外倾性对抗内倾性**：善于社交、活跃、自信、渴望感觉、无所挂怀、支配欲强、喜爱冒险。
- **神经质对抗情感稳定性**：焦虑、消沉、自责、紧张、羞怯、不理性、容易激动、缺乏自尊、情绪多变。
- **精神质对抗超我控制**：侵凌性、冷漠、自我主义、冲动、反社会行为、缺乏共情、创造力、冷酷无情。

“神经质”因素，是我们在这里要着重描述的因素。它在很大程度上对应我们所称为的“焦虑者”，并构成了可以用来描述人格差异的重要维度。与“神经质”对应的是高情感兴奋度。例如，“神经质”因素水平高的主体，在飞机遇到气流颠簸时，会比普通人更容易出现飞行恐惧。这种因素会引发不同的症状表现，比如在受到刺激时会出现恐惧症和血压升高。艾森克指出，A型人格者（争强好胜、咄咄逼人、精力充沛）会具有跟“神经质”因素相关的心血管疾病的风险因素。相反，情感兴奋度低的个体，其“神经症”气质的得分就低，性情的平稳可以帮助他们在不会焦虑的情况下应对生活中的各种考验。艾森克的很多研究工作，都就遗传对这些因素及其生理的相关方面的影响进行了探究。

“大五”人格

很多研究者都试图确定个人用来进行自我描述和人与人之间相互描述的参照标准。他们发现，人们通常会借助五个因素来对人格做出描述：外向性、亲和性、尽责性、情绪不稳定性、开放性。

这些研究者中有两位，编制出一份自测量表，即《NEO人格量表》（又称《大五人格量表》）。[1]他们发现，这些人格特质与幸福感有着密切的关系。在生活中感到最幸福、最满意的主体，在“情绪不稳定性”因素中的得分低，很多的焦虑者，尤

1　P. T. 科斯塔（COSTA P. T.）、R. R. 麦卡尔（McCRAE R. R.），《成人期人格：依据NEO人格量表对自尊与配偶评级的六年纵向研究》（“Personality in adulthood: a six year longitudinal study of self-respect and spouse ratings on the NEO Personality Inventory”），《人格与社会心理学学报》（*Journal of Personality and Social Psychology*），第54期，1988年，第853—863页。

其是内倾型焦虑者，都大体符合这一因素。1992年，约翰·里林（John Loehlin）对五大元素中可能由遗传性引起的变异性进行了研究。借助一种用来评估遗传性的模型，研究者认为，这五大因素中28%至46%的变异性，都是由基因遗传造成的。最接近于“焦虑”特质的“情绪不稳定性”因素，其遗传原因的占比为0.31%。[1]在这个因素中得分高的主体，常常会表现出一种不安全感、忧虑和自尊的缺乏。

不难理解为什么遗传性对这些因素的发展会有重要的影响。要知道，不少的人格量表中都出现了“情绪不稳定性”因素。这个特质涉及极端的情感反应，而基因会对直接性产生影响，个体正是通过这种直接性对交感神经系统兴奋性引起的情感迸发做出回应的。

然而，对于其他的人格特质，遗传性扮演的角色似乎更加令人吃惊。传统的人格理论认为，某些人格特征是后天获得的，而非遗传性的，我们尤其会想到精神分析学所描述的精神诉求。不过，雷蒙·卡特尔及其合作者认为，遗传性会影响到三种精神诉求，精神分析学将这三种精神诉求描述为精神构建的基本构成要素，可以用来控制自己的冲动：自我力量、超我

1　J. C. 洛林（LOEHLIN. J. C.），《人格发展中的基因与环境》（*Genes and Environment in Personality Development*），纽伯里公园（Newbury Park），加利福尼亚州，Sage出版社，1992年。

力量和自我感觉。[1]

至于利他主义和侵凌性，考虑到家长会教育孩子要学会分享，或是不要乱打人，研究者吃惊地发现，这些特质的遗传性占比达到了0.50%，而且不会受到环境（惯常意义上的家庭环境）的影响。有些学者甚至证实了遗传性对很多品行表现的影响，包括对待死刑、离婚、安乐死、宗教等的品行表现。

尽管如此，似乎并不存在一种会形成这些品行的特定基因：原因可能是一整套复杂的机制。这些机制可能包括五种感官、荷尔蒙、智力、性格和情感性等。只有描述出这些机制和特质，我们才能了解基因的某些作用，比如，我们或许可以通过遗传特性来解释，为什么有的人会长时间地待在电视机前，[2]或者为什么有的人会离婚。[3]我们行为的深层原因是多种多样的。

---

1 R. B. 卡特尔（CATTELL R. B.）、D. C. 劳（RAO D. C.）、J. M. 舒尔格（SCHUERGER J. M.），《人格控制机制中的遗传力：自我力量（C）、超我力量（G）和自我感觉（Q3）；根据多元抽象方差分析（MAVA）模式、问卷数据和最大似然分析》（“Heritability in the personality control system: -Ego strength (C), super ego strength (G) and the self-sentiment (Q3), by the MAVA model, Q-data, and maximum likelihood analysis”），《社会行为与人格》（*Social Behavior and Personality*），第13期，第33—41页。

R. B. 卡特尔（CATTELL R. B.）、J. M. 舒尔格（SCHUERGER J. M.）、T. W. 雅恩（YÀEIN T. W.），《自我力量（因素C）、超我力量（因素G）和自我感觉（因素Q3），根据多元抽象方差分析（MAVA）》（“Heritabilities of ego strength (Factor C), super ego strength (Factor G), and the self-sentiment (Factor Q3) by multiple abstract variance analysis”），《临床心理学学报》（*Journal of Clinical Psychology*），第38期，1982年，第769—779页。

2 C. 普雷斯科特（PRESCOTT C.）、R. C. 约翰逊（JOHNSON R. C.）、J. J. 麦卡德尔（McARDLE J. J.），《遗传学对电视收视的影响》（“Genetic contributions to television viewing”），《心理科学》（*Psychological Science*），第2期，1991年，第430—431页。

3 M. 麦古（McGUE M.）、D. T. 利肯（LYKKEN D. T.），《遗传学对离婚风险的影响》（“Genetic influence on risk of divorce”），《心理科学》（*Psychological Science*），第3期，1992年，第368—373页。

行为抑制系统

其他的研究者走上了与艾森克相同的研究道路。1987年，J. A. 格雷（J. A. Gray）提出对艾森克的理论做出修改。较之大脑皮层兴奋的生物性机制，格雷更倾向于引发行为的两种神经系统的论断，这两种可以区分出两大类主体的神经系统包括：

- 行为激发系统（Behavioral activation system，BAS），对奖赏信号敏感。
- 行为抑制系统（Behavioral inhibition system，BIS），对惩罚信号敏感。

根据格雷的理论，一些个体对BAS系统更为敏感，他们的行为更容易受到奖赏的驱动。另一些个体则对BIS系统更为敏感，他们的行为更容易受到惩罚的驱动。

如果对BIS系统的敏感性高，则可将个体划归为焦虑型。BIS系统的行为效应中包括行为的抑制、注意力的上升和过度觉醒。

因此，根据格雷的理论，我们可以得出以下结论：焦虑者具有高水平的行为抑制系统。问题是，就像我们看到的，还存在外倾型焦虑者。

焦虑性格的心理学

1993年，位于美国圣路易斯的华盛顿大学（Washington University in St. Louis）的一位教授罗伯特·克劳宁格[1]提出了这样的假设：根据他的《气质性格量表》诊断出来的每一种气质特性的强度，是由特殊的神经递质决定的：

- 5-羟色胺，对应“对痛苦或危险的回避”。
- 去甲肾上腺素，对应“对奖赏的依赖”。
- 多巴胺，对应“对新奇的追求”。

肯尼迪家族的诅咒

比如“追求新奇”的特质，可以用来解释肯尼迪家族令人震惊的“诅咒”：家族成员频频发生“意外”，老约瑟夫·肯尼迪（Joseph Kennedy）和罗丝·肯尼迪（Rose Kennedy）的后人中有十位英年早逝（比同代人的平均寿命少了28岁）。

我们可以使用一个基于罗伯特·克劳宁格的研究成果编制

1　C. R. 克劳宁格（CLONINGER C. R.）、D. M. 斯弗拉卡克（SVRAKIC D. M.）、T. R. 皮瑞兹贝克（PRZYBECK T. R.），《气质与性格的生物心理学模型》（“A psychobiological model of temperament and character”），《普通精神病学文献》（*Arch Gen. Psychiatry*），第50期，1993年，第975—990页。

的焦虑性格心理图表(参见附录三)。我们在图表中可以找到在第二部分中提到的焦虑类型，比如易激型焦虑者或是羞怯型焦虑者。

因此，罗伯特·克劳宁格的研究成果[1]是以某些人格特质和不同神经递质之间的关联为基础的。他提出以遗传性生物差异为基础，划分出三类气质特性：

- 追求新奇的维度，表现为探索的活动。在这个特质上获得高分的个体，会以强烈的兴奋性对新的刺激做出回应。
- 对痛苦或危险的回避特质，表现为对惩罚的回避，以及对新奇事物(有可能招致惩罚)的回避。在这个特质上获得高分的个体，会笨拙地回应引起他们反感的刺激。
- 最后，对奖赏的依赖特质，表现为不断地投入到跟奖赏有关的行为中。在这个特质上获得高分的个体，会对奖赏做出更为热切的回应。

这三种特质分别对应三个特定的神经递质：

- 多巴胺(低水平，对应追求新奇)。

---

1 C. R. 克劳宁格(CLONINGER C. R.),《人格与精神病理学》(*Personality and Psychopathology*),华盛顿，美国精神病理学学会系列丛书(American Psychopathological Association Series),1999年。

- 5–羟色胺（低水平，对应回避痛苦或危险）。
- 去甲肾上腺素（高水平，对应依赖奖赏）。

我们可以通过“三维人格问卷”（Tridimensional Personality Questionnaire）对这三种人格特质进行评估。“三维人格问卷”的三种特质，已经在一项智力研究中得到了证实。这个问卷模型适用于普通大众，也适用于被诊断患有某种特定精神疾病的主体，比如跟焦虑有关的障碍症。

我们称为的“依赖—逃避型”焦虑者，与以下因素具有很强的关联性：

- “回避痛苦或危险”的特质，回忆一下，这种特质表现为对惩罚的回避。
- 依赖奖赏的特质。
- 以及对新奇事物的回避（有可能招致惩罚）。
- 还有生物性因素，5–羟色胺。[1]

但在克劳宁格看来，社会的影响和学习的影响，也在他的问卷模式中扮演着重要的角色。

---

1 罗恩 · G. 高德曼（RON G. GOLDMAN）及合著作者，《三维人格问卷与精神病诊断与统计手册第三版修订版人格特质之间的关系》（“Relationship between the tridimensional personality questionnaire and DSM-III-R personality traits”），《美国精神医学学会学报》（*Am. J. Psychiatry*），第151期，第2刊，1994年，第274—276页。

精神分析学的贡献

弗洛伊德及其后继者的重大贡献，一方面在于对人类焦虑原因的理解，另一方面在于对人格塑就的理解。这一点，是被那些“非”精神分析学家所证实的。以对焦虑障碍的研究而为人所知的英国精神病学家彼得·泰尔（Peter Tyrer），说自己“并非精神分析学家，也从未对这个学派产生过真正的兴趣”，他在1999年出版的《焦虑：多学科回顾》中写道：“临床实践中用于焦虑的术语，在很大程度上都受到了精神分析学的影响。”[1]生物学家克里斯蒂安·让克劳德（Christian Jeanclaude）曾在斯特拉斯堡大学研究过动物心理学，并在魁北克的拉瓦尔大学（Université de Laval）研究过人类行为学，他也写道：“到今天看来，我觉得，没有任何一个人能像弗洛伊德（1856—1939）那样清晰地呈现出焦虑运作的基础理论，这些理论为我们的思考提供了养分。”[2]

精神分析学理论，不仅仅是关于神经症的理论，它的雄心壮志是成为心理生活发展的通用理论。这种雄心壮志清晰地体现在了1895年出版的《科学心理学概要》[3]（*Esquisse d'une psychologie*

1　P. 泰尔（TYRER P.），《焦虑：多学科回顾》（*Anxiety: Amultidisciplinary Review*），英国，伦敦帝国学院出版社（London Imperial College Press），1999年。

2　C. 让克劳德（JEANCLAUDE C.），《弗洛伊德与焦虑问题》（*Freud et la question de l'angoisse*），布鲁塞尔，德伯克大学出版社（De Boeck Université），2001年。

3　S. 弗洛伊德（FREUD S.），《精神分析的诞生》（*La Naissance de la psychanalyse*），巴黎，PUF出版社，1956年。

scientifique）中，弗洛伊德在书中提出，可以用同一套心理学假设（与大脑神经元有关），同时对精神症现象和“正常的”心理现象做出解释。但是，精神分析学真的是一种通用的心理学理论吗？关于焦虑，如同关于精神分析学的基本概念，只谈精神分析未免狭隘：“至少应该挑选三类具有明显区别、交叠度很小的理论—实践素材。”[1]

- 第一类理论素材关于“有意识和无意识的精神运作及其组织原则”，在这里尤指正常性和病理性焦虑的原因和表现。这类素材构成了我们在精神分析学上所称的“心理玄学”。它反映出精神分析学作为人文科学的科学地位。这种精神分析心理学渴望获得一种得到一致认可、具有严密性和可验证性的科学地位。这令弗洛伊德（针对焦虑）做出了不断的审视，并且（我们在后文中会看到）假定了多种对神经症性焦虑的描述和解释，这种神经症性焦虑与“焦虑性格”最相符合。
- 第二类素材关于“精神个性的构建”，也即由此形成的不同人类性格的构建。这类素材构成了一种主观性理论。它是关于人类自身爱与恨、认同的联系的逐步构建，也就是说自婴幼儿时期起，对父母意象优缺点的占有。以不同的主观性理论为观察视角，不要忘了，克尔凯郭尔在弗洛伊德之前就已经察

1 D. 伟德罗西（WIDLOCHËR D.），《意义的心理玄学》（*Métapsychologie du sens*），巴黎，PUF出版社，1986年。

觉到，焦虑与人类的境况有着不可分割的关联。

第三类素材关于治疗，发生在精神分析师和分析对象身上的联想过程，改变和抵抗改变的过程。我不得不坚持让朱丽叶特（下文中会说到）提及那段“洋娃娃缺失”的回忆。这类素材为相关过程和对预期治疗目标结果的评估提供了依据。就此看来，与其他治疗方法的比较是完全合理的，前提是，要明确每一种治疗方法的相关人群、采用的方法论、预期目标和不限于症状性改变（个人的良好状态、生活品质、与他人和与自身的关系）的整体收效。我们在有关“改变性格”的内容章节中还会细加探讨。

正是这三类素材，可以让我们建立起作为“人类心智科学”的精神分析学和作为“生命科学”的精神分析学之间的联系。

因此，精神分析学可以帮助我们更好地了解，为什么我们会变得有点儿焦虑或是极度焦虑，并通过分析式治疗去帮助那些过于焦虑的主体。

事实上，每个人都知道，精神分析学是一门理论和实践的学说，它的独特之处主要在于，认为意识只是精神生活的一部分，只是露出水面的冰山一角，而需要探究的是深藏在无意识中的根源。因此，精神分析学极为重视某个事件对既定主体所具有的意识上的和无意识上的含义。

朱丽叶特，25岁。男朋友离开了她，她对此无法释怀。她时而感到愤怒，时而感到焦虑，时而感到悲伤，这样子已经好几个月了。她依然爱着那个男孩。他“给了她所缺少的一切”。是的，可她都缺少些什么呢？朱丽叶特认为，自己有“好的父母”，从不曾缺少过什么。

在一次治疗时，我一再提出这个问题：“即便是在很小的时候，您也什么都没缺过吗？”第一次，朱丽叶特笑着提起了一段在她看来无关紧要的回忆：她的父母从来没给她买过洋娃娃。她从来不曾拥有过洋娃娃，只有一个，是母亲从公司的“圣诞聚会”上带回来的。她现在还留着那个洋娃娃！她父亲经常出差，每次都会给她买礼物，当然都是很贵的了，但从来没给她买过洋娃娃。这不，最近父亲又送她一本记事簿，可恰恰不是她选的那本。可她又怎么能责怪父亲呢？

在讲述这段回忆的时候，朱丽叶特第一次意识到，工作繁忙的父母或许从来没有花过时间去真正地了解她。他们为她做了力所能及的一切，送她上最好的学校，带她去度假，最近又带她去好好旅行了一次。但是，在朱丽叶特心里的某一个角落里，“洋娃娃的缺失”并没有被“消化”，虽然她自己不承认（她说那不是生活中最重要的）。所以，我们现在能够更好地理解，那个给了她所缺少的一切的男孩，究竟代表了什么：让朱丽叶特被认可为是一个女人，在无意识中投射出童年时的她被认可为是“一个小女人”的渴望，尤其是父亲的认可。

从精神分析的角度来看不同类型人格的构成

人格的构成，一部分是主体在关系生活中经过内化和幻想的独有体验的后果，一部分是与冲动的力量或防御的选择，尤其是与这两类因素的相互作用相关的个人特征的结果。

弗洛伊德把这种结构的形成比作沉积、沉淀、结晶的过程。这种结构在形成之后，通常是在青春期结束时，就基本不再会发生变化，从而形成我们所说的“性格”。

性格，弗洛伊德喜欢使用的字眼儿，由行为的特质构成，这些特质是自我惯用的适应模式。“一种基本结构的特点是，主要精神机制的稳固性、持久性和相对的固着性：自我的构成模式，对冲动代表的处理方式，理想诉求和禁止性诉求（自我理想和超我）的角色，力比多的发展与转化，客体关系的类型，深层焦虑模式的本质，自我投入（自恋的投入）和他人投入（客体的投入）之间的平衡感，与现实关联的变化，内在冲突的水平和后果，原初过程和刺激过程之间的相互影响，梦和幻想的地位，这种或那种防御机制群的优先权，唯乐原则和唯实原则，等等。”[1]人格与性格的匹配，是在临床实践的过程中完成的，也就是说，由迹象得出的潜在变化和构成惯常行为特征的可见变化。

1　J. 贝尔杰雷（BERGERET J.），《正常人格与病理人格》（*La Personnalité normale et pathologique*），巴黎，Dunod出版社，1974年。

在性格的精神分析类型说中，最广为人知的，要数卡尔·亚伯拉罕（Karl Abraham）的学说。每一种性格都由婴幼儿时期的一个发展阶段的特异性来确定，这些特异性在青春期和成人期，通过处于这一婴幼儿时期发展阶段的主体的“退化—固着”的无意识机制，成为这一发展阶段的残留痕迹，或依然可以让人想到这一发展阶段。这种类型说的主旨观念是，性格同时取决于两个因素：其一，冲动与孩子在每个发展阶段的爱恋“对象”之间建立起来的关系类型；其二，自我为了对抗这些冲动而发展出来的防御机制。我们由此可以区分出口欲期性格、肛欲期性格和性蕾期性格。

▸ 比如“口欲期”主体，对应孩子的第一个发展阶段，会表现出热切、不满足、冲动、没有耐性的特质。这或许可以用来解释忧惧型和创造型主体的特质。

▸ “肛欲期”主体，对应孩子的第二个发展阶段，即获得清洁的时期，会表现出秩序感—吝啬—顽固的三重特质；他们钟爱秩序、整理和清洁，喜欢保存和积攒，苛刻而倔强。肛欲期性格的特征是被研究得最多的，它们的存在已经得到了令人满意的证实。这或许可以用来解释挂虑型和自省型主体的特质。

▸ “性蕾期”主体，对应孩子发现性别差异的阶段，会表现出支配的欲望或存在的过度不安、竞争和力量对比的持续忧虑。这或许可以用来解释焦心型和好胜型主体的特质。

“正常”主体不会表现出单独一类性格的特质，而是会在不同的情境下表现出不同的特质，以便用最佳方式对情境做出适应和回应。“正常状态”，是根据遭遇情景进行思考和采取行动的“精神”自由。

美国精神分析学派的“自我心理学”，沿用了弗洛伊德关于自我防御特性的观点。在“自我心理学”看来，自我，是一种具有三重功能的诉求：能够满足基于现实的渴望，能够解决冲突，能够应对焦虑。

焦虑的产生和激活

弗洛伊德的心理玄学，以其“特有的方式”对我们所说的“焦虑性格或人格”做出了阐释。它提出的描述和理解，同时为医学、精神分析学和焦虑者自己所接受。比如，自1895年开始，弗洛伊德就提出了“焦虑性神经症”的说法。事实上，弗洛伊德提出了两种跟人类焦虑的原因和机制有关的模式。

弗氏观点中焦虑状态的产生

弗洛伊德提出的第一种焦虑模式（1895年），描述了焦虑状态的产生机制。这种在弗洛伊德早期研究中形成的理论，首先是一种尝试，尝试从病因论的角度对一种疾病分类实体，“焦虑性神经症”做出解释，这是一种纯生理学的理论。[1]其目的在于，找出焦虑感觉的内生原因。其产生机制是一种兴奋的过剩，弗洛伊德认为，它通常与一种性的紧张状态有关，这种状态是由主体对其性本质的无知或误解造成的；由此产生了弗洛伊德所说的“悬浮性焦虑”。精神“在无力调节内生原因造成的兴奋时，就会堕入焦虑性神经症中”[2]。

焦虑状态的激活

弗洛伊德提出的第二种焦虑模式（1926年），试图描述焦虑的激活机制。这种模式是在弗洛伊德提出了关于冲动的第二种理论（1920年）之后出现的，这种理论区分出两类冲动：生之冲动或爱欲（Éros），死之冲动或死欲（Thanatos）；以及本我（1923），在精神装置中区分出三种诉求：自我、本我和超我。这里的问题不再是确定谁产生了焦虑，而是描述一整套代表了对某一事件回应的精神活动，主体有意识或无意识地认为这一事件具有冲突性。[3]

1　J. 拉普朗什（LAPLANCHE J.），《问题论 I——焦虑》（*Problématique I—L'angoisse*），巴黎，PUF出版社，1980年。

2　S. 弗洛伊德（FREUD S.），《将神经衰弱中的某些症状性神经症称为“焦虑性神经症”的合理性》（“Qu'il est justifié de séparer de la neurasthénie un certain complexe symptomatique sous le nom de ‘névrose d' angoisse'”，1895年），收录于《神经症、精神病与变态》（*Névrose, psychose et perversion*），巴黎，PUF出版社，1973年。

3　S. 弗洛伊德，《抑制、症状与焦虑》（*Inhibition, symptôme et angoisse,* 1926年），巴黎，PUF出版社，1965年。

想要从精神分析学的角度来解释焦虑人格，就必须考虑到这两种理解模式的关联。就像我们在《我们都是天生的焦虑者》一节中写到的，在生命形成的最初，可能有一种“自发性焦虑”和一种原初的创伤性情境（与母亲的分离），婴儿在这一过程中会被压力所包围，理想说来，母亲会通过照顾来帮助婴儿摆脱这种压力，与出生时一模一样的压力。

到了后期，所有包含与原初分离情境相似的信号的情境，都会通过感官的接近性，而非行为主义学派所说的学习，启动焦虑。因为感官近似，这些情境可能会成为令自我失去爱恋“对象”的威胁；这可能涉及一个外在的“对象”（失去工作、失去某人的爱等），或是自体的一部分（象征性阉割），或是个人价值（超我的谴责）。这些重现了原初体验的情境有其内在根源，这一根源与不容于自我的欲望所引起的内在心理冲突有关。危险的信号之所有具有了意义，是因为这种由欲望的存在催生出的“内在”情境，唤起了外界的危险：“承认了吧，我们还没有准备好让内在的冲动危险去影响和酝酿外在的危险。”[1]

外在现实的信号因精神装置而具有了意义。我们在这里可以看出爱比克泰德的影响。精神活动是按照一种逻辑特点胜过时间特点的连续性组织起来的：自我对危险信号的感知（焦虑的等待），可能消除危险的特效活动，也就是说一种心理活动，

---

1 S. 弗洛伊德，《关于精神分析的最新引论报告》（*Nouvelles Conférences d'Introduction à la psychanalyse*，1933年），巴黎，Gallimard出版社，1984年。

意在寻求、找到并执行可以消除不确定感或危险的精神和/或行为效用。如果主体找不到特效活动，焦虑就会出现。在这种情况下，如果寻找特效活动的方式以无果和持续的方式发展，主体就会陷入名副其实的死循环。弗洛伊德肯定会根据自己的第二种理论，对此解释说，这就是我们今天所称的“焦虑性格”的形成过程。

其他精神分析学家的立场

鉴于弗洛伊德思想的这种摇摆不定，我们可以想象得出，后继的精神分析学家们纷纷走上了不同的分支道路，一时采取这样的立场，一时采取那样的立场，或是竭力去调和这些不同的立场。有些人毫不犹豫地接受了理论上的修正，并认为最初的焦虑概念成了一种阻碍。站在这个立场上的，是那些从自我心理学（我们在前文中讲到过）中得出了所有结论的精神分析学家。对于他们而言，毫无疑问，作为精神诉求的自我，可以自由地在不同的策略中做出选择。自我可能因为对外在或投射危险的担忧，而生出焦虑的感觉。自我也可以将其当成是一种信号，以采取适应性或防御性的行动。

梅兰妮·克莱恩（Melanie Klein）及其学生的立场，以同一原则为基础。[1]他们明确支持第二种理论，但对与神经症性

---

1 M. 克莱恩（KLEIN M.）、S. 伊萨克斯（ISSACS S.）、P. 海曼（HEIMANN P.）、J. 瑞维埃（RIVIERE J.），《精神分析发展》（*Développement de la psychanalyse*），巴黎，PUF出版社，1966年。

冲突有关的危险的成因提出了质疑。跟弗洛伊德一样，梅兰妮·克莱恩也没有表明认为客体损害论不令人满意的想法。但如果这是关于一种内在的危险，一种来自精神现实的威胁，那我们又如何设想得出这种威胁是力比多冲动导致的呢？除非，就像弗洛伊德所认为的，回到力比多兴奋的创伤性本质上来。因此，应该寻找一种确实对自我构成了威胁情境的内在根源。如果力比多无法履行这个职能，那么就应该求助于另一种形式的冲动能量，死之冲动，也就是克莱恩所说的自毁倾向："从这个角度出发，我推进了这样的假设：焦虑来源于因死之冲动而威胁到有机体的危险，而我始终认为这才是焦虑的首要原因。"[1]

这些预先假设与临床研究的对照，令梅兰妮·克莱恩提出了一种被迫害焦虑，在这种焦虑中，主体感到内部受到了"坏对象"的攻击。在这一点上，这种观点与弗洛伊德的看法相一致，假设了一种从最初就能够辨别出危险，并感觉和对抗（通过投射游戏和投射认同）危险的原初自我。因此，克莱恩的理论也可以为我们提供一种适用于严重疾病的模式；而弗洛伊德的第二种理论，则以神经症性冲突为参照，也就是我们所说的"焦虑性格"。

1　M. 克莱恩（KLEIN M.）、S. 伊萨克斯（ISSACS S.）、P. 海曼（HEIMANN P.）、J. 瑞维埃（RIVIERE J.），《精神分析发展》（*Développement de la psychanalyse*），巴黎，PUF出版社，1966年。

J.拉普朗什的观点[1]恰好与前几位相反，他遵循了弗洛伊德的第一种理论。对第二种理论的批评依据跟克莱恩（甚至是弗洛伊德）的差不多；这些依据全都针对内在危险的概念。但拉普朗什对恐惧和焦虑做出了彻底的区分，因此推翻了所有面对真实危险时的焦虑和神经症性焦虑之间的关联说法。恐惧与自卫本能相对应，而焦虑则跟性有关。性冲动具有本质上的创伤性，因为在生命的最初，人类的性是建立在“人类学的根本处境”之上的，也就是“母性诱惑”之上，而这种诱惑会在无意识中留下形成冲动之源客体的痕迹。

这种关于原初母性诱惑和性冲动本质性创伤特质的理论，为性冲动向焦虑的转化提供了一种解答。但拉普朗什的理论不过是对弗洛伊德第一种理论的简单借用。当然除了一点，他并没有排斥弗氏第二种理论中的某些概念（比如系统内冲突的概念），通过把焦虑归咎于原初的外部创伤，他就以某种方式把弗洛伊德的模式颠倒了过来。危险没有被向外投射，而是相反，通过诱惑被向内投射了。然而，我们是否可以将这种诱惑的创伤特性看作是威胁呢？诱惑不也是快乐的源头吗？反过来，侵凌的力量全都是因为性冲动突破了藩篱吗？通过将死亡本能与性联系在一起，拉普朗什令侵凌性部分地脱离了死亡本能。

---

1 J. 拉普朗什（LAPLANCHE J.），《问题论 I——焦虑》（*Problématique I—L'angoisse*），巴黎，PUF出版社，1980年。

说到底，如果我们用心阅读了弗洛伊德的理论，如果我们不让自己被他对事实的阐释牵着鼻子走，我们是否就应该认为这两种理论是相悖和无法调和的呢？归根结底，更需要解决的问题，是焦虑的根源（悬浮性焦虑、自发性焦虑和内在危险，或通过感官近似唤醒原初情境的内在创伤），而不是焦虑之于自我的关系（压抑的结果或原因）。在弗洛伊德之后，其他学者所尝试的，是解释神经症性焦虑的内在根源和危险概念之间的关系。L.朗格尔（L.Rangell）[1]的研究是统一各方观念的生动写照，但最终还是躲不开这个问题。一开始，危险的信号并不是内在的，而是由擅自闯入、不受控制的刺激所造成的创伤体验发出的。说到底，一种微型的焦虑性神经症构成了内在危险的信号。因此，自我会陷入精神无助的状态，这种状态会让自我想起在童年时（比如在发生分离焦虑时）经历过的创伤状态。所以，归根结底，区别于弗洛伊德立场的不同之处，就在于危险的内在特质。就以过度活跃和没有耐性的焦虑者为例。没有耐性会引出欲望的满足、冲动的释放和压力的减低等问题。

事实上，精神分析学家认为，过度活跃性和焦虑的无耐心，反映的是一种持续的渴望，渴望满足一种活跃而急迫的生活。自我，在这种压力之下，感觉到要被吞没的危险，于是试

1　L. 朗格尔（RANGELL L.），（“Nouvel essai pour résoudre le problème de l’ angoisse”），收录于（*Dix Ans de psychanalyse en Amérique*），H. 布鲁姆（BLUM H.）编辑，巴黎，PUF出版社，1981年。

图通过精神或口头的活动释放出过剩的压力。

从“悬浮性焦虑”到“寻找栖身之所”

一切的问题就在于“行动与遭遇情境的相适应”。在极度焦虑性格成为主体痛苦源泉的情况中，生活始终都是一种危险情境，无论这种危险令人焦虑的程度如何。以这种方式令情境具有意义的意图，就解释了恐惧与如箭在弦上的焦虑之间的相似性。因此，焦虑性格者的焦虑可能成为恐惧回应的准备阶段；而反过来，恐惧回应可能成为对焦虑做出回应的意图。在第一种情况中，恐惧回应确实令情境具有了意义，在第二种情况中，情境保留了不确定性的程度，但不具有任何意义。

焦虑的首要回应始终在于，寻找危险，错误地将危险识别为当前或未来体验的源头，调动精神上和实际上的措施去摆脱危险。焦虑蔓延开来，成了广泛性焦虑症。对环境的警觉探索，对可能遭遇不幸的悲观预期，对无耐心，或相反，对没完没了的防御措施的求助，面面俱到的保护措施，甚至是思维上和行为上某种程度的强迫化，都是这种识别危险之倾向的表现。这种与情境不相适应的恐惧行为，最终会在所有会稍稍令人感到不安的情境中变得持久并固定下来。这就是弗洛伊德所说的“悬浮性焦虑”概念（1895），但有两点有待商榷。首先，“悬浮”的不是焦虑，而是一种试图取代它的恐惧。其次，焦虑情境的不稳定性，并不能说明存在一种不受行动约束的能量。

在其他的精神分析学家比如约翰·鲍比看来，焦虑的第二种回应就是，通过无意识地将情境阐释为与安全感代表的焦虑性分离的等同物，发展出一种“回到栖身之所”的安全回应，而非恐惧回应。以某种安全区域和与这一区域随时保持紧密联系的必要性为参照的恐惧症，就表达出了这种回应的意图。这里的危险，更多地存在于情境在主体与其安全（或熟悉）区域之间形成的距离，而非情境本身。

因此，不该错误地把焦虑情境和焦虑过程的原因混为一谈。我们已经看到，一些压力会对焦虑过程的不同阶段产生影响（在认知发展阶段的脆弱性，在排斥或衍生阶段的恐惧或强迫举止的神经症性投入）。

第五部分

活得更好，活得适意

性格可以改变吗？在很长一段时期之内，专家们都会说，在青春期结束时，性格就定型了，深深地印刻在如岩石般坚硬的人格中，再也不会改变了。事实上，性格的自发性改变概率达到了10%。[1]今天，赖于我们马上要谈到的内容，性格改变的前景变得更加乐观了。当性格令我们如坐针毡时，我们是可以改变它的，前提是找到恰当的方法。

1 R. 丹泽尔（DANTZER R.），《心身的幻觉》（*L'Illusion psychosomatique*），巴黎，Odile Jacob出版社，1989年。

第十六章

首先要对自己提出正确的问题

Se poser d'abord les bonnes questions

为了找到改变性格的恰当方法，首先要回答三个问题：

- 我们能够在没有专家帮助的情况下自行改变性格吗？
- 身边之人能够帮助焦虑者做出改变吗？
- 专家能够有所作为吗？

没有专家的帮助，能够自行改变性格吗？

在人的一生中，个体会不断地遭遇微小的事件（朋友迟到、挑选衣服、跟身边之人突发矛盾等）或重大的事件（孩子出生、工作改变、感情破裂、疾病、严重的伤害、悼念等）。较之非焦虑者，这些经历在焦虑者的眼中会变得更具威胁性

（反过来，我们现在已经证实，这些事件的积累和重复，尤其是重大事件，会促成焦虑性格的形成）。但有时候，在表象之外，人类从不会对自己遭遇的事情束手无策：他们会尝试去面对这些生活事件，即便是最令人痛苦的事件。我们把每个人用来评估和应对他所认为的威胁情境的方式，称为“调整策略”（或“应对”）。

具有焦虑性格，实际上就是在面对所遭遇的情境时，在思维上和行动上没有足够的自由。能够在最大程度上调动调整策略和防御机制，是平衡性格最显著的特征。为什么？

- 就以某种生理疾病为例，患者要面对不同的焦虑源：痛苦、伤残、住院等；同时，他还必须表现出情绪的平稳和一种自足的形象，一边还要操心自己的经济问题，跟家人保持良好的关系……面对所有这些需要操心的事情，就必须充分调动不同的调整策略。如果他只握有一种策略，比如对问题反刍，那么他就会痛苦万分，并且“卡壳”。
- 另一个原因是，情境会对调整策略产生重大的影响。因此，在一些情形中，同一个体必须着力调动“认知策略”，以便减轻精神上的压力；而在另一些情形中，个体则必须着力调动“行为策略”，以便能够切实地解决问题。在事件无法控制的情形中（比如严重的疾病），认知策略似乎更适用，而在付出努力就能改变状况的情形中（比如丢掉工作），行为策略似乎更适用。对于这些信息有所了解，对于一个焦虑者来说是很重要的。

因此，在向专业人员求助之前，我们每个人，尤其是自认为具有焦虑性格的人，都应该对自己握有的不同类型的调整策略和防御机制，及其这些策略和机制在压力事件中的有效性，做出一番分析。

身边之人能够帮助焦虑者做出改变吗?

焦虑者在面对自己的焦虑时，往往会觉得是在孤军奋战。俗话说“物以类聚，人以群分”，很不幸，这句话恰好可以用来形容焦虑者。确实，焦虑是会传染的。接触性情平和的人，是最能安抚焦虑情绪的办法之一。每个人都知道：跟一群性情足够平和、让人感到安心、愿意倾听、能够理性思考应对不确定感的新方法的人生活在一起，可以促进安全感的形成。羞怯者跟其他的羞怯者在一起，或是相反，跟傲慢的蔑视者或嘲笑者在一起，就会进一步加深自己的抑制。因此，身边之人对焦虑者的改变是有影响的。

我们在后文会看到，积极寻求身边之人的支持，就像是一种焦虑过滤器。因此，出于摆脱焦虑的需要，身边之人发挥着重要的作用。

专家能够有所作为吗?

现在，专家们不再把焦虑性格视为一块无法移动的磐石，而是一个动态的过程，这个过程令一种仅满足于唯一的生理模式，或纯粹的心理角度的模糊二元论变得无效。这种二元论忽视了生理与心理关系的复杂性，因而令主体更加无法理解身体—精神的关系。比如，“应对”（coping）式回应不仅仅是心理上的，它们还跟神经内分泌和免疫的变化有关。再比如回避式回应，则跟儿茶酚胺（肾上腺素）水平的下降和免疫活力（自然杀伤细胞）的下降有关，而面对式回应则相反。同样，源自心理神经免疫学，或包含生物心理社会功能的动态模式，对理解性格的成因和演化也是必不可少的。由此看来，进一步发展不同的治疗方法确是有益之举。因此，向专家的求助是有用的。我们可以选择不同的治疗方法，生理的或心理的。

所以呢，有了身边之人和专家的帮助，剩下的，就是如何自助的问题了。

第十七章

如何自助

Comment s'aider soi-même

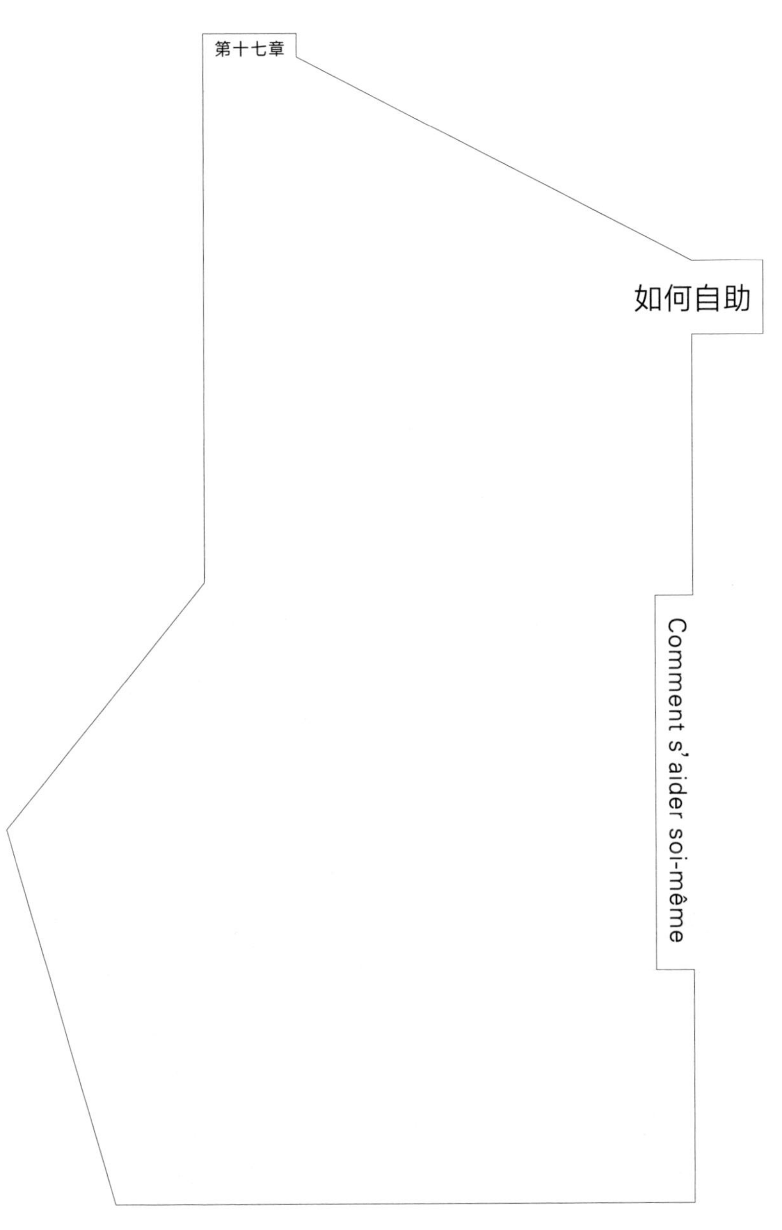

焦虑本身并非环境或个人的直接后果，而是个体与环境之间达成的一种“交易”。相反，焦虑的经历、我们对自身焦虑的感受方式，则会从一系列的“透镜”和“过滤器”中穿行而过，它们的作用是改变我们的精神和身体对环境的感知。这些具有放大、扭曲或缩小功能的“透镜”和“过滤器”，会夸大、转变或减缓我们焦虑的“感觉”。

当主体的这些“透镜”对情境做出超出自己承受范围，并可能危及自身安乐状态的评估时，由主体认定的外部需求（必须尽快做出决定）和主体的内部需求（我必须做出最好的决定）之间的失衡所导致的焦虑就会出现，主体的内部需求可能源于过于严苛的道德意识、超我或过于专横的自我理想，以及个体应对这些需求的个人、心理和行为的策略。焦虑者可能会将搬家视为一个异常棘手的难题，因为他总会往坏处想（房屋市场上买不到合适的公寓），因为他对居住的条件要求过高，还因为他太急于解决问题而回避了问题本身。性情较为平和的主体，会把同样的情境当成个人改变的契机、令人兴奋的冒险，而且找朋友帮忙也不会让他感到害怕。

因此，每个人都可以看得出来，我们对事件的看法取决于我们个人的“过滤器”。

更好地了解个人的三个“过滤器”

时至今日，令人振奋的消息是，我们对人类焦虑的“透镜”或“过滤器”有了更好的了解。接下来的问题是我们每个人对它们要有一个更好的了解，最实在的功效就是找到适用于不同焦虑性格的改善方法。我们识别出三种主要的“过滤器”。

对事件的个人感知

对事件的个人感知，是一个评估过程，在这个过程中，主体对某个特殊情境会以何种方式危及自己的安乐状态和自己握有哪些可以用来应对的资源做出评估。因此，心理学家将这些资源命名为“调整策略”“应对机制”（英语中的coping strategies）和“防御机制”。这种评估是双重的。

▶ 原初评估：主体对情境的原因做出评估。原因可能是某种丧失（身体上的、关系中的、物质上的……）、某种威胁（丧失的可能性），或某种挑战（获益的可能性）。因此，评估的本质会对情绪的质量和强度产生不同的影响。实际上，丧失和威胁的评估，会引发诸如羞耻、愤怒或恐惧等负面情绪，而挑战的评估，则会带来诸如热情、欣喜等正面情绪。

▶ 二级评估：主体自问如何能够弥补丧失、预防威胁或获得好处。于是会出现不同的应对选项：情境的改变、接受、逃走、回避、收集更多的信息、寻求社会支持或冲动行为。这一评估会引导用来应对压力情景的应对策略：在对问题不做任何改变的情况下（应对以情绪为核心），直接减轻情绪压力的策略，或是通过改变情境直接作用于情绪的策略（应对以问题为核心）。

这种双重评估的过程，对情境的评估和对个人资源的评估，总会受到过往经历，以及既定主体在意识中或无意识中具有等同意义的事件的影响。

对“调整策略”[1]的实际运用

理想说来，这些调整策略也可能是一个思维的过程（比如，在想象之中，把某种危险情景转化为个人获益的机会，这是焦虑者的惯常反应），或是一个行动过程（比如，以一种退缩的姿态采取回避的行为，或是相反，以走上讲台公开发言的做法，去坦诚面对问题）。

积极寻求他人的帮助

这里，需要对寻求身边之人的支持、寻求专业人士的支持和求助于不同的特定方法（心理治疗、放松、药物等）加以区分。

这些“过滤器”的作用，就好像压力事件和情绪无助之间的“调解员”。在实际情况中，尤其是头两种“过滤器”，主体必须对其加以评估，以令其发挥最大的功效，并优先用来缓解自己的焦虑。

1　N. 丹切夫（DANTCHEV N.），《应对策略与A型冠心病行为模式》（“Stratégie de coping et pattern A coronarogène”），《心身医学期刊》（*Revue de médecine psychosomatique*），第17118期，1989年，第21—30页。

更好地了解自己的防御机制和调整策略

更好地了解自己的防御机制和调整策略，就是让自己获得改变的方法。

调整策略或应对策略，与防御机制有什么不同？就拿精神分析模型为例，“自我的防御机制”构成了一整套认知—情感的无意识活动，这些活动的目的在于减轻或消除一切在自我看来可能引发焦虑的因素。它们代表的，是认知主义者所说的应对之无意识内在心理的部分。

不同的防御机制得到了确认：否认、转移、隔离、理智化等。这些防御机制的主要效率标准涉及它们的灵活性、融入现实的程度和可用性。例如，一些学者对住院患者在疾病适应中的防御机制进行了研究。[1]得出的结论是，某些防御机制比如否认、隔离、斗志，会比投射、禁欲主义—宿命论或侵凌性倾向，更有效地保护主体免于焦虑的侵害。因此，较之非焦虑主体，焦虑的主体更容易使用后一类防御机制。在这里，主体的注意力主要集中在压力的无意识减轻和情绪的无意识调节上，而非情境造成问题的解决上。

1　P. 雷威迪（REVIDI P.），《严重身体疾病中的刺激因素与自我防御机制》（“Facteurs d'agression et mécanismes de défense du moi dans les maladies somatiques graves”），《精神病学年鉴》（*Annales de Psychiatrie*），第1期，第87—98页，1986年。

更好地运用防御机制

第一种行动的可能是，通过求助于个人所拥有的防御机制，改变事件的主观含义。我们来举几个例子：

- 压抑或转移，还有通过打岔来拉开距离（想一些令人惬意的事情）。阅读引人入胜的书籍，或是观看触动人心的戏剧或电影，可以将个人烦恼转移到书中人物的身上，来缓解焦虑者的焦虑情绪，这种转移要么通过直接的身份认同，要么通过对惹人喜爱、镇定平和的主人公的奇异冒险的认同性渴望来完成。一个专注的数学家，可以在探索新的积分的过程中忘记自己的焦虑；而一个紧张的人，则可以通过阅读侦探小说来排解自己的不安。

写作的救赎

卡特琳娜·沙博（Catherine Chabaud），第一个在没有中途停靠的情况下完成了独自驾驶帆船环游世界的人，她在《可能的梦想》[1]一书中讲述了自己的冒险历程。她写道：“写作的需要，是为了掌控焦虑、驱散疑虑、看到内心的纷乱。害怕南方、寒冷、冰山、暴风雨中的倾覆，还有在红色火箭的驾驶舱里度过海上的整个严冬。”

1 C. 沙博（CHABAUD C.），《可能的梦想》（*Possibles Rêves*），巴黎，Glénant出版社，1997年。

- 反应的形成，比如将威胁转化为挑战：“我会拼尽全力去克服这个困难。”
- 翻转，比如对情境积极一面的过度夸大：“自从我碰到了这个问题，生活中的一切都会变好的。”
- 幽默，一种在面对困难情境时极为有效的防御机制。

幽默的救赎

一位焦虑的朋友曾跟我讲述，在感到过于焦虑的时候，他就会去看幽默大师桑贝（Sempé）的漫画：两个散步的男人。其中一个对同伴说：“我唯一一次任由自己‘性’致盎然，结果第二天，南方就遭了蝗灾，安德烈亚·多里亚（Andrea Doria）号战舰就沉没了！”“这完全就是我啊，”他跟我说道，“一想到这幅每次都会让我发笑的漫画，我就感觉好了很多。”

更好地运用调整策略

这里指的是改变注意力，要么把注意力从焦虑源上移开（回避策略），要么把注意力集中在焦虑源上（警觉策略）。

逃避的颂歌

回避策略可能对焦虑性格起到不错的缓解作用。这种策略可能是认知的替代（游戏、收集、艺术趣味）或行为的替代（体育活动、休闲活动），目的是排遣情绪压力，从而令个体获得更好的感觉。这种策略在与直面压力情境的策略相结合时，能够发挥有效的作用。另一类回避策略则不那么适用：那就是逃避，比如希望并相信喝酒、抽烟或服用药物可以让焦虑消失。这种逃避式的策略只能起到暂时的缓解作用，在情境持续的情况下起不到多大的作用。很多研究都已证明，这种策略能够减少伴随身心障碍的焦虑和抑郁症状。[1]

照亮阴暗的区域

与转移对问题注意的回避应对相反的，是将注意力转移到问题上的警觉应对，其目的是预见或控制问题。我们可以区分出两类警觉策略：

- 收集信息，以便对情境有更多的了解。
- 制订解决问题的方案。[2]

求助于这类策略，可以缓解情绪的不适，同时有利于对情

1　J. C. 科因（COYNE J. C.）、C. 阿尔德温（ALDWIN C.）、B. S. 拉扎鲁斯（LAZARUS B. S.），《压力情形中的抑郁与应对》（"Depression and coping in stressful episodes"），《变态心理学学报》（*Journal of Abnormal Psychology*），第90期，1981年，第439—447页。

2　I. 詹尼斯（JANIS I.）、L. 曼（MANN L.），《抉择》（*Decision Making*），纽约，The Free Press出版社，1977年。

境的掌控：对相关问题了解得越多，就越有利于行动方案的制订。但是，如果在收集信息的过程中发现，事情比自己预想的要糟，或者情境已经无法发生任何改变了，那么，这种警觉策略就会增加焦虑的强度。

行动的赞歌

第三种可能是，以解决问题为目的，通过面对问题时做行为上的积极努力，直接改变个人—环境关系的当前状况。这些策略包括直面问题（斗志）、制订并执行行动方案，这么做可以让主体获得改变所处情境的方法，从而间接地改变情绪状态。

综上所述，防御机制和调整策略可以通过个体从这些策略的有效性中获得的感知和行动的可能性（也即个体心理良好状态的自我评估所认为的既得好处），以及这些可能性反过来与个体对自己焦虑的感知形成的共鸣，最终促成个体重新评估自己的应对潜力。

各人的解决之道

通过对挂虑者、焦心者或忧惧者的区分，我们明确了每一种焦虑者的特定行动模式。我们再来回顾一下这几类焦虑者，看看他们分别最适合采取哪些策略：

- 挂虑者，心中想的都是未来的事件，但这些事件都足够具体、轮廓清晰，都经过了分析，有时则分析得过了头，但至少在头脑中都是有迹可循、有名有姓和实际存在的，他们的首要原则是采取行动。挂虑者需要借助指向行动的思维抗体，来战胜这些事件。

- 焦心者，无法清楚地识别出危险，也不知道危险从哪里来，以及危险抽象或具体的表现，他只有在看到自己恐惧的具体形象时，才能放下心来。焦心者只有做到更好地去控制自己的恐惧，才能战胜它们。

- 忧惧者，时时刻刻都处于戒备状态，必须熟悉自己的恐惧。他必须正视这些恐惧，勾勒出恐惧的轮廓，并找出恐惧的弱点，才能去除恐惧的夸张成分。

不要忘记自己的身体

身体，是常常被理性过度忽略的具象存在，我们不该忘记它。

我们就从良好的睡眠说起，它可以让我们从日常的焦虑和疲惫之中恢复过来。

睡眠质量对于焦虑者而言至关重要。焦虑者不能对睡眠问题不管不问，否则就会变得越发烦躁、紧张和焦虑。

失眠的时候，焦虑者会变得更加不安；而在一夜安眠之后，这种不安可能就会消失不见。休息得好的大脑，能够更加平静地看待日常生活。

很多的焦虑者，在清晨起床时就会感到疲惫，而在将近黄昏或晚上的时候，他们就会活跃起来，准备着要投入工作。他们都具有“夜猫子”的倾向。这种做法其实非常危险，会让人陷入地狱般的痛苦循环。相反，这些焦虑者应该在放松期之后，在合理的时间就寝。失眠的主要原因是过度的醒觉。最好避免在晚餐后工作，避免太过热闹的聊天，尤其是嘈杂的聚会。阅读一些令人感到惬意的书籍，可以舒缓神经，为入睡做好准备。

生活中的另一个方面，饮食，我们应该尽最大努力保持饮食的平衡。焦虑者往往会通过胡吃海喝来缓解自己的焦虑。

一个简单但非常重要的建议：体育锻炼可以释放身体的压力，也可以释放焦虑性格特有的精神压力（羞怯、侵凌性、愤怒）。打篮球或打网球，可以将内部的压力外在化。

最后，以前很多的治疗师都曾向焦虑者推荐过水疗法。而今，水疗法被浴疗法和海水浴疗法所取代。这些方法不能改变焦虑性格，但不妨一试。长久以来，这些疗法以不同的形式，显示出镇静安宁的功效，尤其是对生理压力的心理压力。我们需要做的，就是意识到它们在深层和持续的改变功效上具有局限性。

第十八章

身边之人如何帮助焦虑者

Comment les proches peuvent aider l’anxieux

身边之人可以成为焦虑者改变自身焦虑状况计划的坚实基础。要知道，跟焦虑者的亲密关系，可能会让你无法对他的焦虑性格有所作为，但也可能完全相反，让你对他的经历和性格有所作为。

因此，那些身边之人，应该坚决拒绝焦虑者通过有传染性和非自愿的焦虑，与自己形成过度的寄生关系。而焦虑者自己呢，则应该避免与持续焦虑的人为伴，而应该去寻找性格更为平衡的伙伴。

身边之人可以通过不同的方式帮助焦虑者做出改变。首先，他们可以给予焦虑者最渴望的东西：被爱的感觉；其次，他们还可以满足焦虑者表达得最为明确的需求：被理解，被鼓励。

这样，身边之人就可以帮助焦虑者识别出自己的调整策略、优先的防御机制，以及它们的有效性或无效性，并让焦虑者在不会感到被评价或被当成孩子的情况下，对这些策略和机制做出评估。最后，身边之人也可以把自己当成是一种社会支持，这样就会对焦虑者构成一种他们自己不会使用或没有尽力寻找的调整策略。

爱与共情的需要

我们总会有一种幻觉，想着通过跟焦虑者讲道理，用理性的话语去反驳他们的焦虑，就可以帮助他们做出改变。“你别担心”“可你已经拥有了幸福生活的所有条件了”“你这是庸人自扰”，这些都是毫无用处的徒劳劝解。这些话，焦虑者可能早就对自己说过千百次了，只是无法相信而已。

回想一下，焦虑者首先需要感到被爱。因此，共情是可能采取的最好姿态。对他人感受的融入，并非对他人的模仿，而是理解他内心最深处的隐秘。这或许就是爱情和友情的意义所在，说得心理学一些，就是共情（又称“同理心”）。

什么是共情?

同情，具体表现为帮助他人的渴望。共情，则要走得更远。当主体明确地感觉到能够与他人“结合”，以至融为一体时，共情就产生了。共情，可能是我们在看到一幅动人绘画时的感觉。共情超越了理智的相通，因为它让我们融入了他人的感受之中。共情让我们认识到，有时候在感情上，他人的身上会有几分自己的影子。共情是一种积极主动的做法，一项名副其实的心理劳作。

共情的过程，就是心理学上著名的Einfühlung（对他人情感的同化），它扮演着一个极为重要的角色，因为它令我们可以潜入不同于自我的外人的灵魂之中。共情的感觉，非深入的关系而不可得。通过共情，我们可以发现他人内心深处的感受，共情也因此而成为愉悦或深深宽慰的源泉。这就是为什么，讲述是至关重要的。只要足够用心，我们每个人都可以在讲述中解开他们感受的密码。

学会倾听我们的相似与不同

共情基于两个公设：理解矛盾的价值，让自己的感受进入他人的灵魂。如果意见的不和需要通过某一方的胜利才能得到解决，那么就让双方的矛盾随时间慢慢演化。相信我，这不会是徒劳之举。否则的话，“被压抑的一方”迟早都会卷土重来。讲述应该成为一种快乐，因为讲述能够让人感到如释重负。为沟通而做的讲述，更是如此。一锤定音的观点，会终结所有的交流和会面；保留己见并进行沟通以求同存异，应该是可敬的和受到尊重的。如果无法接受不同，我们就会成为自恋的猎物：自以为理解别人，我们理解的其实是自己的感受。

因此，学会倾听我们感受的相似与不同，就像是一种神奇的魔法。正如安东尼奥·达马西奥（Antonio Damasio）在《笛卡尔的错误》（*L' Erreur de Descartes*）中提出的建议：应该用“您感觉如何？”这类问候语来替代法国人最常说的“您好”去和人打招呼。就这个观点，他竟然写了整整一本书呐！

人，需要相互倾诉，需要在对方的眼中看到一种善意的关注。这种需要是对母性关怀的抱憾吗？什么都代替不了情感上的默契、交流和分享。幽默、快乐，就连痛苦和焦虑，也都需要与人分享。

被人理解的需要

我们应该理解焦虑者的情绪过敏。鉴于这种情绪过敏，身边之人的帮助应该是缓慢而细致的，因为焦虑者会抗拒所有突然而至的介入行为。教人游泳最好的办法，就是把那人丢进水里。对于那些有游泳天赋的人来说，这或许是个有效的法子，或许还能让焦虑者永远摆脱这个焦虑因素，尤其是恐水症。今天，出现了一些用来驯化这种“敌对”因素的渐进式方法。学习游泳的这种办法，放到焦虑性格上来说，是完全可以理解的。还有就是，要知道在表面的谦逊之外，焦虑者跟我们所有的人一样，也有自己的骄傲。突然之间把他们扔进挫败情境之中，可能会直接打击到他们内心深处对自尊的渴求。

理解焦虑性格者内心的悲观，也是非常必要的。在面对考验时，焦虑者是悲观的。在试图帮助焦虑者的过程中，身边之人必须意识到，帮助他的同时，也是在让他接受新的考验。善意，哪怕是有些铁腕的善意，都可能成为焦虑者缺失的依靠：乐观主义。有些人是在“蜜汁”里出生的，有些人则不是。但无论是什么样的人，没有什么是完全和彻底定性的。

对此，表现出些许的客观性，不会有什么坏处；比如一个羞怯者，他必须在一夜之间显得魅力超群，或者去主持几场会议。那么就得让他知道，他最好扮演一个没有人会跟他来争抢的角色。一旦表明了这个观点，并且对方也接受了这个观点，剩下就是：改变态度。

受到鼓励的需要

身边之人可以通过三个步骤来鼓励焦虑者：尝试有所行动，从容易的事情入手，长期的自我准备。

帮助焦虑者有所行动

撇开表面上的消极，尤其是内倾型焦虑者，焦虑者是希望有所行动的。抑制，是一道障碍。身边之人必须在这个步骤中帮助焦虑者。在你第一次登上滑雪板时，焦虑会侵袭而来。理想的做法是看看别人怎么滑。有渴望，但也有恐惧。在尝试中，存在一种引诱。因此，应该首先让焦虑者去尝试那些对他们具有吸引力的事情。

建议焦虑者不要从最难的地方入手

如果我们从奥运会的速降滑雪入手，估计登上滑雪板是不可能的，摔倒和成为笑柄的焦虑会非常强烈。焦虑者极端情绪化，这有好的一面，也有坏的一面，他们会从最阴郁的绝望转到最宏伟的憧憬。只要实现的那一天遥遥无期，那么就没有什么是不可能的。但在考验面前，斗志就会屈服。

通常说来，在所有的治疗情境之外，最初的努力不能让焦虑者不堪重负。比如，身边之人可以建议焦虑者在人数较少、无关紧要的听众面前，大声朗读一份事先看过的报告，以消除他突然失忆的顽念。在参加会议或面见重要的人物时，焦虑者的朋友可以提出陪他一同前往，由自己来负责谈话，在一开始时，只要求焦虑者表达简短的赞同意见。在头几次会面中，焦虑者只需要做到现身，并努力表现出得体的态度。一旦气氛放松了下来，身边之人就可以通过巧妙的问题，鼓动焦虑者用简短的句子说出自己的看法。一句话，重点是不要让焦虑者尝试性的努力成为焦虑的诱因，并让焦虑者对这种尝试留下安慰和进步的印象。最重要的是，避免可能造成恶性循环的失败。

建议采用循序渐进的做法

从认知—行为角度对焦虑者进行治疗的心理医生，有不少人都会建议一些显然超出焦虑者能力的做法：去找一位重要的人物，落落大方地走进一大群人当中，在挑剔的听众面前讲话。但他们会建议要循序渐进地去做，首先是去想象这种做法，然后是熟悉这种想法，接着是在他人的陪伴下付诸行动，等等。这种没有准备，在之前没有陪伴，有时是其间没有陪伴，尤其是之后没有陪伴的做法，就像治疗师所做的那样，恐怕并没有考虑到焦虑性格者的独属特质。

让我们来举个例子，让因为工作需要不得不当众发言，他对此感到非常害怕。虽然只是个很小的发言，但是他的老板（让把他当成自己实实在在的朋友）仍然坚持要求他大声地朗读了好几遍稿子，以使他不会在当众发言的时候被自己的声音吓到；老板建议他用一种夸张的发音慢慢地念，因为他总是匆忙地吐字，把音节都吞掉了；再加上大幅度的动作。接着，循序渐进地，老板又要求让在几个和善的同事面前发言。

暗示的权利

作为身边之人，应该接受实施并依靠某种程度上暗示的权利。暗示是人类关系的一部分，关键在于不要做出训诫式的或不好的暗示。通过讲述自己的成功之处去发扬它们，当然是以不过分夸张的方式，在信服时表达自己的观点，这些都是身边之人可以不断重复的信息，以期能让它们融入焦虑者的自主性当中。这样的理由千千万，不该如履薄冰般地使用它们。我们的重点是帮助焦虑者，而不是让他灰心丧气。所有这些道理，焦虑者不知道在心里默念过多少遍，只是苦于找不到解开心结的良方。关于这些，你要表现得毫不含糊，就像被腰痛折磨的患者，来到诊所门前的时候就已经觉得好了大半，有了你的支持，焦虑者会觉得获得了真正的帮助。

通过坚定平静的态度，再加上客观的果决，我们可以帮助焦虑者冲破这种令他感到痛苦的危险退缩。

这些身边之人可以用来帮助焦虑者的行动，目的是为了让主体能够通过对所有支持的自主化，自由地采取这些行动。事实上，他人的帮助和焦虑者通过自身态度表达出来的走出困境的意愿，也在这些行动之列。

帮助焦虑者对防御机制和调整策略做出评估

可以通过不断地暗示、提及甚至重复以下问题，来帮助焦虑者做出改变：

- 他是否制订了行动方案并持之以恒？
- 他是否表现出斗志或正视问题？（我状态不错并计划抗争到底。）
- 他是否置身事外或将威胁最小化了？（我就当什么都没发生。）
- 他是否懂得了重新做出正面的自我评估？（我在经历了这一切之后变得更加强大了。）
- 他是否表现出一种自控？（我尝试了避免冲动而为。）
- 他是否懂得了寻求社会支持？（我跟某人聊了聊，以便对情境具有更清醒的认识。）

最重要的是，了解这些策略是否具有实效，也就是说，它们是否能减轻由情境引发的压力和焦虑。这里也是同样，在焦虑者想要获得专业人士的帮助时，身边之人的支持是很重要的。

家长如何帮助焦虑的孩子

如果孩子在很小的时候就显现出焦虑性格的倾向，那么显然应该及早采取防范措施。我们在前文中已经描述过出现在婴幼儿时期的风险因素，但是，是否存在保护因素呢？答案是肯定的。

想象着能够阻止个体生命中负面事件的出现，显然是不现实的。没有家长能够保证孩子不会受到意外创伤的侵害。同样，我们也无法知道怎样才能改变焦虑气质的遗传因子。正因为如此，研究者和临床实践者在近十年中面临的挑战之一就是尝试确定对抗焦虑性格发展的保护因素。父母对此有所了解会相当有用。

游戏、绘画和语言可以防御焦虑

孩子在面对或防御自己的恐惧、焦虑、在痛苦经历中的无助感的能力上，表现出很大的差异。显然，孩子寻求和利用帮助和支持的能力，扮演着重要的角色。

孩子倾向于通过激动、抑制或没来由的哭泣，来应对自己的焦虑。如果孩子画出了自己的焦虑，或是通过扮演胜利者的角色“玩出了”自己的焦虑（如果他玩的游戏里包含了令他感到焦虑的情境，他可以在游戏中控制这种情境），[1]那么孩子就能很好地保护自己免于焦虑的侵袭。一些孩子会本能地使用这些策略，另一些孩子则不会，应该通过游戏、绘画或语言等方式教会他们使用这些策略：跟他们交谈，或是帮助他们通过自己的方式讲述出来。

坚定令人安心

在面对焦虑的孩子时，是否应该采取保护或坚定的姿态？为了更好地理解如何去做，让我们先来回顾一下焦虑性格中的本质一面。

- 一方面，焦虑的孩子具有易感性和自信缺乏的特点，这就要求家长的保护和理解：焦虑只有在温情中才能平复。
- 另一方面，孩子缺乏自控能力，无力掌控自己的焦虑，这就要求成年人具备令人安心的坚定。真正爱自己孩子的家长，在展现真正的权威上是不会有问题的：想要恰当地对孩子施以惩罚，就必须爱这个孩子。在青春期的危机和问题中，尤其需要一种平静而坚定的权威性，这就是最好的例子。面对焦虑的

---

1 E. 班德（BAND E.）、J. R. 维泽（WEISZ J. R.），《如何在感觉不好时感觉好些：儿童在应对日常压力时的视角》（“How to feel better when it feels bad: children’s perspectives on coping with everyday stress”），《发展心理学》（*Developmental Psychology*），第24期，1988年，第247—253页。

孩子，尤其不能事事隐忍，结果在忍无可忍的时候突然爆发。

优先发展自信

强调进步，表扬努力，哪怕是短暂的努力，这些话语都能够平复孩子的情绪，尤其是焦虑的孩子。强调孩子取得的进步，也就是他能成为好学生的证据，应该是所有家长都应该想到的事情。焦虑的孩子对鼓励的渴求，比我们想象中要强烈得多。

促进外在化和身份认同

当然了，理想的做法是能够让焦虑的孩子把自己的焦虑、心理和生理的压力外在化，并且通过童话、故事或电影，令这些焦虑和压力得到升华。孩子总能在这些童话、故事或电影中找到侵凌者、受害者和保护者，他们会对不同的人物进行自我认同，并以一种无意识的方式，把自己的焦虑和对安全感的期待投射到这些人物的身上。贝特尔海姆（Bettelheim）[1]恰如其分地描述了童话是如何帮助孩子战胜自己内心最深处的抵抗和恐惧的。

1　B. 贝特尔海姆（BETTELHEIM B.），《童话中的精神分析》（*Psychanalyse des contes de fées*），巴黎，Robert Laffont出版社，Réponses系列丛书，1976年。

童话，儿童焦虑的解药

布鲁诺·贝特尔海姆以极具条理的方式解释了童话对儿童忧惧和焦虑的疗愈作用：“今天那些安全感十足的故事，既不讲死亡，也不谈老去，更不提永生的渴望。相反，童话干干脆脆地把这些人类的本质性难题摆在了孩子的面前。比如，很多的童话故事都以父亲或母亲的死亡开头；在这些童话故事中，父亲或母亲的去世造成了一个焦虑性问题（这是令我们感到恐惧或在现实生活中发生的事情）……”

“孩子可能因为孤独和被抛弃而陷入绝望，他们往往会成为死亡焦虑的猎物……因为家长在察觉到孩子身上的这些情绪时，会感到手足无措，因此，他们会倾向于忽视这些情绪，或是出于自己的焦虑而将它们大事化小，心想这样就能平复孩子的恐惧。相反，童话则非常重视这些焦虑和这些生存的困境，并以一种直截了当的方式讲述了出来：被爱的需要和被当作废物的恐惧；对生命的热爱和对死亡的恐惧。”

懂得在最敏感的时刻平复情绪

睡眠是可以平复焦虑的缓和期，较之成人，它对孩子来说更为重要。但对于焦虑的孩子来说，安然入睡并非一件容易的事情。恐睡症和入睡恐惧症都很常见，就寝和入睡是最为敏感的时刻，应该予以特别的重视，以便让孩子感到安心。对此，有几种简单的方法：

- 给孩子读一个故事。
- 爱抚孩子，给他一个“心爱之物”。
- 如果孩子拒绝在自己的床上睡觉，把一个惊恐万状的孩子强行拖进他的房间，没有任何好处。只需要温柔地跟他解释说，每个人都应该在自己的床上睡觉，这样，第二天才会精力充沛。如果孩子的压力和焦虑超出了他的承受能力，那你最好还是让他跟你一起睡。

对待焦虑儿童的方式，应该首先基于温情，以及面对每个孩子特定焦虑情境的循序渐进的努力。

对抗某些焦虑儿童的孤独感

退缩、贬抑甚至孤独的倾向，在焦虑儿童的身上要比成人更为强烈，家长需要帮助孩子去面对其他人。家长应该慢慢地让孩子自行结交一些同龄的朋友，可以在提议让孩子到同学家里去玩之前，先邀请他喜欢的表兄弟（表姐妹）或是最好的朋友到家里来。

依靠专业人士的帮助

焦虑儿童可能会因为这种性格，在肢体表达、语言表达或是学业上吃苦头。因此，有专门受训的人员可以在这几个不同的方面为孩子提供帮助，体能训练师、语言治疗师、心理康复师，都能提供有效的帮助。从初中开始，然后是高中，针对学业困难从大学生或教师那里获得的帮助是不可忽视的，即便这些困难是由焦虑造成的。

最后，对于过度焦虑的儿童，不应该惧怕进行心理治疗。治疗师可以在孩子面前阐明和解释表现在游戏和绘画中的焦虑，从而让孩子理解这些焦虑的含义，进而让孩子控制焦虑。

第十九章

如何让专业人士帮助自己

Comment se faire aider par des professionnels

如果身边之人能够帮助焦虑者，尤其是，如果焦虑者能够做出转变，那么焦虑者就应该考虑向更为“专业化”的身边之人求助。

改变性格绝非易事。不久之前，每一位专家都还在认为自己的方法是最好的，拒绝接受其他方法的有效性和恰当性。在治疗的领域中，最先出现的是精神分析的忠实拥趸；接着，是那些认知—行为疗法的支持者；最后，是近些年来被认为至少是具有辅助疗效的各种药物。每一种治疗方法都变得明朗化了。今天，存在几类偏精神分析的心理疗法，还有几类偏认知行为的心理疗法，以及试图将这两大类疗法构成部分结合起来的新型疗法。越来越多的专家认为，不同方法的结合和交替，可能会获得最佳的治疗效果。但我们还不知道如何去做。治疗方法的选择基于实用因素，这个做法倒是错不到哪里去。这种选择首先取决于相关主体的期望，这种期望又取决于主体具体能够做些什么，还有主体对自己治疗师的信心，以及主体从寻求过帮助的人那里获得的建议。

在提供建议的阶段，医生或心理医生扮演了重要的角色。他必须首先挖掘出患者话语中的隐含意义，因为前来就诊的患者并不一定会表现出明显的焦虑症状，这一点对医生来说尤其常见。

今天，我们还知道，无论采取何种方法、技术和基本理论，心理治疗中50%的积极效果，都取决于获益主体的积极期待，以及焦虑者对治疗师的信任。在抱有疑虑的情况下，最好的办法是去咨询自己平时的医生，前提是，这位医生能够通过患者的表面申诉，发现他真正的需求。

本章虽讲到药物，但大部分的篇幅都贡献给了非药物治疗，尤其是心理治疗，这类治疗的效果尤其显著，前提是要可靠，不会陷入教条主义、派系之争或最疯狂的剑走偏锋之中。现在，几类不同的心理疗法已经得到了广泛的认可，它们已经证实了自己的疗效，在本章中理应得到清晰的介绍。我们每个人都应该以尽可能简单的方式去了解这些疗法的独特属性，并在获得更多的相关信息之后，选择最适合自己的疗法。

那么，我们就从今天被称为“心理教育”的方法开始。所有的治疗师在一开始的时候，都应该通过心理教育让主体清楚地知道专业人士对自己性格问题的了解，以及用来帮助自己的方法。更好地了解自己的性格，意识到别人也会有同样的问题，对帮助的可能性有足够的了解，所有这些，构成了自我可能发生改变的第一步。

心理教育

知识的分享

如果焦虑者希望着手努力了解自己，以便获得改变自己性格的方法，那么，专业人士跟焦虑者分享自己有关焦虑、焦虑成因和治疗方法的知识，就是很正常的事情。自知，对改变来说还不够，但是必不可少的。有些人甚至建议，这些知识应该以书面资料的方式进行传播，遗憾的是，这方面的资料少之又少，至少在法国是这样。所有这些患者都应该享有关于自己病症的专业信息。一位焦虑者曾对我说："我需要信息、支持和希望，这样我才能获得跟别人分享自己问题的感觉，才不会感到孤独。"

一种"统一化模型"，可以让焦虑者了解自己的焦虑并采取行动

因此，首先，专业人士应该解释问题的本质，并说明这是

很多人都会有的问题。接着，专业人士应该跟相关主体一起讨论并确定治疗方案。专业人士有必要向焦虑者介绍一种他自身问题的统一化模型，明确指出造就他焦虑性格的不同因素。这会让焦虑者明白，并不存在一种单一的改变行为，而是需要考虑多个构成部分：自助、获得身边之人的帮助、接受专业人士的帮助。

这种统一化模型还可以让焦虑者明白，专业人士的帮助也由若干不同的部分构成，因此必须考虑到身体和肢体的部分（比如放松，或是在必要情况下使用药物），以及有意识和无意识心理的部分（比如借助自我肯定的认知疗法，或是寻找深层原因的精神分析疗法）。这种统一化模型可以让焦虑者在不会气馁的情况下，明白性格的改变并非朝夕之间的事情，这种改变要先后经历不同的阶段，因此是由不同的互补性行为促成的，而这些行为会在这一过程中相互结合或分离。

持续的对话和调整

最后，应该定期回答焦虑者对自身状态特点提出的问题，并为他提供关于焦虑性格的信息，当然是普遍性信息，还有特别跟他相关的信息。

在做出这些举动的同时，时刻要想到焦虑者比普通人更容易自寻烦恼的倾向。因此，这些以心理教育为目的的信息，其数量和质量都必须适合于每个不同的病例，尤其是，心理教育应该让专业人士的帮助获得接纳，并在投入之后就保持下去。不论在何种情况下，认为焦虑者如果对自己状态的特性和原因有了更好的了解，就会变得更加焦虑的想法，只能是大错特错。实际情况恰恰相反。[1]

心理治疗

性格的改变，首先要归功于心理治疗。

什么是心理治疗?

它是一种通过心理手段进行的积极疗法。心理治疗通常以定期会面的方式展开，要么是单独会面，要么是小组会面。有些治疗技术主要依靠对话语的运用，另一些则依靠身体的调适，比如放松，或是通过表达活动，比如绘画（尤其是孩子）和音乐。

能够获得性格改变疗效的心理治疗，当以年计。当然了，“短暂的”心理治疗也是有可能的，要么是在轻微焦虑的情况

---

1 D. 斯坦（STEIN D.）、E. 霍朗德（HOLLANDER E.），《焦虑症教科书》（*Textbook of Anxiety Disroders*），华盛顿，美国精神病学出版公司（American Psychiatric Publisher Inc.），2002年。

中，要么是出于明确的客观原因（孩子的出生、夫妻矛盾、职业问题、恐惧症或强迫症的出现或复发等）。

心理治疗在尊重“隐私”的原则之上，通过医患双方自愿达成的协议而成行，且这一治疗需由专业的医生或心理医生来进行。心理治疗在协议最初确定的环境中进行：地点、疗程的时长及频率、治疗方式。当然了，可以根据治疗的发展和变化，对这些内容进行修订。

在法国，只要心理治疗被医疗保险机构认定为是一种医学治疗，其费用就可以报销，至少可以部分报销。心理治疗要么由精神科医生（身份是医生）来进行，要么由心理医生（至少经过五年的专业心理学培训）来进行，要么由精神分析师（必须获得专业精神分析协会的认证）来进行。[1]至于放松治疗，可以是体能训练师，也可以是接受过放松技术培训的理疗师。

哪些人可以从中受益?

心理治疗面向所有年龄段的患者：儿童、青少年、成年人、老人，还有夫妻和家庭群体。

所有类型的焦虑性格者都可以从中获益，无论他们表现出什么样的精神痛苦。

---

1 S. 安杰尔（ANGEL S.）、P. 安杰尔（ANGEL P.），《怎样正确选择心理医生？》（*Comment bien choisir son psy?*），巴黎，Robert Laffont出版社，1999年。

效用机制与不同的治疗技术

心理治疗的效用机制是多样化的，并存在很多不同的技术形态，根据心理治疗想要缓解或根除的病痛类型来进行有针对性的选择。

无论何种情况，效用机制应当令患者在个人、情感、认知、关系，尤其是社会层面上，获得一种更好的状态。心理治疗是一种针对复发的预防性因素。

精神分析治疗

我们就从精神分析治疗说起，从本义上的精神分析说起，在我看来，精神分析应该成为自小就深受极度焦虑性格折磨之主体的首选。遗憾的是，精神分析的确切疗效依赖于令其大大受限的先决条件。

本义上的精神分析

建立在无意识和移情基础上的精神分析，其目的是令在生命前期阶段（对成人而言就是童年期和青春期）中形成的压抑成分重新回到意识的层面。在我看来，精神分析可能是令人格发生深刻改变的首选疗法。它尤其适用于过度焦虑的主体，前提是这些主体做好了投入的准备，并能够接受长期的个人治疗。只有真正的精神分析才能让这些主体找到自己性格的根源，发现自己对改变的抗拒，也就是说他们人格的悖论和冲突。这些人类本性中的悖论和冲突，使得意识上感觉到的痛苦并不会排斥无意识的衍生性获益，也即对改变的抗拒（比如，因自己焦虑而痛苦的焦虑者，同时也会引发他人的疼惜和关切）。

焦虑者可以通过精神分析寻找自己焦虑人格的深层原因。童年期真实的创伤情境过度地形成一种简单的解释，如果不说是简单化的话。正是出于这个原因，在临床案例中，很容易就会把病症归因于这种解释，而我们也总是相信，可以通过童年期的某个“创伤”来对自己的性格做出解释。

事实上，我们已经看到，焦虑者因为自己冲动的生活而不堪重负。发现焦虑者行为的含义，尤其是他的自恋从他的焦虑中获得的无意识但充满悖论的好处，可以成为促成改变的路径。

童年的创伤，如果说它们会助长冲动泛滥，也就是说“兴奋防护”内在心理过程的不足，那么它们是很难有迹可循的。对于这类主体而言，找到冲动的升华之道是一条布满荆棘的道路，但可以发挥深刻的作用。精神分析更加专注寻找在童年时浮现出的“意义”，而非“原因”。

再者，幻想的“经济”回荡要重于幻想的本质，也就是说，无意识表象和反应机制投入的力量，这些防御机制占领了精神活动的场域，不利于前意识的行动方案，这些方案可以让主体找到具有安抚作用的、恰当的特定行动。

精神分析的原理基于几种不同的杠杆因素：治疗师善意的中立态度，患者对自由联想的表达（没有太过逻辑或事先准备过的讲述），以及对分析对象和分析者之间发生一切的解析（通过移情效应唤起患者支配性的无意识关系模式）。显然，我们在这里再次看到了形成不同焦虑性格的不同依恋类型，只不过是以一种因不同发展阶段而复杂化了的形式呈现出来了。精神分析师如何能意识到关于依恋重要性的新认知呢？我们在这里简单引述一下国际精神分析学会（Association psychanalytique internationale）现任会长（该学会历史上的第二位法籍会长），达尼埃尔·伟德罗西（Daniel Widlochër）的话："在由对本我的分析和对抗拒的分析构成的双人组中，应该再加上对依恋真实性[费尔贝恩（Fairbairn）所说的'对客体的寻求']的分析和对儿童性幻想（费尔贝恩所说的'对快感的寻求'）的分析。在第一种情况中，同一种精神状态会根据两种不同的策略得到解析。我们看到，在这里出现了一个新的技术问题，或可成为新的启发。"[1]

---

1 D. 伟德罗西（WIDLOCHËR D.）、J. 拉普朗什（LAPLANCHE J.）、P. 福纳吉（FONAGY P.）、E. 科伦坡（COLOMBO E.）、D. 斯卡冯（SCARFONE D.）、P. 费迪达（FEDIDA P.）、J. 安德烈（ANDRÉ J.）、C. 思琪尔（SQUIRES C.），《幼儿性欲与依恋》（*Sexualité infantile et attachement*），巴黎，PUF出版社，2000年。

分析式个别心理治疗

分析式个别心理治疗的原理与精神分析相同，其目的在于，加强自我的防御机制，并促使太过令人不适的特质消失，形成更好的适应。

治疗师的介入频率更高。治疗以面对面的方式进行。治疗师肯定会使用解析的方法，但也会使用很多其他的介入模式：澄清、对照、支持和建议，以便酝酿和表达自己的情感。

治疗时长不定，因为存在“短期心理治疗”，尤其是为了治疗反应性问题，治疗时长在3至6个月之间。但如果要真正地了解性格的病理性特征，就需要进行长达2至3年的心理治疗，这样才能在生活中建立起真正的自信和最大程度上的安全感。

团体心理治疗和不同的心理剧

治疗优势在于发生在治疗团体成员间的心理相互关系。团体治疗可以集中在不同的方式上。

团体心理治疗可以表现为不同的谈话团体，在这些团体中，一群陌生人相互分享同样的问题，从而促成交流、丰富的体验和自由的本能表达。治疗师从旁照看，促进成员之间的交流。这种治疗的目的在于，促进能够增加个体自由的感觉和情绪的表达。

心理剧的种类有很多，都以即兴表演为原则，每个参与者都可以编撰剧本，并负责分配角色，成员仅限于治疗师，或是治疗师编入的其他患者，以戏剧的形式展开治疗。然后对游戏进行分析：

- 莫雷诺（Moreno）的心理剧，患者在剧中重现出过往的创伤场景，以便从中脱身。小组成员可以指出患者的某些无意识倾向，以便促进其人格朝着好的方向演变。
- 个体分析式心理剧，患者在剧中独自和分析治疗师表演出自己的幻想或回忆，通过与分析治疗师的移情关系唤起的回忆，目的是了解自己的防御机制（主要作用于青少年，引发身体和言语的释放）。分析师承担游戏主管和翻译的角色。
- 团体分析式心理剧，每一位患者在剧中讲述自己的问题和他人的问题。表演出一位参与者的冲突，分析他对团体产生的影响，治疗师通过口头陈述有意识和无意识的冲突来进行解析。

精神分析式的放松

个体精神分析式放松，或团体精神分析式放松，基于自我暗示的原则，可以令参与者得到放松，并促进表达身体的经历，以及参与者在这一经历中感觉到的情绪。治疗师对这些口头表达和团体内的互动做出分析式解析。

如何比较不同的精神分析治疗

在对每种治疗的功效进行比较时，应该将两类因素纳入考量：

- 病症的非特异性因素，具有无可争议的重要性：主体的欲望、对治疗的观察、不稳定的患者。
- 治疗的强度（每周的治疗次数、治疗的时长）等。我们都知道，精神分析师认为，分析式心理治疗至少要一年，本义上的精神分析至少要五年，这是令罹患神经症障碍的患者在整体机能上获得深度改善的必要条件，神经症障碍包括焦虑性格，除非是纯粹的“焦虑性神经症”，别忘了，弗洛伊德是第一个认为纯粹的“焦虑性神经症”并不属于精神分析范畴的人，意思是焦虑的成因中没有内部冲突。

决定每种疗法适应性的因素

总的来说，现今很多的精神分析师都牢牢记住了以下关于“焦虑性格”治疗的几点：

- “纯粹的”焦虑性格，符合弗洛伊德在1895年提出的“焦虑性神经症”，不属于分析式治疗的范畴。但是，这种只具有“悬浮性焦虑”的“纯粹”状态，在实践中非常罕见。
- 在其他类型的焦虑性格中，较符合弗洛伊德在1926年提出的第二种焦虑理论。精神分析式方法，可以成为在心理上具有思考和表达自己想法能力的患者的首选疗法，这些患者有意愿了解自己病症的成因，并做好了投入时间的准备，而且并不急于获得症状完全消失的快速疗效。

总的来说，精神分析式介入必须根据临床情况和患者的利益做出调整：

- 有些患者能够对有关自己问题的简短解释和说明迅速做出反应。
- 有些患者具有定位非常明确的症状，以及强大的自我力量，可以通过短期的精神分析式治疗或认知—精神分析式治疗，改善自己的焦虑。[1]
- 还有些患者，有个人神经症病史，往往伴随抑郁、疑病和相关病症，对病症的申诉不那么明确，但对自己的思维模式和性格的改变感兴趣，即便他们（至少是清晰地）表现出广泛性焦虑症的迹象，仍然可以接受分析式心理治疗，甚至是真正意义上的精神分析。

1 A. 莱尔（RYLE A.）编辑，《认知分析疗法》（*Cognitive Analytic Therapy*），奇切斯特（Chichester），英国，Wiley出版社，1995年。

认知与行为心理治疗

基于学习和信息理论，适用于患者的思维和行为，这类疗法完全适用于具有焦虑性格的患者，尤其是那些在焦虑性格之外，还具有明确附加临床症状（恐慌症、广场恐惧症、强迫症和冲动症）的患者。

这种疗法的主旨在于，在对焦虑情境进行想象之后，再循序渐进地暴露在这些焦虑情境之下。目的是帮助患者获得在日常生活中更好的适应能力，并让症状迅速消失。

这类疗法着重关注焦虑者的不详预测，以及通过现实的证据对他们预测错误的验证。针对焦虑人格的认知疗法，很大一部分疗程都针对焦虑者的预测：对某种情境、他人可能的评价和自我的焦心预测，可能由此引发的行为，经有效条件反射得到加强的链条式反应。对交替模式进行研究、评估、平衡，然后放到现实情境中加以验证。因此，认知疗法的目标，尤其是对焦虑性格者而言，有以下几个：[1]

- 信赖关系的建立和不断巩固：任何情况下都可以对与遭到回绝或受到他人评价的恐惧有关的情绪加以确认，并记录下由此产生的自发性思维、信仰和逃避行为。

1　Q. 戴布雷（DEBRAY Q.）、D. 诺莱（NOLLET D.），《病理人格，认知与治疗方法》（*Les Personnalités pathologiques, approches cognitive et thérapeutique*），巴黎，Masson出版社，1995年。

▶ 情绪控制能力的增强：目的不在于消除情绪的变化，而在于增强对情绪的容忍度，首先在治疗中进行，然后在治疗之外进行。

▶ 通过依照传统行为理论的团体技术，加上对非语言交流（目光接触、姿势、微笑模仿）的特别关注，改善自我肯定和社会能力。更广泛地来看，以自我肯定技术的形式，尤其是在团体治疗中，通过角色扮演和演出日常生活的情境发挥疗效的认知—行为疗法，可以帮助焦虑者，尤其是羞怯型焦虑者。

▶ 核心模式的改变：在挖掘出无力感之后，可以基于童年的情绪体验来进行角色扮演的游戏。这些承载着主体大量投入的情境，在角色扮演游戏中可以获得某种形式的宣泄：这些游戏在心理治疗的人工、受保护的背景中，构成了一种更好的情绪控制体验，并可以帮助患者走出自己“学来的”焦虑。

对这些主要为精神类和行为类的疗法，往往会辅以可靠的放松技术，尤其是在焦虑性格的案例中。

放松

放松有什么作用？

▶ 放松可以改善情绪控制能力。在我们感到被情绪淹没时，放松是一种恢复理智的有效方法。

- 放松还是一种与所处环境断开联系，从而专注于自我的方法。

- 最后，放松可以避免强烈的肌肉和精神压力的积累，这些压力会增强疲惫感。

如果我们真的想要做出性格上的改变，放松通常必须与更为“心理”的方式相结合，但这并不能抹杀放松所具有的心理治疗的维度。

放松旨在结合两种并不会自然共存的状态：全神贯注与肌肉松弛。通常说来，如果我们的精神高度集中，那么我们的肌肉就会紧绷，而如果我们的肌肉非常放松，那么我们的思维就会放空，接着就会睡着。为了能够放松下来，必须训练自己在肌肉松弛的状态下保持全神贯注。腹式呼吸常常被用来进入放松的状态。

放松不是让焦虑者进入一种涣散的状态，涣散只能让他变得更加焦虑。焦虑者需要全神贯注，但需要把注意力转移到他惯常恐惧之外的事情上。医学角度上的放松（也是我们推荐的放松），本质上是精神自愿地集中在身体的表征上，这是一种我们想要将其作为放松能力而引入精神之中的表征，是在意识中对某种思维的捕捉。放松，因为全神贯注而有别于幻想。它也不同于在想法之间寻找新关联的思考。放松的目的，是把这种原模原样转化为动作的放松能力传达出去，并形成一种习惯。

有哪些不同的放松方式？

有两大类非精神分析的放松方式：舒尔茨放松法和雅各布松放松法。近些年又衍生出了灵修和瑜伽，这两种治疗方法应该由真正的专业人士来完成。但在放松的领域里，最根本的一点是日常的训练，甚至每天数次的训练。

在繁忙的生活中，我们往往难以将这些需要找个清静之地进行躺卧的方式付诸实施。这也是为什么，出现了一种基于焦虑控制技术的放松方法：在几分钟内进行自我放松，坐姿甚至站姿。白天的时间就被分成了小段，我们可以在这些小段时间里摆脱情境的压力，重拾对思绪的掌控，并舒松自己的肌肉。显然，这种放松方式可以在面对焦虑情境之前使用，比如体育竞赛、考试、公开发言、吓人的会面。

方案疗法[1]

在类似于焦虑性格的广泛性焦虑症的治疗中，往往会采用通常与放松、认知疗法和暴露疗法相结合的方案疗法。这是一些短期疗法，大约8至11次治疗，要求患者的积极参与和治疗师的良好素养。

1　D. 赛尔文（SERVANT D.），《广泛性焦虑症治疗中的认知及行为疗法》（“Les Psychothérapies cognitives et comportementales dans le traitement de l’anxiété généralisée”），2001年，《神经—心理》杂志（*Neuro-psy*），特刊，第51—54页。

该领域的权威专家巴洛（Barlow）的方案，由每周13次结合信息、认知重建、问题解决、暴露、时间管理、相关行为管理的治疗构成。广泛性焦虑症中的暴露，与恐惧症一样，也基于习惯的原理。对患者担心的烦恼和问题进行分级，然后请患者在这种想法中暴露约20分钟。由此，通过逐步增级的方式，所有的主题都会有所涉及。

实际上，各种不同的行为都是辅助性的，但又是必不可少的，一来为了克服抗拒，二来为了推进治疗。治疗后的补充性“巩固”治疗[1]，似乎对预防复发具有一定的作用，虽然这种疗效并未经过证实。

要注意的是，这些认知—行为疗法，也可以通过个人方式或团体方式进行。

雷·麦卡洛·维兰特的整合心理治疗

如果无法进行精神分析（我在前文中曾经说过，在我看来，精神分析是焦虑人格的首选疗法，但这种疗法操作起来并不那么容易），那现在就来看看这种我认为可以帮助焦虑性格主体做出改变的疗法：雷·麦卡洛·维兰特（Leign McCulloug Vaillant）提出的“整合”心理疗法。这是一种相对较短的疗法，

1　这些补充性治疗的次数没有限制。

一到两年，目的是通过“重塑防御机制和依恋情感”来“调节”焦虑。维兰特是一位心理学教授，她是哈佛医学院心理研究项目的主管。她曾在世界各地举办过多场报告会。她的观点是，整合不同的精神分析和认知—行为理论。1997年，她出版的著作《改变性格》（*Changing Character*），成为名副其实的治疗指南。[1]很遗憾，这本书在法国鲜为人知。

维兰特的论据如下：精神健康的核心在于情绪生活。感受和情感（首当其冲的就是焦虑），拥有构建和打破人与人之间联系的能力。赖于她的整合技术，治疗师可以帮助患者理解意义、克服抗拒，并转变“应对”[2]的防御机制，由此而改变自己的性格。

整合技术制定了五大目标，治疗师必须循序渐进地实现这五大目标，以帮助患者改变自己的性格：

- 识别出患者引发焦虑的惯常防御模式；换句话说，就是提高患者的反思功能。
- 放弃这些模式，选择更为有效的模式。
- 识别出内心深处时刻威胁着我们的隐藏感觉，比如负罪感，这些隐藏感觉正是持续性焦虑恐惧的源头；在这里，治疗

1 L. 麦卡洛 · 维兰特（McCULLOUG VAILLANT L.），《改变性格》（*Changing Character*），纽约，Basicbooks出版社，1997年。
2 我们可以将“应对”定义为个体放置在自己和被其感知为威胁事件之间的一整套心理过程。

师必须进入一种与患者更加“私密”和情绪上更加投入的关系。

▶ 基于经历过的情境，寻求情感的质量和强度，这种情感可能将主体引向一种优化体验。比如，照料自我的能力，既不能太过，也不能太少，更不能是内向姿态或焦虑引起的抑制，而是识别出并接受自我的感觉，有时候，这些感觉会在需要说“不”或划定界限的时候呈现出自相矛盾的状态。

▶ 再比如，在不会过度焦虑的情况下，懂得提出自己的要求，或是懂得倾听别人的要求，这就需要感觉到舒适，并识别出自身需求和他人需求的真实性，但并不一定能够满足这些需求。

比如，我们可以：

▶ 首先，让一名焦虑的年轻女子意识到，她在谈论自己父亲的时候，会不由自主地转换话题。

▶ 其次，帮助她去讲述自童年起与父亲的关系。

▶ 让她表达出自己一直以来对父亲离去的恐惧。

▶ 告诉她，这并没有妨碍她成为一个好学生，或是妨碍她交到男朋友。

▶ 最后，帮助她摆脱焦虑，她险些把这种焦虑投射到男友身上，并让她把自己的当下和自己的过去混为一谈。

这样，我们就顺利完成了这种五大目标的治疗法。

因此，在雷·麦卡洛·维兰特的心理治疗中，一种认知—行为类的心理教育疗法与精神分析式疗法结合在了一起，它们具有明确的目标，但也意识到了对改变的抗拒，对过程的策略性抗拒，也就是说对治疗效果的策略性抗拒，还意识到分析式方法令我们识别出的进步和退行。

其他类型的心理治疗

现在，还存在另外一些被众多学者研究过的心理治疗。

“支持性”心理治疗

这种心理疗法借鉴精神分析式心理疗法，它比后者更为频繁地使用鼓励、建议和暗示、用于思考或应对事件的替代发展、自尊的发展、情绪控制意义的发展。解析、澄清和面对也会被使用到，但停留在意识—前意识的层面，而非精神分析意义上的无意识层面。[1]

这种心理疗法，尽管需要大量的经验，但对那些不希望接受太过精神分析式疗法的主体尤其有用。

---

1 A. 温斯顿（WINSTON A.）及合著作者，《支持性心理治疗》（“Supportive psychotherapy”），收录于《人格障碍指南》（*Handbook of Personality Disorders*），W. J. 利维斯利（LIVESLEY W. J.）编辑，纽约，The Guilford Press出版社，2001年。

莱斯利·格林伯格的“情绪聚焦”心理治疗

撇开对情绪的回避和控制，美国心理学家莱斯利·格林伯格（Leslie Greenberg）提出，焦虑者应该了解自己身体的反应，并对这些反应做出敏感的回应。撇开对精神、应对和防御机制的强调，这种疗法提出，患者应该成为自己情绪生活的教练。[1]

人际心理治疗

这种被推荐在抑郁症治疗中使用，并显现出实际疗效的“人际心理治疗”，也可以用来帮助焦虑的主体，尤其是如果主体同时还会感到经常性的消沉。这种疗法一般分为11至13次可延期继续的治疗，主要基于以下几个原则：

- 对焦虑性格成因的解释：焦虑性格的成因现已被我们所知。还应该加入气质的因素（也就是说遗传因素），教育的因素，还有夸大或缩小与气质相关的精神脆弱性的事件，以及主体生活中实际存在的压力因子，这些压力因子会在某一既定时刻令主体陷入焦虑。
- 焦虑和主体的亲历事件之间联系的明确建立；日常生活中哪些事件，会习惯性地令主体陷入焦虑?

1 L. 格林伯格（GREENBERG L.），《情绪聚焦疗法》（“Emotion-focused therapy”），《精神治疗学报》（*J. of psychotherapy*），2002年，第344—358页。

- 对人际问题的识别：争吵的角色，冲突的角色，负罪感，改变的角色，人际关系中的不足（羞怯、易激等）。
- 治疗师的积极帮助：帮助主体去应对自己的焦虑，去不带羞耻感地表达焦虑，通过角色游戏或认知重建，让主体能够在自己感到最不舒服的情境中更好地进行自我肯定。

这种疗法要求主体的积极参与：定期评估自己的工作，每两到三次治疗就对自己的问题进行总结，识别出焦虑问题（不仅仅是明确的问题）出现的一个或几个场域，明确指出自己行为中的改变之处，表达自己对这一工作有益之处的想法。

显然，这类心理治疗并不适用于所有的焦虑者，但它在参与治疗的焦虑者身上，显现出了令人瞩目的效果。

系统式或家庭式心理治疗

在某些情况中，一种能够令身边之人参与进来的疗法显得极具意义。在这里，家庭被视为一种“系统”，这种系统会因为交流的相互反应过程而失灵，这里主要指因一个或几个家庭成员的典型焦虑性格而导致的焦虑性交流。

这种疗法的目的是，令家庭成员发展出一种更为灵活的运转机制，这种运转机制不会令系统陷入险境，而是会促成个体的演化，并实现基于团体生活事件和个体发展的新平衡。在治疗中，可以提到一个特殊情况，在这个特殊情况中，一位身边之人有效地帮助焦虑者做出了改变。一位专家的系统性帮助，可以通过每个人对以下情况的有所意识令这种改变得到完善：在焦虑者发生改变的同时，在此之前业已在家庭团体内部确定好的角色，也开始发生改变。

这些心理治疗只能适用于全体家庭成员都要求获得帮助的情况中。夫妻治疗也可以纳入其中，这种治疗的目的是，在夫妻之间重新建立起良好的距离感，引导每一方将兴趣转移到夫妻共同的构建上来，以此发现两人之间的矛盾，并促成改变。

药物：在讲述乏力时

早在人类文明的最初，为了平复焦虑，人们就已经品尝、测试、吸入、吞下过数不清的植物物质、动物物质和矿物质。衍生出“药理学”这个词的希腊语“pharmakon”，具有三种含义：“魔力”（巫术，魔法效果）、“解药”或“药”，还有“毒药”。这种词源学上的不同根源，至今仍令人念念不忘。

对药物的求助，引发了热烈的论战。药物经历过数不胜数的研究，已经显示出它们的疗效。但是，医生和患者在使用药物时，都应该带着一双火眼金睛，需留意到会对药效发生影响的一整套参数。换句话说，我们应该明确地提出三个问题：治疗焦虑的药物有哪些？这些药物应该开给谁？药物应该作为唯一的治疗方法，还是应结合其他的治疗方法？

药物，为谁而开？

在这里，应该区分出本义上的焦虑性格：构成一种恒定的人格作风；以及，短暂的焦虑或抑郁状态：更容易出现在具有焦虑性格的主体身上，根据焦虑或抑郁的强度，我们可以视其为名副其实的“障碍”，也就是我们所称的“焦虑症”或“抑郁症”。[1]今天，我们从医学角度从中区分出不同的类型：恐慌症、社交恐惧症、强迫症、创伤后紧张状态、重症抑郁障碍和心境恶劣障碍。

对于这些不同的障碍，药物结合心理治疗，能够带来切实的疗效。而至于广泛性焦虑症，问题则要更为复杂。如果广泛性焦虑症陷入持续状态，则与严重焦虑性格没有太大的分别。但是，这种广泛性焦虑症可能需要，至少是阶段性地（在个人生活和社会生活遭遇严重痛苦和妨碍时）进行药物治疗。

所以，我们是否应该坚持对不属于以上任何一类障碍的焦虑性格进行药物治疗呢？在治疗焦虑性格的情况中，药物的意义仅限于：对主体在面对重大压力时过度反应的疗效，或是对

1 今天我们已经知道，广泛性焦虑症已经明确地构成了一种陷入抑郁的风险因素。

隐藏气质尚不明确的效果。

今天，在没有相关障碍的焦虑性格案例中，没有一种处方药获得了准许，也是就说，焦虑性格并非处方适应症。因此，（持续性的）广泛性焦虑症和（严重）焦虑性格之间的关联，依然是个悬而未决的问题，包括从医学的角度出发。但它们之间的关联已经足以让我们在这里介绍几类在临床实践中使用，或在广泛性焦虑症案例中推荐使用的药物。

用来治疗广泛性焦虑症的药物有哪些?

今天，主要有两类药物：抗焦虑药物和抗抑郁药物，但这两类药物的名称已经变得越来越不合时宜了。

镇静剂（或抗焦虑药），在服药后几分钟，可以缓解神经性焦虑和由情绪压力引起的身体症状。这类药物可以促进肌肉的放松，并对情绪压力具有镇静效果。这类药物的商品名可谓众所周知（Lexomil、Valuim、Séresta、Témesta、Atarax等）。这类药物的处方期限不应过长。

“应该害怕镇静剂吗？”

镇静剂绝少出现不良反应，但也应该引起医生和患者的重视。如果我们要从事要求机敏和专注的活动（比如开车），就应该当心镇静剂的嗜睡风险。当然了，饮酒肯定是要避免的。

镇静剂对反应和短期记忆的影响，可能会妨害到某些患者，所以，应该在开具药物时降低服用剂量和缩短服药时间。

由医生开具、在有限的时间内服用的药物，不是毒品。

但注意，在参加中学、大学或职业考试之前，至少先试吃一次这类药物。

“有赖药风险吗？”

赖药风险很低，但也不应忽视。永远不要突然断服镇静剂，因为在几天之后，你会发现某些症状又重新出现，比如失眠和焦虑的增强：遵照医嘱，逐渐降低服药剂量。

“抗焦虑药物和抗抑郁药物有什么区别？”

传统上来说，抗抑郁药物可以减轻抑郁症状。它们可以缓解悲伤，控制突然的大哭、缓解精神痛苦、减缓或拉长病态反刍（自杀的念头）的周期。在8至15天之后，更常见的是几个星期之后，在约70%的病例中，可以观察到心境的明显改善和抑制的提升：患者恢复了对某些活动的兴趣，心理和生理的迟缓减少了，睡眠变得更规律，胃口也恢复了。但今天，这些抗抑郁药物还会被用于治疗焦虑性疾病，尤其是广泛性焦虑症。焦虑障碍被认可是这些药物的适应症，因此，我们完全有理由对现在的称呼产生质疑。[1]在这些药物中，比如5-羟色胺再摄取抑制剂，它的商品名变得越来越为人所知（Deroxat、Prozac、Seropram、Zolofr等）。有人甚至以有效的方式将5-羟色胺再摄取抑制剂和去甲肾上腺素再摄取抑制剂结合了起来（尤其是Effexor、Ixel等）。这些新型药物，令很多人渡过了难关。

“应该避免服用兴奋剂，包括茶或咖啡吗？”

兴奋剂确实应该禁止服用。焦虑者似乎因交感神经系统的主导作用而痛苦不堪，会出现心跳加速和毛细血管收缩，以及相反的脑血流灌注增加，造成大脑思考过多、反刍和担忧。

应该在什么时候服用药物？

开具这些药物的全科医生或精神科医生，应该兼备能力和谨慎。目前，我们应该担心的问题是，这些药物往往会开具给那些出现生存障碍的人。

正是出于这个主要原因，我明确地倾向于在具有单纯性焦虑性格的案例中使用心理治疗的方法：药物应该限于在急性发作，或出现强烈精神性痛苦状态时使用，并明确服药的时间期限。

1　J. P. 布朗热（BOULENGER J. P.），《在广泛性焦虑症治疗中抗抑郁药物的使用》（“L’utilisation des antidépresseurs dans le traitement de l’anxiété généralisée”），《神经—心理》杂志（*Neuro-Psy*），特刊，2001年，第55—59页。

结论

从我们每个“有点儿焦虑的人”，到始终处于戒备状态、因“一直都是这样”而痛苦不堪的“极度焦虑的人”，中间存在一个连续体，所有人都可以在这个连续体上找到自己的位置。焦虑表达的模式会因年龄、其他人格特点，以及生活阶段和情境而有所不同。从焦虑的精神状态出发，会区分出创造型、自省型，还有好胜型。而行为的分类则会令一些主体成为冲动型、亢奋型、易激型焦虑者，另一些则会成为羞怯型、强迫型、多疑型、易感型焦虑者，还有一些会成为悲观型、奉献型、嫉妒型，或是疑病型或恐病型焦虑者。

很多的孩子、男人和女人，都把这种内心深处的焦虑藏了起来。他们并不会对此羞于启齿，他们会跟很多人分享这种情绪。

我希望在这本书中，每个人都能够认识到自己或是某个身边之人的焦虑，而且尤为重要的是，能够了解到焦虑人格的成因和应对的方式。焦虑，我们只有了解了它，才能去控制它。为此，焦虑是可以被我们训练和驯服的，从而成为我们的盟友而不是死敌。

人格的形成是循序渐进的。我们在探寻焦虑性格成因的过程中，应该谨记关键的一点，那就是天生和后天的交互螺线形关系。我们甚至可以说，这种关系提供了一种基因与环境相互影响的近乎完美的模型。长久以来，焦虑性格都被视作是一个多种特点静止不变的整体，这个整体与遗传和体质因素有着紧密的关联。如果说存在一种个体基因，或是基础气质，那么这种基因或气质就跟与最初关照对象建立起来的依恋关系具有本质上的关联。这就是焦虑的两大“原初”支柱。一种本性—环境的互动螺线就此形成，并形成一种对世界的“反思能力”和对他人的“思维理论”，这两种人人都具有的思维能力，会让我们成为多少有些焦虑的主体。

焦虑性格是否一经形成就会持续终生呢？不会，改变自己的人格是有可能的。有一些切实的方法可以用来对抗或缓解自己事事操心的倾向。焦虑性格确实存在，它具有千变万化的面孔，但是，如果它让我们感到痛苦，那就让我们大声地把它说出来，并去寻求帮助。家人、朋友、专业人员，都可以为焦虑者提供帮助。但他们必须明白，从情感的角度来看，在别人的身上总能找到一抹自己的影子。人类的焦虑不该与任由磨损的惰性元件混为一谈。人类的焦虑是活生生的存在物，它有强烈的感觉和反应，并且会在冲突和痛苦事件的重压之下变得异常激动，从而迅速地落地生根或露出狰狞之相。但是，最剧烈的伤痛是那些藏在表象之下的伤痛；如果没有反复摩擦的刺激，如果施以精心的照顾，这些伤痛很快就会痊愈。

未来充满了无限的可能，人类的未来依赖于我们中的每一个人。

附　录

附录一

广泛性焦虑症（包括儿童过度焦虑症）

根据美国《精神病诊断与统计手册（第四版）》的诊断和分类标准

至少在6个月内的大部分时间中出现的过度焦虑和忧虑（心怀担忧的期待），与某些事件或活动（比如工作、学业表现）有关。

主体感到难以控制这种忧虑。

焦虑和忧虑表现为以下6种症状（某些症状会在最近6个月内的大部分时间中出现）中的3种（或更多）。注意，儿童只需符合下列中的一项：

- 烦躁，或极度兴奋或精疲力竭的感觉。
- 易疲劳。
- 难以集中精神或记忆力下降。
- 易激。
- 肌肉紧张。

- 睡眠紊乱（难以入睡，或睡眠中断，或睡眠不宁及睡眠质量不好）。

焦虑或忧虑并不仅仅只会出现在附录一中的广泛性焦虑症的病症表现中。例如，广泛性焦虑症中的焦虑或忧虑，并非对恐慌发作的焦虑（比如在恐慌症中），并非对公共场合不适的焦虑（比如在社交恐惧症中），并非对被感染的焦虑（比如在强迫症中），并非对体重增加的焦虑（比如在精神性厌食症中），并非对躯体主诉的焦虑（比如在身心症中），也并非对严重疾病的焦虑（比如在疑病症中），而且，焦虑和忧虑也并非只会在创伤后应激障碍的状态下出现。

焦虑、忧虑或身体症状可引发具有临床含义的痛苦，或导致社会、职业或其他重要领域的运作不良。

这种紊乱并非源于由物质（比如可能滥用的药物）或常见疾病（比如甲状腺机能亢进）造成的直接生理影响，也不会只出现在情绪障碍、精神障碍或广泛性发育障碍中。

附录二

分离焦虑症

根据美国《精神病诊断与统计手册（第四版）》的诊断和分类标准

发育阶段的过度或不当焦虑与离家或离开主体情感所依之人有关，以下表现中的三种（或更多）可为佐证：

- 反复出现过度的悲伤：在离家或离开情感所依之人时，或在预计到可能出现这种情况时。
- 持续性过度担忧：因情感所依之人的离去或可能遭遇的不幸。
- 持续性过度担忧：可能发生令孩子和情感所依之人分离的事件（比如失踪或被绑架）。
- 长久保持沉默或拒绝去学校或别的地方：因为害怕分离。
- 恐惧或持续性的过度沉默：独自或在没有情感所

依之人陪伴的情况下待在家中，或其他没有可信任成年人陪伴的情况。

- 持续的沉默或拒绝在没有情感所依之人陪伴的情况下去睡觉，或在自己家之外的地方睡觉。
- 不断地做有关分离的噩梦。
- 重复的躯体主诉（比如头痛、腹部疼痛、恶心、呕吐）：在与情感所依之人分离时，或在预计到可能出现这种情况时。

分离焦虑症持续出现至少4周。

分离焦虑症出现在18岁之前。

分离焦虑症可引发具有临床含义的悲伤，或导致社会、学业（职业）或其他重要领域的运作不良。

分离焦虑症不会只出现在广泛性发育障碍、精神分裂症或其他精神障碍中，也不会只出现在青少年或成人身上，而对表现为广场恐惧症的恐慌症所做出的诊断，也未能对分离焦虑症做出更好的解释。

需说明初期病症是否出现在6岁之前（早发性）。

附录三

焦虑性格的心理生物学

根据克劳宁格的研究，有三种人格特征是以神经生物学上的区别为基础的：

- 对新奇的追求（RN）/多巴胺
- 对痛苦的回避（ED）/5-羟色胺
- 对奖赏的依赖（DR）/去甲肾上腺素

每一种性格，也就是我们中的每一个人，都对应这3个量项的特定等级（从++到--）及其神经生物学对应项。例如，“对新奇的追求”（RN）、“对痛苦的回避”（ED）和“对奖赏的依赖”（DR）对冲动型具有积极的吸引力；而对于悲观型来说，“对新奇的追求”的吸引力一般，但“对痛苦的回避”和“对奖赏的依赖”的吸引力则极大。

如果主体多少是个极度焦虑者，那么在这个例子中，他就将被视为冲动型，或仅只是好胜型。

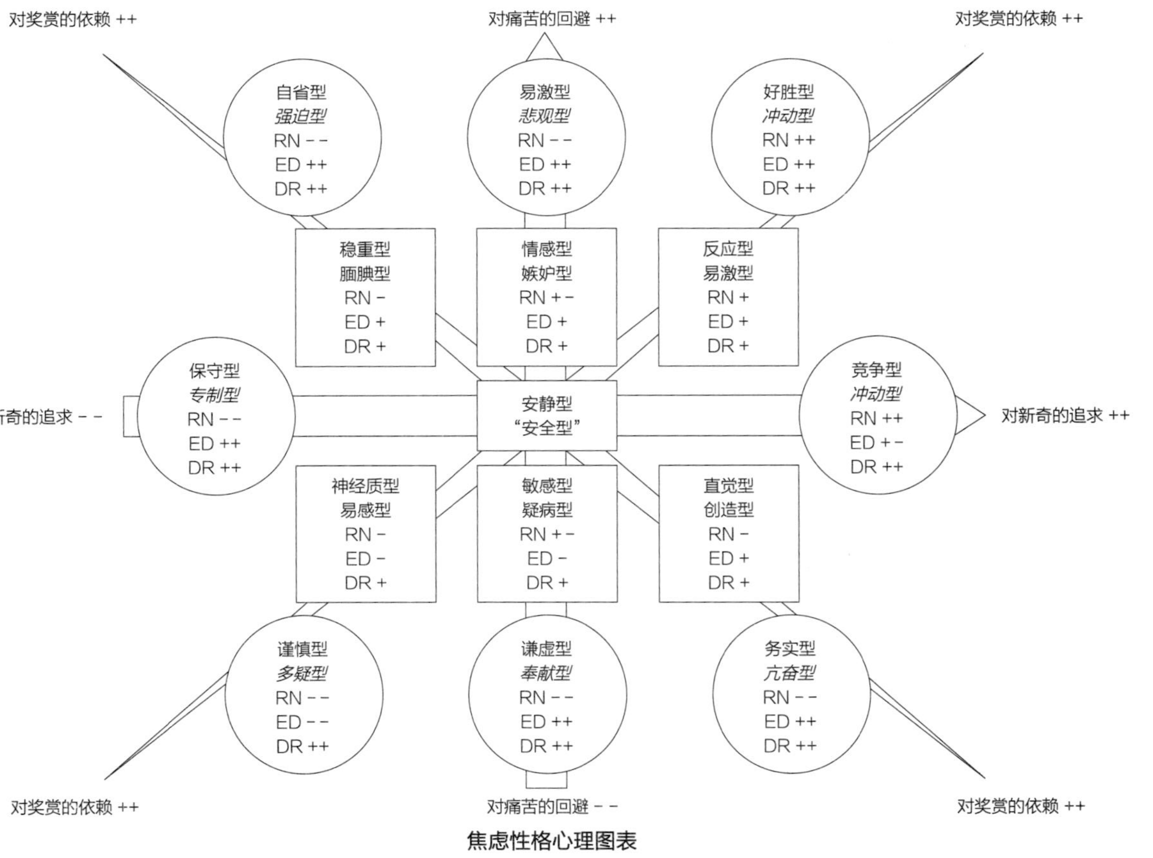

焦虑性格心理图表